· 행복한 우리 가족 밥상 레시피 330 ·

문성실의
우리집 요리 백과

글과 요리 문성실

상상출판

Prologue

늘 친근하고 쉽고 가볍게

컴퓨터를 켜면 지금도 제일 먼저 제 블로그에 들어갑니다. 어느새 저의 분신과도 같은 블로그 공간을 꾸려온 지 16년의 세월이 흘렀고 그 오랜 세월만큼 행복한 순간도, 기억하고 싶지 않은 뼈아픈 시간도 함께 겪었습니다. 지금까지도 정말 다행스럽게 생각하는 것은, 제 블로그에 오시는 분들에게 제가 알고 있는 소박한 지식과 경험을 함께 공유하고 소통하는 시간 속에서 저 문성실도 함께 성장해 있었다는 것입니다.

블로그를 통해서 마음을 표현해 주시는 분들에게 참으로 고맙습니다. 저희 아이들을 자랑하고 싶은 마음에서 아무 욕심 없이 시작한 블로그였는데, 진심이 담긴 메시지들이 제가 지금까지 블로그를 꾸준하게 해올 힘과 열정을 샘솟게 해주었습니다. 보이지 않는 어딘가에 살고 있는 누군가에게 제 존재가 가치 있게 다가가는 것도 참 신기했고, 부족한 제게 물어오는 질문에 응대하기 위해 더 공부하고 노력하게 되었으며, 어느새 저도 모르게 조금씩 조금씩 더 커나가고 있었습니다. 지금도 저는 더 즐겁고 열정적으로 살 수 있다는 것이 가슴 벅차기만 합니다.

이번 책은 4년이 넘는 시간 동안 블로그에 쌓인 레시피들 중 330가지를 선별한 것입니다. 늘 그렇지만, 화려하지도 복잡하지도 않은 것이 저 문성실 요리의 특징입니다. 오히려 참 가볍게 보이기까지 하지요. 저는 무겁고 어려운 요리는 싫습니다. 이미 세상을 살면서 많은 어려움과 온갖 일로 충분히 힘들고 괴로운데, 요리까지 어려울 필요가 있을까요?

그래서 저는 늘 친근하고, 쉽고, 가볍게 여러분께 다가가고 싶습니다. 다른 책과 달리 요리책이 참 좋은 이유는, 정말 사랑받는 책이라면 너덜너덜해질 때까지 보고 또 꺼내 본다는 것입니다. 다 읽고 나면 다시 꺼내 보지 않는 수많은 책과 달리 말이지요.

저에게도 그런 책이 있었습니다. 결혼하고 처음 샀던 두꺼운 요리책은 그 뒤로도 10년 넘게 요리할 때마다 참고했던 책으로 남았어요. 언젠가 제 지인의 집에 갔더니, 제가 썼던 다섯 번째 책인 『문성실의 냉장고 요리』가 주방의 온갖 양념과 손때로 정말 퉁퉁 불어 있더군요. 너덜너덜 볼품없어졌지만, 그 책을 보는 저는 흐뭇함에 눈물이 핑 돌았습니다. 저 문성실과 주방에서 늘 함께 동고동락한 기분까지 들어서요. 이번 책도 욕심을 조금 부려본다면, 저 문성실과 긴 시간 함께하는 책이었으면 좋겠습니다. 혹 지면 관계상 부족하게 느끼신 부분은 언제라도 제 블로그(www.moonsungsil.com)에 오셔서 상세한 내용을 참고하시고, 또 블로그를 통해 이야기도 나누면 좋겠습니다. 저 문성실은 언제나 늘 그 자리에 있겠습니다.

이 책의 주연 배우는 저 문성실이지만, 이 책을 더 빛나게 하려고 정말 많은 분들이 애쓰고 함께해 주셨습니다. 책이 나오기 전부터 동분서주 저를 대신해 뛰어주신 상상출판 유철상 대표님, 늘 말없이 꿋꿋하고 잔잔하게 저를 돕는 기획자 경자 씨, 그리고 『문성실의 아침 점심 저녁』부터 지금껏 제 얼굴과도 같은 요리책에 꽃단장을 해준 유혜영 디자인 실장님, 그 외에도 많은 분들께 감사를 드립니다.

그리고 무엇보다 블로그에 오셔서 늘 한결같이 응원해 주시고 제가 올린 요리에 행복해하시는 분들께 깊은 감사의 말씀을 전합니다. 세상 누가 뭐라 해도 저를 감싸주고 사랑해 주는 가족과, 엄마가 늘 최고라며 자랑스러워하는 나의 보물 1호인 우리 쌍둥이 아들들에게 정말 사랑한다고 또 잊지 못할 추억과 사랑이 담긴 맛있는 음식들로 평생 함께하겠다고 말해주고 싶습니다.

이 책과 함께하는 독자 여러분도 언제나 맛있게 행복하시길 바랍니다. 저는 맛있는 음식이 주는 행복과 건강을 항상 감사하게 생각하면서, 더 맛있고 편안한 요리를 연구하며 즐겁게 살겠습니다.

문성실

Contents

PART 1

맛있는 한 그릇, 밥과 면 요리

밥 요리

PART 2
늘 있는 재료로 쉽게 끓이는 국물 요리

PART 3
밥상 위 진짜 주인공, 반찬

해물과 건어물 반찬

고기와 달걀 반찬

PART 4

빛나는 저장식, 김치와 장아찌 그리고 피클

PART 5

마음도 가벼운 한 끼 샐러드

PART 6
평범한 재료로 멋지게 만든 별미 요리

PART 7
밥보다 맛있는 간식

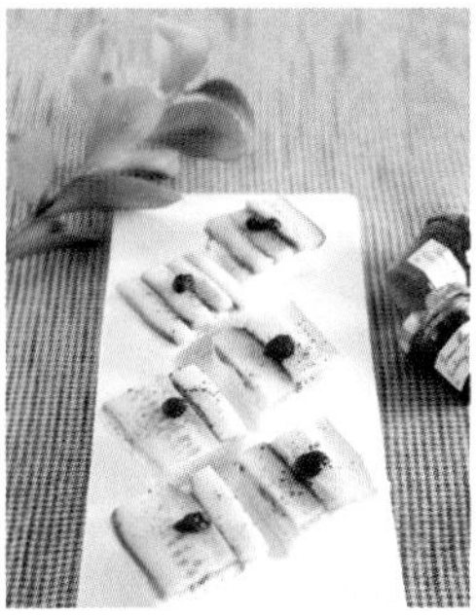

Cooking Note

요리에도 유행이라는 것이 있어요.
예전에는 생소하던 요리나 식재료가 지금은 아주 평범하게 여겨지고,
새로 등장한 주방 도구 덕에 더 간편하고 맛있는 요리나 색다른 요리를
맛볼 수도 있지요. 건강하고 행복한 우리집 밥상을 위해
기억해 두어야 할 몇 가지 팁을 소개할게요.

Cooking Note 01

마법의 밥숟가락 계량법

이 책은 집에 늘 있는 친근한 밥숟가락과 종이컵으로 계량했어요. "약간"은 엄지와 검지로 소금이나 후춧가루를 집을 수 있는 정도의 소량이니 알맞게 조절하면 돼요. 모든 재료는 입맛에 맞게 비슷한 재료로 대체할 수 있어요.

가루 재료 계량하기

소금, 설탕, 고춧가루, 후춧가루, 통깨 등

1은 수북하게 담아 윗면을 살짝 깎아낸 분량

0.5는 밥숟가락 절반 정도의 양

0.3은 밥숟가락에 1/3 정도 담긴 양

장류 계량하기

된장, 고추장, 청국장 등

1은 밥숟가락 가득 볼록하게 담긴 양

0.5는 밥숟가락 절반 정도의 양

0.3은 밥숟가락에 1/3 정도 담긴 양

종이컵으로 액체 재료 계량하기

1컵은 일회용 컵에 가득 담은 양으로 200ml가 조금 못 되는 양

1/2컵은 일회용 컵의 중간 지점에서 살짝 올라오도록 담은 양

1/3컵은 종이컵의 한가운데를 기준으로 조금 아래로 담은 양

종이컵으로 쌀 계량하기

1컵은 수북하게 떠서 위쪽을 편평하게 깎은 양

액체 재료 계량하기

간장, 식초, 청주, 맛술, 참기름 등

1은 밥숟가락 가득 볼록하게 담긴 양

0.5는 밥숟가락 절반 정도의 양

0.3은 밥숟가락에 1/3 정도 담긴 양

향신채 계량하기

다진 파, 다진 마늘 등

1은 밥숟가락 가득 수북하게 담긴 양

0.5는 밥숟가락 절반 정도의 양

0.3은 밥숟가락에 1/3 정도 담긴 양

손으로 계량하기

멸치 1줌은 한 손으로 크게 쥐었을 때의 양

쪽파 1줌은 한 손으로 가볍게 쥐었을 때의 양으로 식재료에 따라 무게는 다름

면 1인분은 국수나 스파게티 등의 면을 엄지와 검지로 동그라미를 만들어 살짝 쥔 정도의 분량

Cooking Note 02

맛깔나는 집밥의 기본양념

집집마다 장맛과 김치 맛이 다르듯 같은 레시피로 요리를 만들더라도 맛은 미묘하게 차이가 나기 마련이에요. 맛의 차이를 조금이라도 줄이려면 가능한 한 같은 양념을 사용해야 하는데요. 이 요리책에서 사용한 기본양념을 소개할게요. 서너 가지를 제외하면 마트에서 늘 살 수 있어요.

소금

소금은 음식에 있어서 가장 중요한 재료인데요. 제가 사용하는 소금은 굵은소금, 구운 소금, 허브맛 소금 3가지예요. 모두 천일염인 굵은소금으로 만들어요. 꽃소금은 사용하지 않아요.

굵은소금

천일염, 호렴 또는 왕소금으로도 불려요. 소금은 오래 묵을수록 맛이 깊어져요. 배추를 절일 때, 생선에 간을 할 때, 조개를 해감하거나 해산물을 씻을 때, 해산물이나 채소를 데칠 때, 파스타를 삶을 때 사용해요. 때로는 국의 마무리 간을 할 때도 굵은소금을 넣어요.

구운 소금

정제된 소금을 높은 온도에서 구운 것으로, 가정에서도 쉽게 만들 수 있어요. 천일염을 묵직한 무쇠 팬이나 세라믹 팬에 볶아 갈아서 사용하면 돼요. 볶음 요리나 반찬을 만들 때 주로 사용해요.

허브맛 소금

소금, 후춧가루, 허브 맛을 지닌 소금으로 시중에 판매되기도 하지만, 가정에서도 쉽게 만들 수 있어요. 구운 소금에 후춧가루와 로즈메리, 바질, 파슬리 등의 드라이 허브를 섞으면 돼요. 허브맛 소금은 고기나 생선 밑간을 할 때, 구운 고기를 찍어 먹을 때, 구운 채소를 양념할 때 유용해요.

장류

고추장, 된장, 간장 등의 장류는 우리 음식을 만드는 데 참 중요하고 꼭 필요한 양념이에요. 직접 장을 담가 먹지는 못하고 사서 먹지만, 입맛에 맞는 시판되는 장으로 맛있는 요리를 만들어요.

고추장

매콤한 감칠맛을 좋아하는 한국인에게 없어서는 안 될 양념이에요. 갖가지 매콤한 볶음 요리, 떡볶이를 만들 때 필수 양념이에요. 저는 시판 샘표 국산 고추장을 애용해요. 타 브랜드 고추장보다 단맛이 적고 국산 고춧가루를 사용해 안심하고 먹을 수 있어요.
혹 다른 브랜드의 고추장을 사용할 경우, 이 책에서 소개한 레시피에서 설탕이나 물엿의 양을 줄여 요리하세요.

된장

된장은 집된장과 시판 된장을 함께 사용해요. 집된장의 경우 친정엄마에게 얻은 된장을 사용하거나 월순네 된장, 또는 고려인 유기농 콩을 이용해 만든 연해주의 선물 토속된장을 구입해 먹어요. 시판 된장은 집된장처럼 구수하고 깊은 맛을 내는 샘표 된장을 사용해요.

간장

국간장과 일반 양조간장 2가지를 사용해요. 이 책에 표기된 간장은 일반 간장, 즉 양조간장, 진간장을 말하며, 국에 사용한 간장은 국간장이라고 표기했어요. 일반 진간장은 단맛이 많이 나서 주로 반찬을 만들 때 조림이나 볶음, 무침 등에 사용하며, 국간장은 염분이 많기 때문

Cooking Tip 약고추장 만들기

약고추장은 쇠고기를 다져 갖은 양념을 하여 볶은 고추장이에요. 미리 만들어 두면 요긴하게 사용할 수 있어요. 비빔밥의 비빔장이나 쌈장으로 먹어도 좋고, 반찬이 없을 때는 갓 지은 밥에 달걀프라이를 부쳐 약고추장과 함께 넣어 비벼 먹으면 아주 맛있어요.

주재료 쇠고기(다진 것) 150g, 식용유 1, 고추장 5, 배즙 4, 꿀 1, 참기름 1
쇠고기 양념 재료 다진 마늘 1, 청주 1, 생강가루 0.3, 후춧가루 약간

만드는 방법

1. 쇠고기는 안심이나 등심, 우둔살, 설도 등의 부위로 준비하여 칼로 잘게 다지거나 커터로 갈고,
2. 분량의 양념 재료에 조물조물 미리 양념을 하여,
3. 팬을 달구어 식용유 1을 두르고 양념한 쇠고기를 넣어 볶다가,
4. 고추장 5, 배즙 4, 꿀 1을 넣어 쇠고기와 양념이 어우러지게 볶아 참기름 1을 넣으면 끝.

약고추장에는 배즙을 꼭 넣어야 굳지 않고 오래 먹을 수 있어요

에 국이나 찌개, 전골 등의 국물 맛을 내고 간을 맞추는 데 사용해요. 또 국물 요리에는 국물에 넣어도 색깔이 진하지 않은 국간장을 주로 넣는데 요즘은 국간장도 시판되고 있어 쉽게 구입할 수 있어요. 시판되는 향신 간장 또는 맛간장의 경우 일반 간장에 향신채와 여러 맛을 내는 재료를 더해 만든 간장으로 일반 간장을 대신해서 사용할 때는 단맛을 줄여 요리하는 것이 좋아요.

Tip 간장 공식

· 간장 = 진간장 = 양조간장 = 왜간장 = 시판 간장▶무침이나 조림에 사용

· 국간장 = 청장 = 집간장 = 조선간장 = 집에서 만든 간장▶국물 요리, 나물볶음 등에 사용

단맛 내는 양념

예전에는 단맛을 설탕으로만 냈는데 요즘은 더 다양해졌어요. 요리에 따라 단맛 내는 양념을 달리 쓰면 더 맛있고 건강한 요리를 만들 수 있어요.

설탕

음식의 색깔에 따라 흰설탕, 갈색 설탕, 흑설탕을 나눠 사용해요. 설탕 대신 단맛을 내는 다른 대체 양념인 꿀이나 아가베시럽, 물엿, 올리고당 등을 사용하기도 하고요.

물엿

요리에 부드러운 단맛과 윤기를 낼 때 주로 사용해요. 각종 조림, 고기 양념에 넣으면 단맛과 윤기를 더하고 무침이나 볶음 요리 마지막에 넣으면 윤기와 풍미가 유지되지요. 요리 전용 물엿은 단맛이 강하니 양을 적게 넣고, 올리고당은 고온에서 요리하면 단맛이 사라지므로 무침 등에 주로 사용하거나 요리 마지막 단계에 넣으세요.

아가베시럽

단맛을 내기 위해 사용하는 재료로 꿀이나 설탕을 대체해 사용하는 아가베시럽이에요. 선인장에서 추출한 천연감미료로 자연스런 단맛을 내며 적은 양을 사용해도 단맛이 확 살아나요. 일반 설탕에 비해 혈당 상승 지수가 낮고 미네랄이 풍부해 당뇨나 아이들이 있는 집에 설탕 대체 양념으로 사용하기 좋아요.

젓갈

주로 사용하는 젓갈은 새우젓, 까나리액젓, 참치진국이에요. 이 3가지 젓갈은 떨어지지 않게 집에 두고 사용해요. 까나리액젓의 비린 맛이 싫다면 와촌식품의 초피액젓을 사용하면 좋아요.

새우젓

김치를 담글 때 까나리액젓과 함께 섞어서 사용하기도 하고, 달걀찜이나 애호박을 이용한 요리, 명란젓이나 알을 이용한 요리, 또 순댓국 등의 요리에 적절히 사용해요. 돼지고기와도 궁합이 잘 맞아 돼지고기 양념장으로도 사용해요. 착한 새우젓으로 입소문이 난 해가촌 새우젓을 즐겨 써요. 새우젓은 냉동실에 보관하는데, 새우젓의 염분 때문에 얼지 않고 색깔이 변색되는 것을 막을 수 있어요.

까나리액젓

까나리액젓은 멸치액젓보다 깔끔하고 비린 맛이 덜해요. 김치를 담글 때나 생채에 넣기도 하고, 국이나 찌개의 간을 맞출 때 국간장을 대신해서 사용하기도 해요. 국이나 찌개에 국간장 대신 사용하면 감칠맛이 나면서 깊은 맛이 나서 더욱 맛있어요.

초피액젓

경북 팔공산 자락에서 장독에 숙성시킨 초피액젓을 사용해요. 장독에 남해산 멸치와 간수를 뺀 천일염에 초피를 넣어 1년 이상 숙성시킨 멸치액젓이에요. 초피를 넣어 멸치액젓 특유의 비린 맛이나 향이 나지 않고 감칠맛이 뛰어나요. 국의 간을 맞출 때나 나물 요리, 무침 요리에 넣으면 좋아요. 연근 샐러드의 드레싱으로 사용해도 맛있어요.

참치진국

국물 요리나 조림, 무침 등의 요리에 두루 활용할 수 있어요. 일본 음식에 주로 사용하는 츠유, 또는 일반 간장을 대신할 수 있는 참치 맛이 나는 맛간장이에요. 훈연참치의 진액에 표고버섯이나 다시마 등의 재료를 넣어 농축시킨 액이라 감칠맛이 나요. 여러 브랜드의 제품이 판매되는데 대왕 참치진국을 애용하고 있어요.

기름

기름은 크게 5~6가지로 나눠 사용해요. 대부분의 볶음, 튀김, 부침 요리에는 식용유에 해당되는 포도씨유와 카놀라유를 사용하고, 소스나 샐러드 드레싱에는 올리브오일을, 매운맛을 더해 볶을 때는 고추기름, 한식의 맛을 더하는 들기름과 참기름을 사용해요.

올리브오일

여러 종류의 올리브오일 중 맛과 향이 뛰어난 100% 엑스트라 버진 올리브오일을 주로 사용해요. 샐러드 드레싱이나 소스 등 가열하지 않고 먹는 요리나 파스타에 주로 사용해요. 발연점이 낮아 튀김에는 적당하지 않아요.

포도씨유

노화 방지에 탁월한 비타민 E가 풍부하고 향이 강하지 않은 포도씨유는 한식에도 잘 어울리고 튀김에도 적당하여 가장 많이 사용하는 기름이에요. 튀김, 볶음 요리, 조림 등에 주로 사용해요.

고추기름

중국 요리에 주로 사용하는 오일로 '라유'라고 불러요. 끓는 식용유에 고춧가루와 향신채를 넣고 볶아 체에 걸러 만들어 사용하기도 하지만 번거로울 때는 시판되는 고추기름을 이용하기도 해요. 매콤한 중국식 볶음 요리나 순두부찌개, 육개장 등을 만들 때 사용하면 칼칼하고 개운한 매운맛을 내요. 고추기름은 사용 후 냉장고에 넣어 보관해요.

참기름

한국인이 가장 좋아하는 기름으로 나물, 생채 요리에 사용해요. 가열하면 향이 약해지기 때문에 요리의 마지막에 넣어 고소함을 살리세요. 참기름은 빛이 닿지 않는 색이 진한 병에 담아 서늘하고 어두운 곳에서 보관해요.

들기름

참기름과 함께 한국인이 즐겨 먹는 기름으로 오메가-3 지방산이 많이 함유되어 있다고 해요. 섬유질이 강한 나물을 볶거나 무칠 때 넣으면 섬유질을 부드럽게 하며 독특한 향으로 나물의 맛과 향을 더욱 살려요. 또 들기름에 두부를 부치면 맛이 더 좋아요. 들기름은 변질되기 쉬우니 사용한 후 반드시 냉장고에 넣어 보관하며 천연 항산화제인 참기름을 20% 정도 섞어두면 조금 더 오래 보관할 수 있어요.

소스

가정식이 점점 다양해지면서 집 양념장에도 낯선 식재료들이 하나둘 늘어가요. 특히 다양한 소스를 쉽게 구할 수 있게 되면서 점점 더 다양한 요리를 만들 수 있게 됐어요.

굴소스

굴 추출물로 만든 소스로 중국 요리에 가장 많이 사용하는 소스예요. 생굴을 소금에 발효해서 걸쭉한 상태로 만든 소스로 굴 특유의 향미가 있어 간장 대신 감칠맛 나는 양념으로 사용해요. 주로 볶음 요리나 볶음밥 등에 넣는데 별다른 양념을 첨가하지 않아도 쉽게 맛을 낼 수 있어요. 다만 간장보다는 맛이 짜고 강하기 때문에 양을 조금만 넣으세요.

두반장

누에콩을 발효시켜 만든 된장에 마른 고추와 향신료 등을 넣어 만든 것으로 독특한 매운맛과 향기가 나는 중국풍의 고추장이에요. 고추잡채나 짬뽕, 마파두부와 같은 중국 요리를 만들 때 주로 사용해요. 또 돼지고기볶음이나 해산물볶음 등 한식 요리에 고추장과 함께 섞어 넣어도 좋아요. 굴소스와 함께 구비해 두면 여러 중국풍 음식을 손쉽게 만들 수 있어요.

머스터드

'양겨자'라고도 불리는 머스터드는 햄버거나 핫도그, 샌드위치 등을 만들 때나 고기 요리, 소시지에 곁들이면 느끼한 맛을 덜어줘요. 머스터드에 꿀과 마요네즈, 레몬즙을 섞으면 허니 머스터드 소스가 되는데 샐러드 드레싱으로 먹어도 돼요. 또 빵에 바르는 스프레드에 마요네즈와 함께 사용하면 색깔도 곱고 깔끔한 맛을 내요.

씨겨자(홀 그레인 머스터드)

겨자씨를 거칠게 부수어 식초와 향신료를 첨가해 만든 머스터드로 거친 입자가 톡톡 그대로 씹혀요. 닭고기, 쇠고기, 해산물 등을 양념에 재울 때나 각종 소스나 드레싱을 만들 때 사용해요. 특히 그릴에 구운 육류 요리에 곁들여 먹으면 맛이 좋아요.

스파게티 소스

손쉽게 파스타를 만들 수 있는 토마토소스예요. 토마토 소스를 넣어야 하는 요리에 주로 사용하고 피자 소스 대용으로 사용하기도 해요. 직접 만들어 사용하면 좋겠지만 시간이 없다면 입맛에 맞는 제품을 구입해 사용하면 돼요.

돈가스 소스와 스테이크 소스

돈가스나 스테이크를 먹을 때 함께 곁들이면 좋은 소스예요. 다만 그냥 먹으면 소스의 신맛과 자체 맛이 강해서 양파와 파인애플, 다른 채소들을 함께 볶아 더 맛있게 만들어 사용해요. 돈가스 소스에는 참깨를 곱게 갈아 넣으면 훨씬 맛이 좋고, 스테이크 소스는 머스터드를 함께 섞어 먹기도 해요.

스위트 칠리소스

이름 그대로 새콤, 달콤, 매콤한 맛이 잘 어우러져 아이들이 참 좋아하는 소스예요. 육류나 해산물, 생선, 채소 등 모든 재료와 두루 잘 어울려요. 닭 요리나 새우 요리에 가장 잘 어울리며 튀김 요리에 디핑 소스로 찍어 먹어도 좋고 동남아풍 소스를 만들 때도 조금 넣으면 좋아요.

기타 양념

식초

신맛을 내는 대표적인 조미료예요. 발효를 시켜서 양조한 것, 과실이나 곡물의 신맛을 이용한 것, 합성한 것 등이 있어요. 주로 사용하는 식초는 사과식초와 현미식초예요. 일반 요리뿐 아니라 장아찌나 피클을 담글 때도 요긴하게 이용해요.

청주

요리할 때 사용하는 술로 구입하기 편한 시중에 판매되는 청하를 사용해요. 일반 소주에 비해 깔끔하고 쌀로 빚어서 요리 술로 사용하기에 적합해요. 고기 요리에 청주로 밑간하면 육질이 연해지고 육류 특유의 누린내도 사라져요. 생선과 해산물 요리에 사용하면 비린내를 없애고 생선을 더욱 신선하고 맛깔스럽게 해요. 청주에 편으로 썬 생강을 몇 조각 넣어 사용하면 요리에 유용하게 쓰이는 생강술을 만들 수 있어요. 청주는 냉장 보관하세요.

맛술

찹쌀에 소주와 누룩을 넣어 만든 단맛이 나는 요리용 술이에요. 음식의 잡냄새를 잡아주고 감칠맛과 윤기를 더해요. 맛술에는 당분이 있기 때문에 요리할 때 설탕의 양을 조절해야 해요. 레시피에 '조미술', '맛내기술'이라고도 표기하기도 하는데, 마트에서 미정, 미향, 미림 등의 이름으로 판매되는 제품을 구입하면 돼요.

생강즙과 생강가루

생강을 잘게 다져 즙을 짜서 사용하는 것이 생강즙이에요. 생강즙이 없다면 시판되는 생강가루 제품을 사용하세요. 집에서 직접 만든 생강가루는 밀폐용기에 담아 냉동실에 넣어 두고 사용하면 돼요.

레몬즙

요리할 때마다 신선한 레몬의 즙을 직접 짜 넣으면 좋겠지만 항상 집에 두고 사용하기 어려우니 시판되는 레몬즙을 사용해요. 레몬 모양의 노란 병에 들어 있는 레몬즙은 레몬 농축액으로, 이 책에 레몬즙으로 표기된 요리에는 이 레몬즙을 사용했어요. 레몬즙은 식초를 대신해 신맛을 내기도 하고 초간장이나 샐러드 드레싱 등에 넣기도 해요.

후추

맵고 향기로운 독특한 풍미를 지닌 후추는 고기나 생선을 재울 때 사용하면 누린내와 비린내를 없애요. 후춧가루보다는 통후추를 직접 갈아 넣어야 훨씬 맛있어요. 요즘은 마트에서도 통후추를 쉽게 구입할 수 있으니 후추갈이를 이용해 사용하세요.

마요네즈

블렌더에 달걀 1개, 식초 2, 설탕 1, 소금 0.3을 넣고 올리브오일이나 포도씨오일 1컵을 조금씩 나눠 넣어가며 갈면 수제 마요네즈를 만들 수 있어요. 처음에는 농도가 묽은 듯 보이지만 냉장고에 넣어 보관하면 시판 마요네즈처럼 농도가 바뀌어요. 시판 마요네즈는 고소한 맛이 나는 마요네즈를 즐겨 먹어요.

토마토케첩

직접 만들어 먹으면 좋지만 시판되는 토마토케첩을 주로 사용해요. 요즘에는 일반 토마토케첩보다 맛이 비교적 순하고 채소도 많이 씹히는 오뚜기의 과일과 야채케첩을 즐겨 먹어요.

고추냉이와 연겨자

고추냉이는 초밥 외에 여러 요리에 넣으면 특유의 톡 쏘는 알싸한 맛으로 음식의 독특한 맛을 살려줘요. 시판 제품 중에는 고추냉이를 직접 갈아 튜브에 넣은 제품과 가루 제품이 있어요. 고추냉이는 마요네즈와 섞으면 아주 훌륭한 디핑 소스가 돼요. 일반 겨자보다 맛이 부드러운 연겨자는 대개 튜브 형태로 판매돼요. 코끝이 찡한 해산물 냉채를 만들 때 연겨자를 요긴하게 사용해요.

파르메산 치즈가루

파르메산 치즈가루는 약간 짭짤하면서 고소한 치즈 향이 나서 피자나 스파게티 등에 곁들이고 베이킹이나 디핑 소스의 양념으로도 사용해요. 쿠키나 빵, 수프 등에 넣으면 치즈 향을 더해줘요. 간혹 샐러드에는 파르미지아노 치즈를 치즈 강판에 직접 갈아 사용하기도 하지만 대개는 편하게 사용할 수 있는 가루 제품을 사용해요. 사용하고 남은 치즈가루는 꼭 냉장고에 넣어 보관하세요.

카레가루

카레가루도 훌륭한 요리 양념으로 쓰여요. 생선을 구울 때 밀가루와 함께 섞어서 생선에 입혀 구우면 비린 맛이 덜하고 맛도 있어요. 또 볶음밥이나 채소 볶음에 넣기도 해요.

시나몬 파우더계핏가루

계피가 가진 특유의 화하고 알싸한 향이 있어요. 디저트, 빵, 과자, 음료를 만들 때 주로 사용해요. 호떡이나 약식, 프렌치토스트, 카푸치노에도 조금씩 넣으면 좋아요.

발사믹 식초와 발사믹 크림

발사믹 식초는 단맛이 강한 포도즙을 나무통에 넣고 숙성시킨 포도주 식초예요. 샐러드 드레싱이나 생선, 육류 요리에 주로 사용하는데, 올리브오일에 한 방울 떨어뜨려 빵을 찍어 먹어도 좋아요. 발사믹 크림은 다른 말로 '발사믹 글레이즈', '발사믹 리덕션'이라고도 하며, 발사믹 식초를 불에 은근하게 조려 만들어요. 요즘은 시판되는 발사믹 크림이 있어 손쉽게 사용할 수 있어요.

드라이 허브

생 허브를 사용하기 힘들 때 잘 말린 드라이 허브를 사용해요. 요즘은 마트에 가면 드라이 허브를 손쉽게 구입할 수 있어요. 주로 드라이 바질과 파슬리, 로즈메리 등을 구입해 요리마다 적절히 사용하고 있어요. 평소 좋아하는 허브 종류를 직접 길러 사용해도 좋고, 여의치 않을 경우 드라이 허브를 구입해 사용하세요.

Cooking Note 03

몸에 좋은 천연 육수와 볶은 소금 만들기

육수를 만들어 요리하면 화학조미료 없이도 맛있고 건강한 요리를 식구들에게 먹일 수 있어요. 국물 요리를 만들 때뿐만 아니라 덮밥이나 전골 요리, 조림 등에도 육수를 넣어 깊고 깔끔한 맛을 내요. 이 책에 소개한 대부분의 육수는 멸치 다시마 육수로, 이것만 잘 만들어도 맛있는 요리를 많이 만들 수 있어요. 음식의 맛은 기본양념이 좌우하는데요. 소금은 기본 중의 기본양념이에요. 저는 천일염으로 여러 가지 소금을 만들어 먹어요.

멸치 다시마 육수

활용 요리

국, 찌개, 전골, 탕, 죽, 조림, 국수 요리 등

재료

국물 멸치 3줌(60마리, 약 60g)
다시마(10X10cm) 3장
물 10컵

만들기

냄비에 재료를 모두 넣고 센 불에서 끓여 끓어오르면 중약 불로 줄여 10분 정도 더 끓이고 체에 밭쳐 용기에 담아 냉장고에 넣어두고 사용해요.

Cooking Tip

❶ 끓이면서 생기는 거품은 고운체나 숟가락으로 걷어내야 보기에도 좋고 맛도 깔끔해요.
❷ 육수는 냉장고에 넣어두면 일주일 정도 보관이 가능한데 오래 보관하려면 냉동실에 넣어두세요.
❸ 질이 좋은 국물 멸치를 사용하면 따로 머리와 내장을 제거하지 않아도 돼요.
❹ 더 맑고 구수한 멸치 육수를 만들려면 기름을 두르지 않은 마른 팬에 멸치를 볶아 수분을 날려 사용해요.
❺ 멸치 육수에 마지막으로 청주나 소주를 약간 넣으면 비린 맛이 훨씬 덜해요.
❻ 무 1토막이나 마른 표고버섯 1~2개를 더하면 감칠맛이 나는 육수를 만들 수 있어요.
❼ 마른 고추나 청양고추를 더해 끓이면 매콤하고 칼칼한 육수를 만들 수 있어요.
❽ 다시마는 건져 채 썰어 요리에 더해도 좋아요.

볶은 소금

❶ 기름을 두르지 않은 팬에 천일염(굵은소금)을 넣어 약한 불에 볶다가,

* 팬은 코팅 팬이 아닌, 무쇠 팬이나 세라믹 팬, 솥 등을 사용하세요. 또 센 불에 볶으면 볶을 때 나오는 가스가 몸에 좋지 않다고 하니 환기를 시키면서 볶으세요.

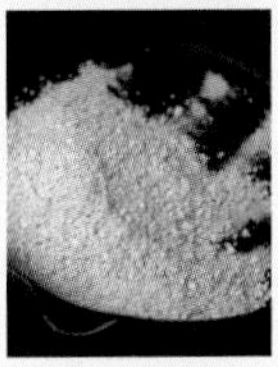

❷ 색이 점점 누리끼리해지면서 촉촉하던 소금이 바슬바슬해질 때까지 약한 불에서 볶음주걱으로 계속 저어가며 볶다가,

* 2컵 정도 볶는 데 걸리는 시간은 10분 정도예요.

❸ 바슬바슬하게 볶은 소금을 믹서에 넣어 곱게 갈거나 소금갈이통에 넣어 그때그때 갈아 넣으면 끝.

허브맛 소금

볶은 소금에 통후추, 큼직하게 다진 마른 고추와 고추씨, 로즈메리나 바질, 파슬리 등의 드라이 허브를 넣어 믹서에 갈거나 소금갈이통에 넣어 갈아 사용해요.

마늘 소금·양파 소금

식품건조기에 마늘이나 양파를 말려 볶은소금과 섞어 믹서에 곱게 갈아 사용해요.

Cooking Tip **오븐에 소금 굽기**

팬에 볶지 않고 오븐에 구워도 돼요. 오븐팬에 종이포일을 깔고 굵은소금을 평평하게 깔아 130℃에서 40~50분 정도 색깔을 보아가며 구우세요. 식품건조기가 있다면 2~3시간 정도 말려도 돼요.

Cooking Note 04

쓸모 많은 우리집 주방 도구

실리콘 찜기

가스불을 사용하지 않고 전자레인지를 이용해서 사용할 수 있는 찜기예요. 재료가 가진 수분으로 조리가 잘 되며, 내부에 증기가 돌아서 재료 안에 스며들어 맛도 훨씬 더 좋아요. 무엇보다 대부분의 요리가 3~10분 안에 완성이 되니 바쁜 요즘 사람들에게 딱 맞는 도구예요. 냉동실에 있는 떡이나 만두를 데우거나 해동할 때 사용하기도 하고, 소시지와 어묵을 데칠 때, 채소와 해산물을 데칠 때도 사용해요. 고구마나 단호박, 감자를 찌기도 하고요. 인체에 안전한 실리콘 재질을 사용하기 때문에 큰 변형이나 까다로운 부품 교환 없이 사용할 수 있어 좋아요.

스테인리스 냄비와 궁중팬

스테인리스 냄비는 다른 재질에 비해 열전도성과 지속성, 균일성이 높아 요리를 쉽게 만들 수 있을뿐더러 오랜 기간 사용할 수 있어요. 코팅 제품처럼 벗겨질 염려가 없어 위생적이며 기름이 배지 않아 음식 맛이 깔끔하고 적은 기름으로 사용이 가능하기에 칼로리를 낮출 수 있어요. 스테인리스 프라이팬은 사용 요령을 익혀두어야 하는데, 적당히 가열된 상태에서 기름이 뜨거워졌을 때 재료를 넣는 것이 좋아요. 스테인리스 냄비와 궁중팬, 프라이팬은 불꽃이 항상 바닥 면을 넘지 않도록 주의해야 갈변 현상이 적게 발생해요. 혹 과열됐을 경우에는 바로 차가운 물에 담그지 말고 자연 상태에서 식히세요.

주물냄비

무쇠로 된 주물냄비는 열전도율이 높고 내부의 고른 열 분배, 뚜껑 자체의 무게 때문에 마치 압력솥에서 요리하는 것과 같은 효과를 낼 수 있어 음식 자체가 가진 수분으로 요리할 때 좋아요. 또 시간이 오래 걸리는 찜 요리나 백숙을 만들 때 이용하면 재료 자체의 맛을 부드럽게 살려요. 다만 지나치게 무거워 자칫 '장식품'으로 전락할 수 있다는 것과 충격에 주의해야 한다는 점, 부드러운 소재로 잘 닦아야 한다는 번거로움이 있어요. 세척 후에는 잘 건조해 보관해요. 냄비 본체와 뚜껑이 맞닿은 부분을 잘 건조해 기름을 발라가며 사용하면 더 오래 사용할 수 있어요.

압력솥

전기밥솥도 좋지만 압력솥 하나쯤은 필요해요. 저는 전기밥솥이 아닌 압력솥에 한 끼 먹을 만큼의 밥만 그때그때 지어 먹어요. 또 나물밥이나 약밥, 삼계탕 끓일 때, 고기 등을 삶을 때 단시간에 조리하기 좋아 압력솥을 사용해요. 명절에 올리는 쇠갈비찜도 압력솥에 만들면 훨씬 더 부드럽고 맛있어요. 겨울철에 즐겨 마시는 따끈한 대추차와 생강차도 압력솥에 끓여요.

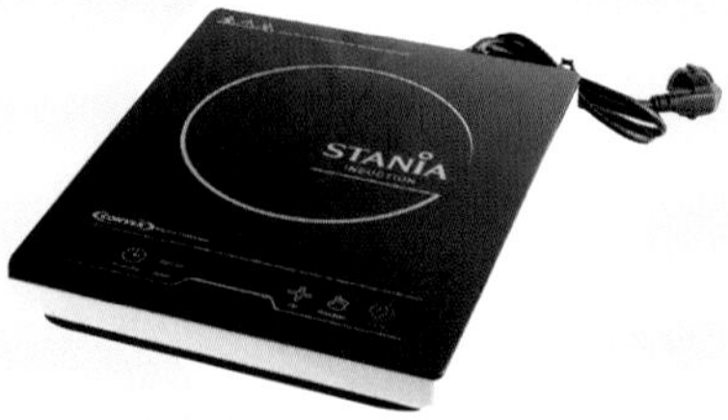

인덕션레인지

인덕션레인지는 조리 시간이 짧아 즐겨 사용하고 있어요. 재빨리 물을 끓이기에도 좋고 여열의 발생이 적어 조리할 때 덥지 않아 여름에 사용하기 좋아요. 또 가족들이 모였을 때나 손님상에 버너 대신 사용할 수 있어요. 조리 시 상판에 국물이나 음식 찌꺼기가 묻어도 손쉽게 닦아낼 수 있어서 항상 청결하게 사용할 수 있고요. 단점이라면 자성이 있는, 즉 자석에 바닥 면이 붙는 냄비와 프라이팬만 사용할 수 있어요.

소형 전기오븐

크기가 작아 가정에서 자주 사용하게 되는 전기오븐이에요. 가스를 사용하는 오븐과 달리 전기를 사용하는 오븐으로 크기는 전자레인지보다 조금 더 커요. 10년 가까이 컨벡스오븐을 사용하고 있는데, 크기는 작지만 웬만한 오븐 요리와 빵과 과자 등을 굽는데 아주 적당해요. 오븐으로 아이들 간식도 만들고 고마운 분들께 정성스럽게 만든 빵과 과자를 선물할 때도 좋아요. 크기가 작아 공간을 많이 차지 하지 않는 것도 큰 장점이에요.

믹서

믹서가 있으면 만들 수 있는 요리가 다양해지니 하나쯤은 장만해 두세요. 막상 사용하려면 귀찮지만 사용해 보면 주방에서 맹활약을 해요. 찬밥과 액젓을 갈아 김치 양념을 만들기도 하고 콩을 갈아 콩비지를 만들 때도 요긴해요. 또 웬만한 소스와 드레싱을 만들 때도 꼭 필요하며 과일을 갈아 주스를 만들 때도 믹서가 없으면 안 돼요.

실리콘 주방 도구

친환경 소재인 실리콘으로 만든 주방 도구는 젓가락, 집게, 뒤집개 등이 있어요. 조리 중에 식재료의 변형이 적고 코팅 팬에도 긁히거나 손상을 주지 않으며 세척이나 보관도 간편해요. 또 저온과 고온에서 모두 사용할 수 있어 전자레인지나 오븐, 식기세척기 등에 구애받지 않고 쓸 수 있어요.

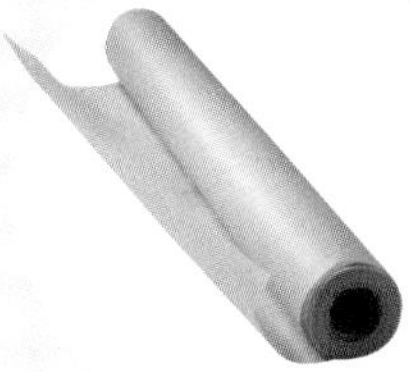

친환경 종이포일

요즘은 친환경 종이포일이 잘 나와서 여러 용도로 활용하고 있어요. 생선이나 고기를 구울 때 프라이팬 위에 사용할 수 있으며 오븐에서 빵이나 과자를 구울 때, 냉장이나 냉동·해동 식품을 포장할 때, 떡이나 만두 등의 찜 요리를 할 때 찜용 시트로도 활용해요. 도마를 사용할 때 적당한 크기로 잘라 종이포일을 깔고 재료를 썰면 도마의 세균으로부터 음식을 보호하기에도 좋아요. 특히 김치를 썰 때 사용하면 도마가 변색되는 것을 막아줘요.

제빵기

식빵을 시간에 맞춰 구워 먹을 수 있고 건강 발효빵을 만들 때 반죽을 하는 용도로 사용하기에도 편리해요. 요즘은 시판되는 식빵 믹스와 케이크 믹스 등을 이용하는 경우가 많아서 제빵기와 믹스 종류만 준비하면 간단하게 해 먹을 수 있는 간식이 많아요. 또 한식 요리 중 만두, 수제비, 칼국수 반죽을 만들 때 힘들게 손으로 반죽하지 않아도 되어 편리해요. 케이크, 인절미, 잼, 쌀 베이킹, 죽이나 이유식을 만들 때도 유용하게 활용할 수 있어요.

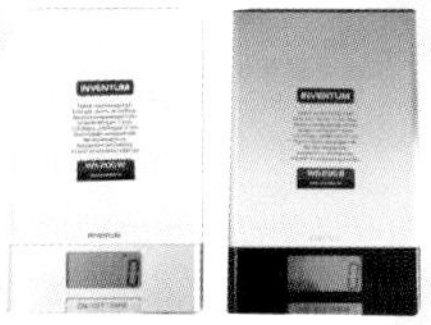

전자저울

눈대중으로 조리해도 무난하지만 베이킹을 할 때나 정확한 레시피를 위해서 식재료의 양을 계량해야 할 때 하나쯤은 구비해 두어야 할 전자저울이에요. 1g에서 최대 5kg까지 세세히 무게를 잴 수 있어요. 번들 상품을 구입해 소분해야 할 때도 유용하게 쓰여요.

PART 1

맛있는 한 그릇, 밥과 면 요리

하얀 쌀밥 대신 밥으로 만든 한 그릇 요리,
밥이 물릴 때면 별식 삼아 만들어 먹는 후루룩 쩝쩝 면 요리.
밥 요리와 면 요리는 만들기도 간편하고 달리 반찬이 필요하지 않아
고민을 덜어주는 참 좋은 음식입니다.

밥 요리

닭고기 덮밥

한 음식점에서 맛본 닭고기 덮밥을 따라 만들었는데 그만 전혀 다른 요리가 나왔어요. 밥과 채소, 양파채, 파채 등에 덮밥 소스를 넣고 비벼 먹으면 꿀맛이에요.

요리 시간
25분

주재료(1인분)
밥 1공기
닭 가슴살 1조각
베이비 채소 적당량

덮밥 소스 재료
간장 2
맛술 1
식초 1
설탕 0.3
통깨 0.3

닭고기볶음 양념 재료
맛술 1
간장 1
물엿 1
후춧가루 약간
통깨 적당량

대체 식재료
베이비 채소▶양파채, 대파채

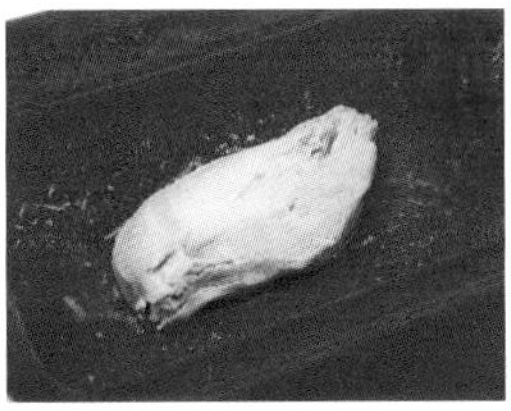

❶ 닭 가슴살은 살 속의 힘줄 같은 것을 빼내어 소금을 약간 뿌려 끓는 물에 데치거나 찜기에 찌고,

전자레인지용 찜기에 2~3분 정도 쪘어요

❷ 간장 2, 맛술 1, 식초 1, 설탕 0.3, 통깨 0.3을 한데 섞어 설탕이 녹을 때까지 젓고,

❸ 찐 닭 가슴살은 먹기 좋은 크기로 일정하게 잘라 주고,

❹ 달군 팬에 식용유를 두르고 닭 가슴살을 볶다가 맛술 1, 간장 1, 물엿 1, 후춧가루 약간, 통깨를 넣어 볶고, 그릇에 밥과 베이비 채소를 담고 닭 가슴살을 올려 소스를 곁들이면 끝.

돼지고기 항정살 덮밥

고기 씹는 맛이 좋은 항정살은 돼지의 목에서 어깨까지 연결된 부위인데요. 늘 구워만 먹다가 대파와 양파를 곁들여 덮밥을 만드니 맛도 좋고 폼도 나요.

요리 시간
30분

주재료(2인분)
돼지고기 항정살 200g
양파(작은 것) 1/2개
대파 1대
밥 2공기

고기 밑간 재료
청주 1
소금·후춧가루 적당량씩

소스 재료
간장 2
굴소스 1
맛술 3
물 3
아가베시럽 2
식초 1
다진 마늘 0.5
생강즙 적당량

대체 식재료
아가베시럽▶꿀, 물엿

❶ 양파는 링 모양으로 얄팍하게 썰고 대파는 채 썰어 찬물에 두어 번 헹궈 찬물에 담가두고,

❷ 돼지고기 항정살은 청주 1, 소금과 후춧가루 적당량에 잠시 재웠다가 팬을 달구어 앞뒤로 노릇하게 굽고,

❸ 간장 2, 굴소스 1, 맛술 3, 물 3, 아가베시럽 2, 식초 1, 다진 마늘 0.5, 생강즙 적당량을 한데 섞어 팬에 넣어 바글바글 끓이고,

❹ 밥을 따끈하게 준비하여 양파와 대파의 물기를 빼서 올린 다음 소스를 뿌리고 항정살을 먹기 좋게 잘라 소복이 얹으면 끝.

소시지 야채 덮밥

술안주로 인기인 메뉴지만 자주 해 먹지는 않았는데요.
요리 잡지에 소개된 소야 덮밥을 보니 오랜만에 생각나더라고요.
재료도 간단하고 먹고 나면 든든해서 반찬이 필요 없는 한 끼 식사예요.

요리 시간
20분

주재료(1인분)
밥 1공기
피망 1/3개
홍피망 1/3개
양파 1/4개
프랑크 소시지 2줄(100g)
식용유 1

양념장 재료
토마토케첩 3
고추장 0.5
고춧가루 0.5
물엿 1

양념 재료
다진 마늘 0.5
물 4
후춧가루 적당량
통깨 0.3

❶ 피망, 홍피망, 양파는 사방 2cm 크기로 썰고, 프랑크 소시지는 한입 크기로 어슷하게 썰고,

❷ 토마토케첩 3, 고추장 0.5, 고춧가루 0.5, 물엿 1을 한데 섞고,

❸ 팬을 달구어 식용유 1을 두르고 다진 마늘 0.5를 넣어 타지 않게 달달 볶다가 채소와 프랑크 소시지를 넣고 볶아,

❹ 양념장을 한꺼번에 넣고 재료와 잘 섞이도록 고루 볶아 물 4를 넣고 1분 정도 촉촉하게 더 볶고 후춧가루 적당량, 통깨 0.3을 넣고 가볍게 버무려 갓 지은 따끈한 밥에 담으면 끝.

순두부 덮밥

이웃 언니가 만들어 준 순두부 덮밥을 먹어보고 맛있어서
따라했어요. 보들보들 야들야들한 것이 밥도둑이에요.
순부두로 찌개만 끓이지 말고 덮밥으로 만들어 드세요.

요리 시간
20분

주재료(2인분)
순두부 1봉
풋고추 1/2개
대파 1/4대
멸치 다시마 육수 1컵

양념장 재료
다진 마늘 1
국간장 1
까나리액젓 1
고춧가루 1
고추기름 1
맛술 1

녹말물 재료
물 1
녹말가루 0.5

❶ 다진 마늘 1, 국간장 1, 까나리액젓 1, 고춧가루 1, 고추기름 1, 맛술 1을 한데 섞고,

매운맛이 싫으면 고추기름의 양을 반으로 줄이거나 빼세요

❷ 순두부는 포장지를 벗겨 그릇에 담고 풋고추는 송송 썰고, 대파는 어슷하게 썰고,

끓이는 동안 너무 휘젓지 마세요

❸ 냄비에 진하게 우린 멸치 다시마 육수 1컵에 양념장을 넣고 끓여 팔팔 끓으면 순두부를 넣고 바글바글 5분 정도 끓여,

마지막에 참기름 몇 방울을 넣으면 더 맛있어요

❹ 순두부에 양념이 잘 배어들면 물 1과 녹말가루 0.5를 섞은 녹말물을 조금씩 부어가며 농도를 맞추고 풋고추와 대파를 넣고 한소끔 더 끓이면 끝.

스크램블 에그 덮밥

제 블로그에서 진행한 설문조사에서 냉장고에 가장 만만하게 쟁여두는 식재료 1위가 달걀이었어요. 집에 달걀밖에 없을 때 한 그릇 요리로 내기 좋아요.

요리 시간
15분

주재료(1인분)
밥 1공기
달걀 2개
우유 4
소금 적당량
식용유 2
쪽파 1대

소스 재료
양파 1/4개
간장 2
물 4
맛술 1
청주 1
설탕 0.5
생강즙 약간

양파와 나머지 재료가 잘 어우러지면 불을 끄세요

스크램블을 할 때 불이 세면 달걀이 단단해져요

식용유와 버터를 반씩 넣어도 맛있어요

❶ 팬을 달구어 식용유를 약간 두르고 양파 1/4개를 채 썰어 넣고 달달 볶다가 간장 2, 물 4, 맛술 1, 청주 1, 설탕 0.5, 생강즙 약간을 넣어 소스가 반 이상 남을 때까지 바글바글 끓이고,

❷ 볼에 달걀을 깨어 넣고 우유 4, 소금 적당량을 넣고 고루 풀고,

❸ 팬에 식용유 2를 두르고 중간 불로 달구어 불을 약간 줄이고 달걀물을 넣고 바로 젓가락으로 지그재그로 원을 그리면서 스크램블하고,

❹ 따끈한 밥에 소스를 붓고 스크램블에그를 소복이 올리고 쪽파를 송송 썰어 뿌리면 끝.

양배추 햄 덮밥

양배추 듬뿍 넣은 덮밥 하나 추가요!
양배추와 햄으로 만든 촉촉한 중국풍 덮밥이에요.
먹어도 먹어도 질리지 않고 술술 넘어가는 밥 한 그릇이에요.

요리 시간
25분

주재료(2인분)
양배추 5장(250g)
양파 1/4개
햄 통조림(작은 것) 1/2통(100g)
송송 썬 쪽파 1줌

양념 재료
올리브오일 2
다진 마늘 1
다진 마른 고추 0.5
굴소스 2
맛술 1
물 1컵
참기름 0.5
통깨 1
후춧가루 적당량

녹말물 재료
녹말가루 1
물 2

대체 식재료
다진 마른 고추▶청양고추

❶ 양배추와 양파는 채 썰고, 햄은 굵직하게 채 썰고,

재료를 썰고
녹말물을 미리
만들어 두세요

양배추는
올리브오일에
볶아야 가장
맛있어요

❷ 팬을 달구어 올리브오일 2를 두르고 다진 마늘 1과 다진 마른 고추 0.5를 넣고 타지 않게 볶다가 햄을 넣고 부서지지 않도록 살살 볶아 고루 익으면,

❸ 양배추와 양파를 넣고 재빨리 볶아 굴소스 2, 맛술 1을 넣어 가볍게 볶고 물 1컵을 붓고 바글바글 끓이다가 불을 약하게 줄이고 녹말물을 넣어 뭉치지 않도록 주걱으로 고루 저어,

❹ 송송 썬 쪽파를 넣고 참기름 0.5, 통깨 1, 후춧가루 적당량을 넣어 그릇에 따끈한 밥을 담고 끼얹으면 끝.

김 볶음밥

중국집에서 볶음밥을 시켜 먹었는데 볶음밥에 김이 들어가 있더라고요.
김 볶음밥에 자장 소스를 적절히 곁들여 먹으니 그 맛이 색달랐어요.
그래서 생각해 본 김 볶음밥이에요.

요리 시간
20분

주재료(2인분)
밥 1공기+1/2공기
양파·당근 약간씩
풋고추 1개
식용유 적당량
달걀 1개
조미 김 4~5장

양념 재료
청주 1
물 3
간장 0.5
소금·후춧가루 적당량씩
참기름 0.5
통깨 0.5

대체 식재료
양파, 당근▶버섯, 햄, 베이컨, 오징어

❶ 양파와 당근, 풋고추는 굵직하게 썰고,

약간 큰 듯 불규칙하게 썰어야 먹음직스러워요

❷ 팬을 달구어 식용유를 두르고 채소를 넣고 달달 볶다가 팬의 한쪽에 몰아 놓고,

❸ 팬의 다른 한쪽을 달구어 식용유를 두르고 달걀을 깨어 넣고 스크램블하여 볶은 채소와 섞어 달달 볶다가,

물을 넣어야 식용유를 덜 사용하게 되어 기름지지 않아요

❹ 밥 1공기+1/2공기를 넣고 주걱을 세워 재료와 잘 섞은 다음 청주 1, 물 3, 간장 0.5를 넣고 볶다가 조미 김을 찢어 넣고 소금과 후춧가루로 간하여 참기름 0.5, 통깨 0.5를 넣고 살짝 볶으면 끝.

김치 볶음밥

찬밥이 남아 밥을 새로 하기 어정쩡할 때,
별로 생각이 없는데 끼니를 해결해야
할 때 김치볶음밥을 만들어요.
밥이 얼마 없는데 양을 불려야 할 때는
죽을 쑤고요. 김치를 좋아하지 않는
아이들도 김치볶음밥은 잘 먹어요.

요리 시간
25분

주재료(2인분)
밥 1공기+1/2공기
신 김치 2컵
베이컨 5장
양파(중간 것) 1/2개
달걀 2개

양념 재료
돈가스 소스 3
김치 국물 3
참기름 0.5
깨소금 0.5

대체 식재료
베이컨▶햄, 맛살, 오징어, 새우
돈가스 소스▶스위트 칠리소스

❶ 신 김치와 베이컨, 양파는 잘게 썰고,

❷ 팬을 달구어 잘게 썬 베이컨을 넣고 볶다가 신 김치와 양파를 넣고 달달 볶다가,

❸ 밥 1공기+1/2공기를 전자레인지에서 따끈하게 데워 ②에 넣고 재료와 어우러지게 볶아,

찬밥을 넣으면 밥알이 잘 안 풀려 시간도 걸리고 맛도 없어요

❹ 돈가스 소스 3을 넣고 볶다가 김치 국물 3을 넣고 볶은 다음 참기름 0.5, 깨소금 0.5를 넣어 버무리고 달걀 프라이를 부쳐 곁들이면 끝.

맛을 보아 간을 조절하세요

참치 매운 볶음밥

참치 통조림 하나로 행복한 밥상을 만들어 주는 요리예요.
매콤한 볶음밥에 참치를 섞어 먹으면 밥이 술술 넘어가요.
어묵탕이나 달걀국을 곁들여 먹으면 좋아요.

요리 시간
20분

주재료(2~3인분)
밥 2공기
참치 통조림 1통(150g)
양파(중간 것) 1개
노란 파프리카 1/4개
쪽파 2대

참치 양념 재료
고추장 2
설탕 0.5
물엿 0.5
참기름 1
후춧가루 적당량

양념 재료
식용유 2
고춧가루 0.5
간장 1
소금 적당량

고명 재료
통깨 1
조미 김 1장

> 매운맛을 즐긴다면 청양고추를 넣으세요

❶ 참치는 고추장 2, 설탕 0.5, 물엿 0.5, 참기름 1, 후춧가루 적당량을 넣어 양념하고,

❷ 양파와 노란 파프리카는 잘게 썰고, 쪽파는 송송 썰고,

❸ 팬을 아주 약하게 달구어 식용유 2를 두르고 고춧가루 0.5를 넣어 타지 않게 볶아 고추기름을 만들어 양파, 파프리카, 쪽파를 넣고 달달 볶다가 간장 1, 소금 적당량으로 간하고,

❹ 따끈한 밥 2공기를 넣고 주걱을 세워 고슬고슬하게 볶아 그릇에 담고 참치를 소복이 올리고 통깨를 솔솔 뿌린 다음 조미 김을 잘라 넣으면 끝.

채소채 볶음밥

이름 그대로 채소를 채 썰어 밥보다 더 많이 넣은 볶음밥이에요. 감자, 호박, 양파, 파프리카 등 갖가지 채소와 신 김치까지 넣어서 볶았어요. 아이들은 좋아하지 않더라도 어른들은 기분 좋게 한 그릇 비울 수 있어요.

요리 시간
25분

주재료(2인분)
밥 1공기
호박 1/5개
감자(작은 것) 1개
양파 1/4개
가지 1/2개
신 김치(큰 잎) 2장
빨간 파프리카 1/4개
노란 파프리카 1/4개
식용유 2

양념 재료
맛술 1
간장 1
소금·후춧가루 적당량씩
참기름 0.5
통깨 0.5

사진에는 없지만 빨간·노란 파프리카도 넣었어요

❶ 호박, 감자, 양파, 가지는 채 썰고, 신 김치는 소를 털어내고 물에 헹궈 채 썰고,

❷ 팬을 달구어 식용유 2를 두르고 채 썬 채소를 넣고 볶다가 익으면 맛술 1, 간장 1을 넣고 고루 섞어 가며 볶고,

❸ 따끈한 밥을 넣고 채소와 밥알이 잘 섞이도록 주걱을 세워 볶다가,

❹ 맛을 보아 소금과 후춧가루로 간을 하고 참기름 0.5, 통깨 0.5를 넣으면 끝.

치킨 카레 볶음밥

복음밥은 찬밥에 자투리 재료를 넣고 볶아 먹는 흔한 음식이라 생각되시죠? 정성과 재료를 더하면 볶음밥도 레스토랑에서 먹는 것처럼 만들 수 있어요. 카레가루를 넣어 동남아풍으로 만든 진하고 풍부한 맛의 볶음밥이에요.

요리 시간
25분

주재료(2~3인분)
밥 2공기
닭 가슴살 1조각
양파 1/2개
당근 약간
대파 1/2대
식용유 약간

닭 가슴살 양념 재료
맛술 2
다진 마늘 0.5
소금·후춧가루 적당량씩

양념 재료
간장 1
토마토케첩 2
카레가루 2
참기름 0.5
통깨 0.5

❶ 닭 가슴살은 작게 깍둑 썰기 하고, 양파, 당근은 잘게 썰고, 대파는 송송 썰고,

❷ 닭 가슴살에 맛술 2, 다진 마늘 0.5, 소금과 후춧가루로 양념을 하고,

❸ 팬을 달구어 식용유를 약간 두르고 양념한 닭 가슴살을 넣고 달달 볶다가 당근과 양파, 대파를 넣고 고루 볶아 닭고기와 채소가 거의 익으면 간장 1, 토마토케첩 2를 넣어 볶고,

카레가루를 넣으면 밥이 엉기니 빠르게 볶으세요

❹ 따끈한 밥을 넣어 주걱을 세워 밥과 재료가 잘 섞이도록 볶다가 카레가루 2를 고루 풀어 넣고 재빨리 볶아 참기름 0.5, 통깨 0.5를 넣어 한 번 더 볶으면 끝.

특제 볶음밥

아이들에게 자주 해주는 볶음밥이에요. 새우살, 달걀, 양파, 숙주를 고추장과 고추기름 등을 넣어 매콤하게 볶았어요. 매콤하고 개운한 맛이 아이들의 입맛을 사로잡는지 해줄 때마다 싹싹 한 그릇씩 비우네요.

요리 시간
25분

주재료(2~3인분)
밥 2공기
숙주 2줌(100g)
새우살 2줌
양파(중간 것) 1/2개
식용유 2
달걀 2개
후춧가루 적당량
참기름 1
쪽파 1대

양념장 재료
고추장 1
설탕 0.3
간장 1
굴소스 1
고추기름 1

대체 식재료
굴소스▶참치진국

❶ 숙주는 다듬어 물에 씻고, 새우살도 준비하고, 양파는 잘게 썰고, 달걀도 준비하고,

❷ 고추장 1, 설탕 0.3, 간장 1, 굴소스 1, 고추기름 1을 한데 섞고,

❸ 팬을 달구어 식용유 2를 두르고 달걀을 깨어 넣어 어느 정도 익으면 휘저어 보슬보슬하게 만들어 접시에 따로 담아두고 식용유를 약간 두르고 새우살과 양파를 넣어 볶다가 숙주를 넣어 볶고,

❹ 따끈한 밥을 넣고 주걱을 세워 밥알을 풀고 양념장을 넣어 고루 볶다가 달걀을 넣고 후춧가루를 적당량 넣고 잘 볶아 그릇에 담고 참기름 1을 두르고 송송 썬 쪽파를 뿌리면 끝.

명란젓 비빔밥

너무 쉬워 요리 같지도 않은 요리인 명란 비빔밥이에요. 일하고 와서 식구들 저녁 밥상을 뚝딱 차려야 하거나 아침 밥상을 후다닥 차려야 하는 바쁜 주부들, 혼자서 꿋꿋하게 밥을 맛있게 먹어야 하는 분들에게 추천해요.

요리 시간
15분

주재료(1인분)
밥 1공기
명란젓 2
달걀노른자 1개분
송송 썬 쪽파 2
김가루 2

명란젓 양념 재료
참기름 1
통깨 0.5
송송 썬 쪽파 1

껍질째 비비면 밥과 고루 섞이지 않고 뭉쳐요

❶ 명란젓은 도마에 얹어 가운데에 칼집을 넣고 칼로 긁어가면서 알만 발라 두 숟가락 정도 준비하고,

❷ 송송 썬 쪽파를 준비하고,

많이 넣어야 맛있어요

❸ 볼에 명란젓을 담고 참기름 1, 통깨 0.5, 송송 썬 쪽파 1을 넣어 살살 섞고,

❹ 따끈한 밥에 양념한 명란젓을 얹고 달걀노른자를 올린 다음 송송 썬 쪽파와 김가루를 올려 젓가락으로 비벼 먹으면 끝.

콩나물이 아삭하게 씹히는 맛이 좋아서 밥에 콩나물을 넣어 짓지 않고 콩나물을 따로 데쳐요. 달래가 나는 봄에는 달래를 듬뿍 넣어 달래 간장에 비벼 먹어도 맛있어요.

콩나물 비빔밥

요리 시간
30분

주재료(4인분)
콩나물 4줌(200g)
당근 약간
쇠고기 100g
밥 4공기

쇠고기 양념 재료
간장 1
청주 1
다진 마늘 0.3
설탕 0.3
후춧가루 약간

양념 간장 재료
간장 3
맛술 1
다진 파 1
다진 마늘 0.5
다진 풋고추 1
다진 홍고추 0.5
고춧가루 0.5
참기름 1
통깨 1

❶ 콩나물은 다듬어 씻어 찜통에 넣어 살짝 쪄서 찬물에 헹궈 물기를 빼고,

❷ 당근은 가늘게 채 썰어 찬물에 잠깐 담갔다가 물기를 쪽 빼고,

색감도 살고
당근의 단맛이
콩나물과
잘 어울려요

❸ 쇠고기는 다지거나 잘게 썰어 간장 1, 청주 1, 다진 마늘 0.3, 설탕 0.3, 후춧가루 약간을 넣어 조물조물 양념하여 팬을 달구어 달달 볶고,

❹ 그릇에 따끈한 밥을 담고 콩나물과 당근을 소복이 얹고 간장 3, 맛술 1, 다진 파 1, 다진 마늘 0.5, 다진 풋고추 1, 다진 홍고추 0.5, 고춧가루 0.5, 참기름 1, 통깨 1을 한데 섞은 양념 간장을 곁들이면 끝.

뿌리채소 영양밥

영양이 풍부한 뿌리채소 우엉, 연근, 당근과 향이 좋은
마른 표고버섯을 불려 넣고 지은 영양밥이에요.
두부 양념장을 곁들여 비벼 먹으면 맛있어요.

요리 시간
40분(쌀 불리는 시간 제외)

주재료(3~4인분)
쌀 2컵
마른 표고버섯(작은 것) 5개
우엉(굵게 썬 것) 2줌
연근(굵게 썬 것) 2줌
당근(굵게 썬 것) 1줌
다시마(10×10cm) 1장

밥물 재료
물 2컵+1/2컵
간장 3
맛술 2
소금 약간

두부 양념장 재료
두부(찐 것) 1/4모
간장 2
다진 파 2
참기름 2
통깨 1

압력솥이나 전기밥솥에 밥을 지어도 돼요

솥밥을 지을 때는 뚜껑이 묵직한 것으로 덮으세요

❶ 쌀은 물에 씻어 30분 정도 불려 체에 밭치고,

❷ 마른 표고버섯은 미지근한 물에 미리 불렸다가 건져 작은 깍두기 모양으로 썰고, 우엉, 연근, 당근도 준비하고,

❸ 냄비에 쌀을 넣고 표고버섯, 우엉, 연근, 당근을 넣어 고루 섞어 다시마 1장을 얹고 물 2컵+1/2컵, 간장 3, 맛술 2, 소금 약간을 섞어 넣고 센 불에서 끓여,

❹ 끓으면 중간 불로 줄여 위아래로 한두 번 뒤적여 1분 정도 익히다가 약한 불로 줄여 뜸을 들이고, 두부 1/4모를 으깨어 간장 2, 다진 파 2, 참기름 2, 통깨 1을 섞어 양념장을 만들어 곁들이면 끝.

알밥

김밥을 싸고 재료가 남으면 알밥을 만들어요. 김밥 재료에
신 김치를 썰어 넣고 주인공인 척하는 날치알만 있으면 한 끼 쉽게
해결할 수 있어요. 하루는 김밥 먹고, 하루는 알밥 먹고!

요리 시간
20분

재료(2~3인분)
밥 2공기
맛살 적당량
우엉조림 적당량
단무지 적당량
신 김치 적당량
날치알 적당량
참기름 적당량
식용유 적당량
김가루·통깨 적당량씩

❶ 맛살, 우엉조림, 단무지는 잘게 썰고,

김치 국물을 넣어도 좋아요

❷ 신 김치는 송송 썰고, 날치알도 준비하고,

❸ 뚝배기나 무쇠 냄비를 달구어 참기름과 식용유를 반씩 섞어 두르고 밥을 넣고 준비한 재료를 소복이 올려,

뚝배기나 무쇠 냄비를 적당히 달구어 누룽지를 만들어 먹어도 맛있어요

❹ 어느 정도 달구어지면 불을 끄고 비벼 먹으면 끝.

조갯살 무밥

아이들이 무로 만든 요리라면 고개를 절레절레 흔드는데 무밥은 아주 맛있게 먹어요. 녀석들이 좋아하는 조갯살을 무밥에 넣었거든요. 무만 넣고 밥을 짓자니 다소 심심할 것 같아 조갯살을 넣었는데 시원하고 감칠맛이 나요.

요리 시간
30분(쌀 불리는 시간 제외)

주재료(2인분)
쌀 1컵
무(5cm) 1토막(200g)
조갯살 1컵(약 120g)
청주 1
물 1컵+1/4컵

양념 간장 재료
국간장 1
간장 1
맛술 1
참기름 1
다진 홍고추 1
다진 풋고추 1
다진 대파 1
다진 마늘 0.3
통깨 0.5

대체 식재료
국간장 1▶간장 2
홍고추, 풋고추▶달래

❶ 쌀은 물에 서너 차례 씻어 30분 이상 충분히 불려 주고,

가늘고 길게 채 썰면 밥이 지저분해져요

❷ 무는 3~4cm 길이로 굵직하게 채 썰고, 조갯살은 찬물에 한두 번 헹궈 물기를 빼서 청주 1에 밑간을 하고,

압력솥에 짓는다면 물을 1컵만 넣으세요

❸ 냄비나 솥에 충분히 불린 쌀을 담고 물 1컵+1/4컵을 넣고 무를 얹고 조갯살을 올려 센 불에 끓여 끓으면 중간 불로 줄여 밥물이 잦아들면 약한 불 이하로 줄여 밥을 짓고,

❹ 밥에 뜸을 들이는 동안 국간장 1, 간장 1, 맛술 1, 참기름 1, 다진 홍고추 1, 다진 풋고추 1, 다진 대파 1, 다진 마늘 0.3, 통깨 0.5를 한데 섞어 밥에 곁들이면 끝.

마늘 햄 김밥

유명 분식집에 가면 베이컨 마늘말이라는 김밥을 파는데 맛있어서 만들어 보았어요. 언제부터인가 한두 가지 재료를 넣은 심플한 김밥이 더 좋더라고요. 이 김밥은 마늘을 많이, 맛있게 먹을 수 있어 좋아요.

요리 시간
30분

주재료(날씬한 4줄)
현미밥 2공기
식용유 5
마늘 25쪽
슬라이스 햄 1팩(100g)
김밥용 김 4장
김밥용 단무지 4줄
마요네즈 적당량

밥 양념 재료
소금 0.3
통깨 0.5
참기름 2

대체 식재료
현미밥▶흰밥
슬라이스 햄▶베이컨

센 불에서 구우면 금방 타니 중간 불 이하로 구우세요

❶ 팬을 중간 불로 달구어 식용유 5를 두르고 마늘을 편으로 썰어 넣고 불을 줄여 타지 않게 5분 이상 구워 소금을 뿌리고 키친타월에 얹어 기름을 빼고,

남은 기름은 볶음 요리나 생선 구이에 사용해도 돼요

❷ 마늘을 구운 팬의 기름을 따라내고 키친타월로 닦은 다음 슬라이스 햄을 넣어 앞뒤로 노릇하게 굽고,

밥을 미리 나눠 두면 편해요

❸ 볼에 현미밥을 담고 소금 0.3, 통깨 0.5, 참기름 2를 넣고 주걱을 세워 밥알이 뭉개지지 않게 고루 섞어 4등분하고,

❹ 김밥용 김에 밥을 고루 펼쳐 얹고 단무지와 햄, 구운 마늘을 올려 돌돌 말아 한입 크기로 썰어 마요네즈를 곁들이면 끝.

멸추 김밥

이상하게도 김밥이 가끔씩 미치도록 먹고 싶을 때가 있어요.
요즘 즐기는 김밥은 멸치와 고추를 볶아 넣는 멸추 김밥이에요.
풋고추 대신 삭힌 고추를 넣으면 더 맛있어요.

요리 시간
30분

김밥 주재료(2줄)
따끈한 밥 2공기
멸추볶음 적당량
달걀 1개
소금 약간
식용유 적당량
햄 2줄
당근 1/3개
김밥용 김 2장
깻잎 4장

밥 양념 재료
참기름 2
구운 소금(간 것) 적당량

멸추볶음 주재료
잔멸치 1컵
풋고추(큰 것) 7~8개

양념 재료
식용유 3
청주 1
고추장 3
아가베시럽 3
설탕 0.3
다진 마늘 1
참기름 1
통깨 1

굵은소금을 넣어도 돼요

❶ 따끈한 밥에 참기름 2, 구운 소금을 적당량 넣고 주걱을 세워 고루 양념하고,

❷ 멸추볶음을 준비하고,

멸추볶음 만드는 법은 213쪽을 참조하세요

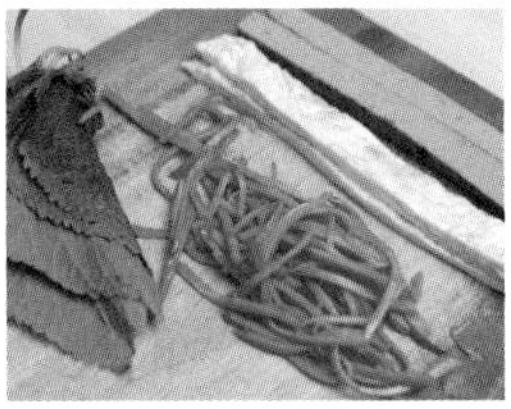

❸ 달걀은 소금 간하여 팬을 달구어 식용유를 두르고 부쳐 적당하게 썰고, 햄은 잘라서 팬에 익히고, 당근은 채 썰어 볶고, 깻잎은 씻어 물기를 빼고,

기름을 두르지 않은 팬에 김밥을 굴리면 깔끔하게 붙어요

깻잎을 넣으면 멸추볶음을 깔끔하게 쌀 수 있어요

❹ 도마에 김밥용 김을 얹고 밥을 펼쳐 얹고 깻잎 두 장을 마주보게 깔고 멸추볶음을 올린 다음 깻잎을 반으로 접거나 말고 달걀, 햄, 당근을 얹어 말아 잠시 두었다가 먹기 좋게 썰면 끝.

오징어채 꼬마 김밥

김밥은 참 번거로운 음식이라고 생각했었는데 언제부터인가 원하는 재료만 넣고 만들어 먹기 시작하면서 쉬운 음식이 됐어요. 가끔은 맘대로 싼 김밥이 식구들의 열렬한 찬사를 얻어낼 때도 있어요. 요즘 빠져 있는 것은 앙증맞은 크기의 작은 김밥. 부엌을 정리하다가 갑자기 튀어나온 오징어채로 단무지와 시금치 없이도 맛있는 김밥을 말았어요.

요리 시간
30분

주재료(2~3인분)
밥 2공기
김밥용 김 4장
오징어채 3줌(100g)
아몬드 1줌
풋고추 3개
참기름 2
통깨 1

고추장 소스 재료
고추장 3
다진 마늘 0.5
청주 1
간장 0.3
물엿 3
설탕 0.5
생강즙 약간

밥 양념 재료
참기름 2
통깨 0.5
소금 약간

대체 식재료
오징어채▶오징어, 반건조 오징어
물엿▶조청, 아가베시럽, 꿀

❶ 오징어채는 물에 한번 헹궈 물기를 빼서 2~3cm 길이로 짧게 자르고, 아몬드는 굵직하게 썰고, 풋고추는 다지고,

물엿 대신 조청을 넣으면 같은 양을, 아가베시럽이나 꿀을 넣으면 조금 덜 넣으세요

❷ 팬에 고추장 3, 다진 마늘 0.5, 청주 1, 간장 0.3, 물엿 3, 설탕 0.5, 생강즙 약간을 한데 넣고 바글바글 끓이다가,

❸ 고추장 소스에 오징어채를 넣고 볶다가,

❹ 아몬드, 풋고추를 넣어 볶다가 참기름 1, 통깨 0.5를 넣으면 오징어채볶음은 끝.

가능한 한 밥을 얇게 펼쳐 얹으세요

❺ 따끈한 밥에 참기름 2, 통깨 0.5, 소금 약간을 넣고 소금이 잘 녹도록 고루 섞고, 김밥용 김은 4등분하여 도마에 6장을 쭉 깔아 밥을 고루 펼쳐 얹고 가운데에 오징어채볶음을 올려 돌돌 말아,

❻ 다 말아놓은 김밥에 참기름 1을 나눠 바르고 통깨 0.5를 솔솔 뿌려 먹기 좋게 썰면 끝.

Point

밥은 맛을 보아 간이 심심하게 맞는다 싶은 정도로 간을 하세요. 밥에 간이 전혀 안 되면 맛이 덜하고, 반대로 밥의 간이 세면 소재료의 간까지 소태 김밥이 될 수 있어요.

햄말이 김밥

장아찌가 들어간 김밥과 라면, 국물떡볶이 등을 파는 스쿨푸드라는 음식점이 있어요. 분식치고는 가격이 비싼데도 늘 문전성시예요. 이 집의 간판 메뉴는 장아찌와 햄을 넣은 꼬마 김밥. 장아찌 대신 우엉조림을 넣어 저만의 스타일로 바꿔보았어요.

요리 시간
40분

주재료(5인분)
밥 5공기
우엉(껍질 벗긴 것) 100g
식초 적당량
식용유 적당량
햄 통조림 1통(200g)
김밥용 김 8장
마요네즈 적당량

우엉조림 재료
간장 2
맛술 2
물엿 2
통깨 0.5

햄조림 재료
간장 1
맛술 2
물엿 1

밥 양념 재료
소금 0.3
참기름 3
통깨 1

데치는 대신 식촛물에 30분 이상 담가두어도 돼요

❶ 우엉은 채 썰어 물에 헹궈 팔팔 끓는 식촛물에서 1분 정도 데쳐 물기를 빼고, 팬에 식용유를 두르고 우엉을 볶다 간장 2, 맛술 2, 물엿 2를 넣고 국물 없이 조리다가 통깨 0.5를 넣고,

❷ 햄은 김밥에 알맞은 크기로 길게 자르고 팬을 달구어 식용유를 약간 두르고 익히다가 간장 1, 맛술 2, 물엿 1을 넣고 윤기 나게 조리고,

❸ 따끈한 밥에 밥 양념 재료인 소금 0.3 참기름 3, 통깨 1을 넣고 주걱을 세워 고루 섞고,

❹ 김밥용 김을 반으로 자르고 밥을 고루 펴 얹고 우엉조림과 햄조림을 얹고 돌돌 말아 6~7등분하여 그릇에 담고 마요네즈를 곁들이면 끝.

녹두 삼계죽

닭 다리로 녹두 삼계탕을 끓이는 식당이 있어 맛보고 집에서 따라 끓였어요.
찹쌀이 없어서 멥쌀로 끓였는데 아이들이 정말 좋아하네요.

요리 시간
60분(녹두와 쌀 불리는 시간 제외)

주재료(3~4인분)
닭 다리 4개
녹두 1컵
쌀 2/3컵

국물 재료
물 7~8컵
마늘 3쪽
생강 1톨
굵은소금 0.3
소금·후춧가루 취향껏

대체 식재료
쌀▶찹쌀

❶ 녹두는 씻어서 6시간 이상 물에 불리고, 쌀은 씻어서 30분 정도 물에 불리고,

❷ 닭 다리는 흐르는 찬물에 씻어서 칼집을 내고,

❸ 냄비에 물 7~8컵, 마늘 3쪽, 생강 1톨을 넣고 끓이다가, 닭 다리를 넣어 뚜껑을 열고 약한 불로 거품을 걷어내며 푹 끓여,

❹ 불린 녹두와 쌀, 굵은소금 0.3을 넣어 주걱으로 저어가며 끓여 녹두와 쌀이 푹 퍼지면 먹기 직전에 소금과 후춧가루로 간하면 끝.

입맛 없을 때 간단히 끓여 먹을 수 있는 새우젓죽이에요.
집에 있는 재료로 만만하게 만들 수 있고 맛도 있어요.

두부 새우젓죽

요리 시간
20분

주재료 (2인분)
밥 1공기
두부 1/2모(150g)
물 3컵
송송 썬 쪽파 1줌

양념 재료
새우젓 2
참기름 0.5

대체 식재료
쪽파▶부추

❶ 두부는 칼을 눕혀 잘게 으깨고,

❷ 냄비에 물 3컵과 밥을 넣고 밥알이 푹 퍼질 때까지 10분 정도 끓이다가,

새우젓 양을 줄이고 양념 간장을 곁들여도 맛있어요

❸ 밥알이 푹 퍼지면 으깬 두부, 새우젓 2를 넣고 재료가 잘 어우러질 때까지 끓여,

그릇에 담고 통깨, 참기름을 더 넣어도 맛있어요

❹ 송송 썬 쪽파를 넣고 참기름 0.5를 두르고 한두 번 휘휘 저으면 끝.

버섯 채소죽

가을이 되면 저도 모르게 몇 가지 버섯들을 장바구니에 담게 돼요.
오늘은 평소 먹던 죽에 버섯을 큼직하게 썰어 넣고 끓였어요.
배는 너무 고픈데 속이 좋지 않을 때 속을 편안하게 해주는 죽이에요.

요리 시간
25분

재료(2인분)
밥 1공기
표고버섯 2개
애느타리버섯 1줌(100g)
당근·애호박·양파(다진 것) 1줌씩
참기름 1
멸치 다시마 육수 3컵
국간장 0.5
후춧가루 취향껏

먹기 직전에 김가루와 참기름 몇 방울, 깨소금 약간을 뿌리면 더 맛있어요

❶ 표고버섯은 편으로 썰고, 애느타리버섯은 밑동만 잘라 물에 대충 헹궈 버섯 모양을 살려 가닥가닥 나눠놓고, 당근과 애호박, 양파는 다져 준비하고,

❷ 팬을 달구어 참기름 1을 두르고 채소를 넣고 달달 볶다가 채소가 반쯤 익으면 밥을 넣어 볶다가 버섯도 넣어 살살 볶고,

❸ 멸치 다시마 육수 3컵을 넣고 밥알이 푹 퍼질 때까지 끓여,

❹ 맛을 보아 국간장 0.5를 넣고 후춧가루를 취향껏 뿌리면 끝.

면 요리

버섯 칼국수

버섯과 미나리를 푸짐하게 먹고 남은 국물에 칼국수를 끓여 먹고 볶음밥이나 죽도 동시에 즐길 수 있는 버섯 칼국수예요. 식탁에 식구들이 둘러앉아 즉석에서 맛볼 수 있어 가정의 화목을 다질 수 있는 귀한 음식이에요.

요리 시간
40분

주재료(3~4인분)
애느타리버섯 1팩
미나리 3줌
청경채 3포기
멸치 다시마 육수 7컵
칼국수 2인분
감자(큰 것) 1개

양념장 재료
고추장 1
된장 0.5
고춧가루 2
다진 마늘 1
국간장 2

볶음밥 재료
밥 1공기+1/2공기
채소(미나리, 당근, 대파 등) 적당량
달걀 1개
김가루 적당량
참기름 1

육수를 넉넉히 넣어 죽처럼 끓여 먹어도 맛있어요

❶ 애느타리버섯은 밑동을 잘라내어 가닥가닥 떼어내고, 미나리는 5cm 길이로 썰고, 청경채는 밑동을 자르고,

❷ 고추장 1, 된장 0.5, 고춧가루 2, 다진 마늘 1, 국간장 2를 한데 섞어 양념장을 만들고,

❸ 볼에 밥을 담고 미나리와 당근, 대파 등의 채소는 잘게 썰고, 달걀을 깨어 넣고 김가루도 준비하고,

❹ 냄비에 멸치 다시마 육수를 넣고 큼직하게 썬 감자와 양념장을 넣고 끓여 채소들을 데쳐 먹고 칼국수도 익혀 먹고 남은 국물에 볶음밥을 볶아 참기름을 뿌려 먹으면 끝.

비빔 당면

최근 주목받는 부산의 명물 음식은 비빔당면이라고 해요. 아직 먹어보지는 못했지만 맛을 대충 흉내 낼 수 있을 것 같아 만들었어요. 잡채보다 훨씬 담백해서 좋아요.

요리 시간
30분

주재료(2인분)
당면 70g
사각어묵 1장
당근 1/4개
단무지 4줄
식용유 약간
김가루 적당량

당면 삶는 물 재료
물 3컵
간장 2

양념장 재료
고춧가루 1
고추장 1
간장 3
맛술 1
식초 1
물엿 2
다진 마늘 0.5
다진 파 2
다진 홍고추 0.5
다진 풋고추 1
참기름 1
통깨 0.5

❶ 당면은 따끈한 물에 20분 정도 불리고,

❷ 고춧가루 1, 고추장 1, 간장 3, 맛술 1, 식초 1, 물엿 2, 다진 마늘 0.5, 다진 파 2, 다진 홍고추 0.5, 다진 풋고추 1, 참기름 1, 통깨 0.5를 한데 섞고,

하루 정도 실온에서 숙성시키면 훨씬 맛있어요

❸ 사각어묵, 당근, 단무지는 가늘게 채 썰어 팬을 달구어 식용유를 약간 두르고 어묵을 볶은 다음 당근을 볶고,

당면은 불린 정도에 따라서 삶는 시간을 조절하세요

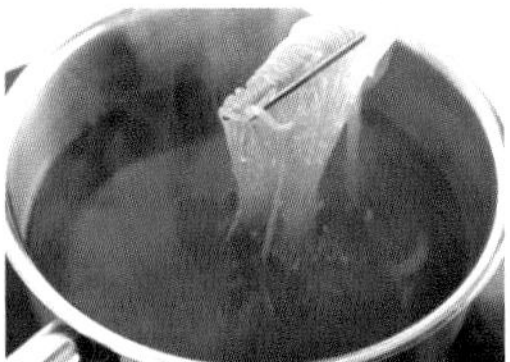

❹ 냄비에 물 3컵, 간장 2를 넣고 끓여 끓으면 불린 당면을 넣고 1~2분 정도 삶아 체에 밭쳐 물기를 빼서 한 김 식혀 그릇에 담고 준비한 재료를 얹고 김가루를 넉넉히 담아 양념장을 넣고 비벼 먹으면 끝.

사과 초고추장 비빔국수

계절마다 입에서 끌리는 음식이 있는데 봄만 되면 비빔국수나 쫄면이 먹고 싶어요. 이 비빔국수는 초고추장에 사과를 갈아 산뜻한 맛이 나요.

요리 시간
30분

주재료(2인분)
쫄면 적당량
채소(콩나물, 양배추, 오이, 당근) 적당량
삶은 달걀 2개
통깨 적당량
참기름 취향껏

사과 초고추장 소스 재료(4인분)
사과즙 3
설탕 2
식초 5
다진 마늘 1
고추장 5
참치진국 0.5

대체 식재료
쫄면▶국수
참치진국▶간장

❶ 사과는 강판이나 믹서에 갈고,

❷ 사과즙 3, 설탕 2, 식초 5, 다진 마늘 1, 고추장 5, 참치진국 0.5를 고루 섞고,

❸ 콩나물은 다듬어 씻어 찜기에 쪄 찬물에 헹구고 양배추, 오이, 당근은 곱게 채 썰고,

❹ 끓는 물에 쫄면을 삶아 찬물에 여러 번 헹궈 물기를 빼서 그릇에 담고, 채소를 소복이 얹고 삶은 달걀은 반으로 잘라 얹고 사과 초고추장 소스를 끼얹고 통깨, 참기름을 취향껏 뿌리면 끝.

쌀국수 김치 비빔면

평소 자주 해 먹는 국수를 쌀국수 면으로 바꾸었을 뿐인데
아주 특별한 면 요리를 맛보는 느낌이에요. 기분이 우울할 때
새콤달콤하게 비벼 먹으면 좋아요.

요리 시간
20분

주재료(2인분)
쌀국수 2인분(120g)
신 김치 2줄기
김가루 적당량

김치 양념 재료
고추장 2
설탕 1
물엿 1
식초 3
김치 국물 2
참기름 1
통깨 1

❶ 쌀국수는 미지근한 물에 넣어 5분 정도 불리고,

미지근한 물이나
뜨거운 물에
불리면 빨리
불릴 수 있어요

❷ 냄비에 물을 넉넉히 넣고 끓여 팔팔 끓으면 쌀국수를 넣고 휘휘 저어가며 10초 정도 삶아 찬물에 헹궈 체에 밭쳐 물기를 빼고,

❸ 신 김치는 잘게 송송 썰어 고추장 2, 설탕 1, 물엿 1, 식초 3, 김치 국물 2, 참기름 1, 통깨 1을 넣어 고루 섞고,

❹ 그릇에 쌀국수를 담고 김치 양념을 올리고 김가루를 적당량 올리면 끝.

잔치국수

잊을 만하면 생각나는 잔치국수는 따끈한 국물을
들이켜면 속이 든든하고 기분까지 좋아져요.
잔치국수에 신 김치와 고추볶음을 올려서 먹는 물국수예요.

요리 시간
30분

주재료(2~3인분)
소면 2인분
신 김치 1컵
송송 썬 쪽파 1줌
김가루·고춧가루 적당량씩

멸치 다시마 육수 재료
물 10컵
국물 멸치 40마리
다시마 2장
까나리액젓 1
소금 적당량

고추볶음 재료
청양고추 20개
들기름 3
까나리액젓 2
국간장 1
맛술 1
물엿 1

풋고추와
청양고추를 반씩
넣어도 돼요

❶ 냄비에 물 10컵, 국물 멸치 40마리, 다시마 2장을 넣고 푹 끓여 맑은 육수만 받아내어 까나리액젓 1, 소금 적당량으로 간을 하고,

❷ 청양고추는 잘게 다져 팬을 달구어 들기름 3을 두르고 청양고추를 넣어 달달 볶다가 까나리액젓 2, 국간장 1, 맛술 1, 물엿 1을 넣고 바짝 볶아주면 고추볶음 만들기 끝.

❸ 신 김치는 송송 잘게 썰고, 고추볶음도 준비하고,

❹ 냄비에 물을 넣고 팔팔 끓으면 소면을 넣고 삶아 찬물에 헹궈 물기를 빼서 그릇에 육수와 담고 송송 썬 쪽파, 김가루, 고춧가루를 뿌리고 고추볶음과 신 김치를 올려 먹으면 끝.

오징어 쫄면볶음

쫄면은 늘 초고추장 소스에 채소를 곁들여 비벼 먹곤 하는데요.
색다르게 먹고 싶어서 쫄면과 잘 어울리는 콩나물과 오징어를 넣고 볶았어요.
쫄면은 쉽게 붇기 때문에 재빨리 조리하여 빨리 먹어야 해요.

요리 시간
30분

주재료(2인분)
쫄면 200g
오징어(몸통) 1마리분
콩나물 2줌(100g)
풋고추 1개
식용유 적당량
통깨 적당량

양념장 재료
고춧가루 1
다진 마늘 1
간장 2
굴소스 1
맛술 2
물엿 1
참기름 1
고추기름 0.5
후춧가루 약간

대체 식재료
오징어▶어묵, 새우살, 베이컨, 햄

❶ 오징어는 몸통 부분만 다듬어 먹기 좋게 자르고, 콩나물은 다듬어 씻어 물기를 빼고, 풋고추는 어슷하게 썰고,

❷ 고춧가루 1, 다진 마늘 1, 간장 2, 굴소스 1, 맛술 2, 물엿 1, 참기름 1, 고추기름 0.5, 후춧가루 약간을 한데 섞고,

❸ 냄비에 물을 넉넉하게 넣어 팔팔 끓으면 쫄면을 가닥가닥 떼어 넣고 30초 정도 데쳐 찬물에 헹궈 바락바락 씻어 물기를 빼고,

❹ 팬을 달구어 식용유를 살짝 두르고 오징어와 콩나물, 풋고추를 넣어 재빨리 볶고 양념장을 넣어 볶다가 쫄면을 넣고 빠르게 볶아 재료가 잘 섞이면 통깨를 솔솔 뿌리면 끝.

쫄볶이

요리 시간
25분

주재료(2인분)
쫄면 2인분(200g)
어묵 2줌(120g)
양배추 2줌
양파 1/4개
당근 약간
대파 1/5대
통깨 적당량

양념 재료
물 1컵+1/2컵
고춧가루 1
고추장 2
굴소스 1
다진 마늘 1
설탕 1

❶ 어묵은 먹기 좋게 썰고, 양배추와 양파는 굵직하게 썰고, 당근은 채 썰고, 대파는 어슷하게 썰고,

❷ 물 1컵+1/2컵, 고춧가루 1, 고추장 2, 굴소스 1, 다진 마늘 1, 설탕 1을 넣고 바글바글 끓이다가, 양념장이 팔팔 끓으면 어묵과 양배추, 양파, 당근을 넣고 어묵이 통통 불어날 때까지 끓이고,

❸ 쫄면은 팔팔 끓는 물에 넣어 30초 정도만 삶아 찬물에 헹궈 바락바락 씻어 물기를 빼고,

❹ 재료가 다 익으면 쫄면을 양념에 넣고 조려 대파를 넣고 통깨를 솔솔 뿌리면 끝.

국물이 많은 듯
보이지만 먹다 보면
국물이 줄어드니
걱정 마세요

냉동실을 여니 조갯살과 오징어가 보여
만들어 본 면 요리예요. 국물이 시원해서
밥을 말아 먹어도 좋고 생면을 삶아
말아 먹어도 좋아요.

조갯살 탕면

조갯살과
청경채는 꼭
넣으세요

요리 시간
40분

주재료(2인분)
생면 2인분
조갯살 1컵
오징어(몸통) 1/2마리분
청경채 6포기
양파 1/4개
홍고추 1/2개
식용유 1

양념 재료
다진 마늘 1
청주 2
굴소스 2
멸치 다시마 육수 5컵
소금·후춧가루 적당량씩

대체 식재료
오징어▶새우

❶ 조갯살은 물에 두어 번 씻고, 오징어는 몸통만 먹기 좋게 자르고, 청경채는 가닥가닥 먹기 좋게 떼어 내고, 양파는 굵게 채 썰고, 홍고추는 송송 썰고,

❷ 냄비에 식용유 1을 두르고 다진 마늘 1을 넣어 타지 않게 달달 볶다가 양파와 홍고추를 넣어 볶은 다음 조갯살과 오징어를 넣어 볶다 청주 2, 굴소스 2를 넣어 볶고,

❸ 멸치 다시마 육수 5컵을 붓고 뜨는 거품을 걷어 내며 팔팔 끓여 국물이 잘 끓으면 청경채를 넣고 맛을 보아 소금, 후춧가루로 간을 하고,

❹ 생면을 넣고 끓여 익으면 찬물에 헹궈 물기를 빼서 육수에 토렴을 하여 그릇에 담고 조갯살, 오징어, 청경채, 양파, 홍고추를 얹으면 끝.

주꾸미 관자 파스타

제법 큼직한 주꾸미 한 마리가 있어
어떻게 요리해 먹을까 하다가 아이들이 좋아하는
파스타에 넣기로 했어요. 귀한 관자까지 넣은
고급스런 파스타예요.

요리 시간
30분

주재료(2인분)
스파게티 면 120g
주꾸미(큰 것) 1마리
관자 1개
양파 1/4개
굵은소금 0.5
올리브오일 적당량

파스타 양념 재료
다진 마늘 0.5
토마토소스 2컵
토마토케첩 2
파스타 삶은 물 1/2컵
아가베시럽 0.5
파르메산 치즈가루 2
후춧가루 약간

대체 식재료
주꾸미▶오징어
관자▶조갯살, 홍합살, 모시조개
아가베시럽▶설탕

주꾸미는 데치지 않고 그냥 사용해도 돼요

❶ 주꾸미는 살짝 데쳐 다리만 잘라내고, 관자는 먹기 좋게 썰고, 양파는 잘게 썰고, 끓는 물에 굵은소금 0.5를 넣고 스파게티 면을 펼쳐 넣고 중간 중간 저어가며 8~10분 정도 삶아 체에 밭쳐 물기를 빼고,

❷ 팬을 달구어 올리브오일을 적당히 두르고 다진 마늘 0.5, 잘게 썬 양파를 넣고 타지 않게 달달 볶다가 주꾸미와 관자를 넣어 살짝 볶고,

❸ 토마토소스 2컵, 토마토케첩 2, 파스타 삶은 물 1/2컵, 아가베시럽 0.5를 넣고 끓이다가,

❹ 스파게티 면을 넣어 재료와 버무리고 파르메산 치즈가루 2, 후춧가루를 취향껏 넣으면 끝.

홍합 쌀국수

쌀국수는 집에서 만들어 먹으나 밖에서 먹으나 질리지 않아요.
해산물을 넉넉히 넣은 매운 해산물 쌀국수를 할까 하다가 재료가 너무 복잡해서 홍합 쌀국수로 마음을 바꾸었어요. 홍합 자체가 워낙 맛있고, 국물도 맛나게 우러나는데 만들기는 쉬워요.

요리 시간
30분

주재료(2~3인분)
쌀국수 2인분(100g)
홍합 1kg
물 7컵
청경채 4포기
숙주 4줌

양념장 재료
고춧가루 1
까나리액젓 1
다진 마늘 0.5
소금 0.3
후춧가루 적당량

❶ 쌀국수는 미지근한 물에 불리고, 홍합은 수염을 떼어내고 찬물로 서너 번 헹궈 물기를 빼서 냄비에 물 7컵과 함께 넣고 끓여 홍합이 입을 열 때까지 바글바글 끓여 홍합 육수를 만들고,

❷ 청경채는 가닥가닥 뜯고, 숙주는 물에 씻어서 물기를 빼고,

❸ 고춧가루 1, 까나리액젓 1, 다진 마늘 0.5, 소금 0.3, 후춧가루 적당량을 한데 섞고,

❹ 홍합을 삶은 육수에 양념장을 풀어 넣고 팔팔 끓이다가,

❺ 청경채와 숙주를 넣고 살짝 숨이 죽을 때까지 끓여 맛을 보아 소금, 후춧가루로 간을 하고,

면발이 가장 가는 버미셀리를 사용했어요

❻ 불린 쌀국수는 끓는 물에 살짝 데쳐 그릇에 담고 홍합과 홍합 육수를 부으면 끝.

Point

쌀국수를 미리 불려놓으면 나중에 육수나 물에 한번 휘휘 저어서 삶아도 금방 잘 삶아지고 붇지 않아서 좋아요. 매일 한 그릇씩 쌀국수를 먹을 때는 미리 면을 불려 유리용기에 담아서 냉장고에 두었다가 바로 만들어 먹곤 했어요. 가는 쌀국수인 버미셀리를 사용했지만 0.1cm 지름의 일반 쌀국수면을 사용해도 돼요.

닭고기 쌀국수

저는 쌀국수 마니아예요. 요즘에는 쌀국수 면이나 소스 등을 쉽게 구할 수 있어서 집에서도 쌀국수를 만들어 먹어요. 담백한 닭 가슴살로 육수를 만들어 버미셀리를 말아 먹는 깔끔한 국수예요.

요리 시간
40분

주재료(2~3인분)
쌀국수 2인분(약 100g)
육수 5컵
닭 가슴살 1조각
숙주 2줌(100g)
청양고추 1개

육수 재료
국물 멸치 2줌
다시마(10×10cm) 2장
무(5cm) 1토막
대파(흰 부분) 2대분
양파(껍질 쪽) 1/4개
물 10컵
통후추 20개
마른 고추 1개
까나리액젓 1
소금 0.3

양파절임 재료
양파(작은 것) 1개
식초 3
물엿 1
소금 0.3

쌀국수를 미리 불리면 육수에 휘휘 저어 금방 삶을 수 있어 좋아요

❶ 쌀국수는 찬물에 담가 불리고, 양파는 가능한 한 가늘게 링 모양으로 썰어 식초 3, 물엿 1, 소금 0.3을 넣고 미리 절이고,

❷ 냄비에 국물 멸치 2줌, 다시마 2장, 무 1토막, 대파 흰 부분 2대분, 양파 1/4개, 물 10컵 정도를 넣고 팔팔 끓여 체에 밭쳐 맑은 육수만 받아내고,

❸ 육수 5컵에 통후추 20개, 마른 고추 1개, 닭 가슴살을 넣어 끓이다가 닭 가슴살이 익으면 까나리액젓 1, 소금 0.3을 넣고, 통후추와 마른 고추는 건져 버리고 닭 가슴살은 식혀 결대로 찢고,

❹ 팔팔 끓는 물에 쌀국수를 넣어 살짝 끓이다가 다듬어 씻은 숙주를 넣고 살짝 데쳐 그릇에 담고 육수를 붓고 숙주, 양파절임, 닭 가슴살을 얹고 청양고추를 송송 썰어 곁들이면 끝.

알리오 올리오

파스타 마니아들은 여러 가지 재료와 소스로 범벅이 된 파스타보다는 이렇게 기본의 맛에 충실한 파스타를 좋아하지요. 알리오 올리오는 담백하고 고소하여 자꾸 찾게 되는 파스타예요.

요리 시간
15분

재료(1인분)
스파게티 면 1줌(약 70g)
마늘 4~5쪽
올리브오일 4~5
페퍼론치노 1개
소금·후춧가루 적당량씩

대체 식재료
페퍼론치노▶마른 고추

삶은 스파게티면은 물에 헹구지 마세요

파르메산 치즈가루를 곁들여도 좋고 올리브오일을 더 넣어도 좋아요

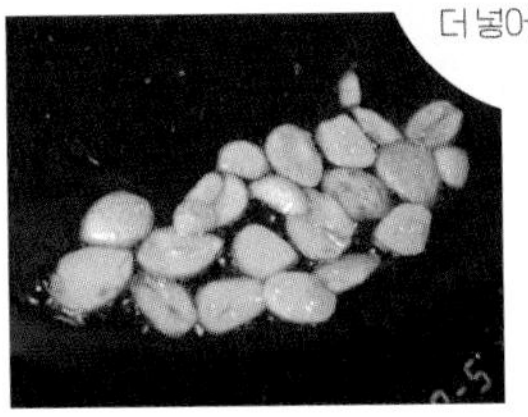

❶ 스파게티 면은 끓는 물에 약간의 소금을 넣고 8~10분 정도 삶아 체에 밭쳐 식히고, 마늘은 편으로 썰고,

❷ 팬을 달구어 올리브오일 4~5를 두르고 편으로 썬 마늘과 페퍼론치노를 넣고 타지 않게 중약 불로 튀기고,

❸ 삶은 면을 넣고 고루 볶아 맛을 보아 소금, 후춧가루로 간을 하면 끝.

파네 파스타

큼직한 빵 속에 크림소스 파스타가 들어 있다는 이야기를 듣고 홍대까지 가서 줄을 서서 먹었어요. 요즘은 빵을 쉽게 구할 수 있으니 집에서 만들어 먹어요. 크림소스가 느끼하지 않도록 매콤하게 만들어야 하고 빵 속으로 크림소스가 많이 스며들기 때문에 소스의 양을 넉넉히 준비해야 해요.

요리 시간
20분

주재료(2인분)
스파게티 면 1인분(80g)
베이컨 3장
새송이버섯 1개
양파 1/4개
청양고추 1개
대파 1줌
큼직한 브레드 롤 1개
굵은소금 0.5
올리브오일 약간
우유 1컵+1/2컵
생크림 1컵+1/2컵

양념 재료
올리브오일 1
다진 마늘 1
파르메산 치즈가루 2
소금·통후추 적당량씩

대체 식재료
새송이버섯▶양송이버섯
베이컨▶햄

❶ 베이컨, 새송이버섯은 먹기 좋게 썰고, 양파, 청양고추, 대파는 잘게 썰고,

❷ 큼직한 브레드 롤은 위쪽을 잘라 뚜껑을 만든 다음 속을 파내고,

180℃로 예열한 오븐에서 5분 정도 구워도 좋아요

면은 물에 절대 헹구지 마세요

❸ 냄비에 물을 넉넉하게 굵은소금 0.5, 올리브오일 약간을 넣고 끓여 팔팔 끓으면 스파게티면을 넣고 8분 정도 삶고,

❹ 팬을 달구어 올리브오일 1을 두르고, 다진 마늘 1과 양파, 청양고추, 대파를 넣고 타지 않게 충분히 볶은 다음 베이컨과 새송이버섯을 넣어 볶고,

❺ 베이컨과 새송이버섯이 충분히 익으면 우유 1컵+1/2컵, 생크림 1컵+1/2컵을 넣어 바글바글 끓이다가,

후춧가루보다 통후추를 갈아 넣어야 맛있어요

❻ 파르메산 치즈가루 2, 소금을 넣고 통후추를 갈아 넣은 다음 스파게티 면을 넣고 고루 섞어 브레드 롤에 먹음직스럽게 담으면 끝.

Point

크림소스는 자칫 느끼할 수 있는데 양파와 대파, 청양고추를 넣으면 덜 느끼하고 칼칼해요. 아이들이 먹을 것이라면 청양고추의 양을 줄이거나 빼도 좋아요.

PART 2

늘 있는 재료로 쉽게 끓이는 국물 요리

국물 요리는 염분을 과다하게 섭취하는 원인이 되기도 하지만,
그래도 따끈한 국물이 뱃속을 든든하고 따뜻하게 녹여줄 때가 있습니다.
피곤함에 파묻혀 입이 깔끄러운 날도 국에 밥 말아 한술 뜨고 나면
뱃속뿐 아니라 마음까지 따뜻해지니까요.
달리 반찬 필요 없이 하나만 보글보글 끓여내도
맛있게 밥을 먹을 수 있는 국물 요리를 소개할게요.

늙은 호박 맑은찌개

서산 게국지집에서 맛본 늙은 호박찌개로 달고 시원한
늙은 호박의 진가를 알게 됐어요. 그 맛이 궁금하시면!
오늘 밥상에는 늙은 호박찌개를 올려보세요.

요리 시간
20분

주재료(2인분)
늙은 호박 3줌(200g)
멸치 육수 2컵
마른 새우 10~12마리

양념 재료
새우젓 0.5
다진 마늘 0.5
홍고추 약간
송송 썬 대파 2
후춧가루 약간

호박은 짓이기지 말고 모양을 살려 끓이세요

❶ 멸치 육수 2컵에 마른 새우를 10~12마리 정도 넣고 새우 맛이 우러나도록 5분 정도 중간 불로 끓이고,

❷ 늙은 호박은 껍질을 벗겨 큼직큼직하게 썰어 육수가 담긴 냄비에 넣어 무르도록 푹 끓이고,

❸ 늙은 호박이 무르게 익으면 새우젓 0.5를 넣어 간을 하고,

❹ 다진 마늘 0.5, 홍고추 약간, 송송 썬 대파 2, 후춧가루를 약간 넣어 한소끔 더 끓이면 끝.

두부 된장찌개

두부와 애호박, 청양고추만으로도 맛이 나는 된장찌개를 끓였어요. 찌개에 두부를 많이 넣어 밥에 두부를 올려 비벼 먹어도 꿀맛이에요.

요리 시간
20분

재료(2~3인분)
멸치 다시마 육수 1컵
쌀뜨물 1컵
집된장 2
두부 1모(300g)
애호박 1/3개
송송 썬 대파 3
송송 썬 청양고추 1
송송 썬 홍고추 0.5
고춧가루 취향껏

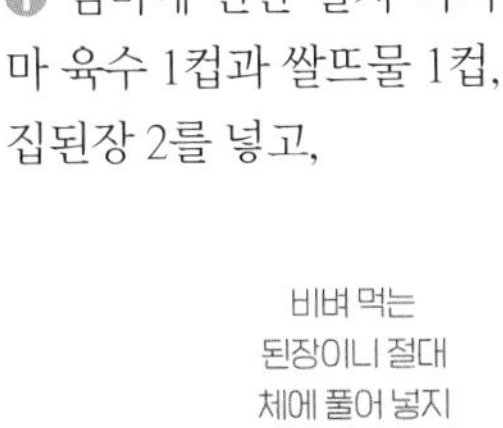

❶ 냄비에 진한 멸치 다시마 육수 1컵과 쌀뜨물 1컵, 집된장 2를 넣고,

비벼 먹는 된장이니 절대 체에 풀어 넣지 마세요

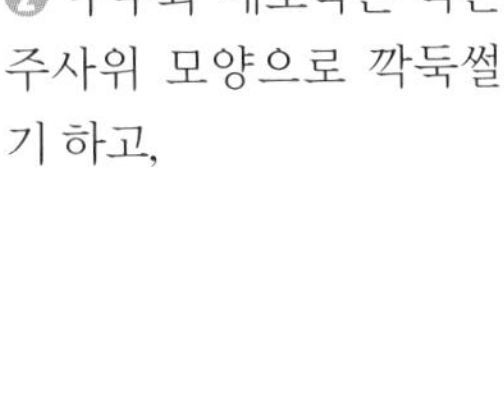

❷ 두부와 애호박은 작은 주사위 모양으로 깍둑썰기 하고,

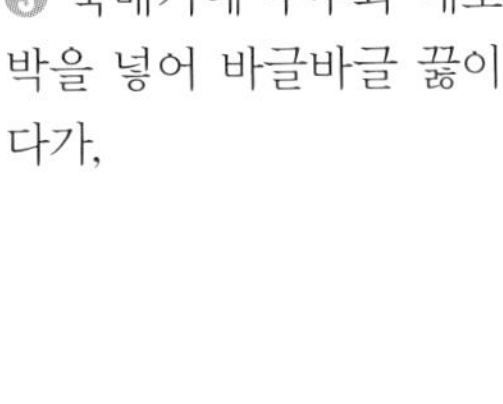

❸ 뚝배기에 두부와 애호박을 넣어 바글바글 끓이다가,

된장은 집집마다 짠맛이 다르니 양은 조절하세요

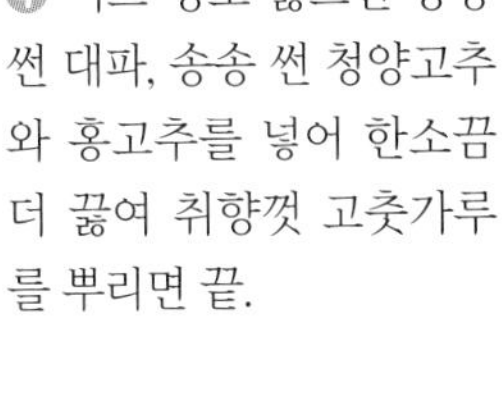

❹ 어느 정도 끓으면 송송 썬 대파, 송송 썬 청양고추와 홍고추를 넣어 한소끔 더 끓여 취향껏 고춧가루를 뿌리면 끝.

으깬 두부 된장찌개

기대하지 않았는데 의외로 맛있었던 찌개예요.
아이들은 '된장 순두부'라면서 밥에 넣고
마구 으깨어 한 공기 뚝딱 해치워요.

요리 시간
20분

주재료(2~3인분)
두부 1모(300g)
양파 1/4개
풋고추 3개
멸치 다시마 육수 3컵
바지락 1봉

양념 재료
시판 된장 3
다진 마늘 0.5
고춧가루 0.5

❶ 두부는 대충 으깨고, 양파는 굵게 다지고, 풋고추는 잘게 썰고,

집된장을 넣는다면 양을 줄이세요

❷ 냄비에 멸치 다시마 육수 3컵을 붓고 시판 된장 3을 풀어 넣은 다음 양파와 풋고추를 넣어 살짝 끓이다가,

❸ 으깬 두부를 넣고 끓이다가 해감한 바지락을 넣고 입을 벌릴 때까지 끓여,

❹ 다진 마늘 0.5, 고춧가루 0.5를 넣고 대강 섞어 불을 끄면 끝.

두부 막찌개

육수도 없이 비상식 두부로만 막 끓인 찌개예요. 반찬만 내기 부족할 때나 후딱 찌개를 끓여야 할 때 빛을 발하는 고마운 요리예요.

요리 시간
20분

주재료(2~3인분)
두부 1모(300g)
대파 1/2대

양념 재료
물 1컵+1/2컵
고추장 1
고춧가루 0.5
참치진국 2
다진 마늘 0.5
설탕 0.3
소금 적당량

❶ 두부는 먹기 좋은 크기로 깍둑썰기 하고, 대파는 어슷하게 썰고,

❷ 냄비에 물 1컵+1/2컵, 고추장 1, 고춧가루 0.5, 참치진국 2, 다진 마늘 0.5, 설탕 0.3을 넣고 끓여,

❸ 바글바글 끓으면 두부와 대파를 넣고,

❹ 중간 불로 15분 정도 끓여 맛을 보아 소금으로 간하면 끝.

두부 애호박 새우젓국

나이를 먹으면서 좋아하게 된 찌개예요.
물컹한 느낌의 호박이 정말 싫었는데
이제는 투박하고 시원하며 매콤한
이 찌개 하나에 저녁상 걱정 덜었어요.

요리 시간
20분

재료(2~3인분)
두부 2/3모(200g)
애호박 1/2개
대파 약간
풋고추 1개
홍고추 1/2개
들기름 1
다진 마늘 0.5
고춧가루 1
새우젓 2
멸치 다시마 육수 3컵
소금 약간

❶ 두부와 애호박은 도톰하게 썰고, 대파와 풋고추, 홍고추는 어슷하게 썰고,

고춧가루가 맵다면 양을 반으로 줄이세요

❷ 약하게 달군 냄비에 들기름 1을 두르고 애호박을 넣어 달달 볶다가 다진 마늘 0.5, 고춧가루 1, 새우젓 2를 넣어 타지 않도록 볶다가,

❸ 멸치 다시마 육수 3컵을 붓고 바글바글 끓으면 두부를 조심스레 넣어 맛이 배도록 보글보글 끓이다가,

육수와 새우젓을 넣어서 얼추 간이 맞을 거예요

❹ 대파, 풋고추, 홍고추를 넣고 한소끔 더 끓여 맛을 보아 소금으로 간하면 끝.

두부전골

두부전골은 예전에 주로 사 먹었던 음식인데요. 고기 한 점 들어가지 않았는데도 두부, 버섯, 채소만으로 푸짐하고 시원하게 맛볼 수 있었어요.

요리 시간
30분

주재료(2~3인분)
두부 1모(300g)
표고버섯 3개
백만송이버섯 4줌(200g)
팽이버섯 1봉
애호박 1/4개
양파 1/4개
대파 1/5대
멸치 다시마 육수 4컵
풋고추·홍고추 1/2개씩
쑥갓 1줌

양념장 재료
고춧가루 2
멸치 다시마 육수 4
새우젓 2
다진 마늘 1
소금·후춧가루 적당량씩

대체 식재료
쑥갓▶미나리

❶ 양념장 재료인 고춧가루 2, 멸치 다시마 육수 4, 새우젓 2, 다진 마늘 1을 한데 섞고,

❷ 두부는 큼직하게 썰고, 표고버섯과 백만송이버섯, 팽이버섯은 가닥가닥 뜯고, 애호박과 양파, 대파는 먹기 좋게 썰고,

버섯은
취향대로
두세 가지 정도
준비하세요

❸ 전골냄비에 채소와 버섯, 두부를 모양내어 둘러 담고 양념장을 올린 다음,

❹ 멸치 다시마 육수 4컵을 부어 맛이 잘 우러나도록 중간 불로 15분 이상 끓여 소금과 후춧가루로 간을 하고 풋고추와 홍고추를 어슷하게 썰어 넣고 쑥갓을 올리면 끝.

카레 순두부 찌개

순두부 전문점에서 카레 순두부찌개를 맛보고 깜짝 놀랐어요.
카레와 순두부가 정말 잘 어울렸거든요. 집에서 먼 순두부집까지
매번 찾아가 먹을 수 없으니 집에서 해 먹으려고 재현했어요.

요리 시간
20분

주재료(2인분)
순두부 1봉
표고버섯 2개
양파 1/4개
쪽파 3대
식용유 0.5
물 1컵

카레 양념장 재료
카레가루 5
물 1/2컵
간장 1
맛술 1
후춧가루 약간

대체 식재료
표고버섯▶햄, 베이컨, 바지락, 참치 통조림, 다진 돼지고기, 다진 쇠고기

❶ 카레가루 5, 물 1/2컵, 간장 1, 맛술 1, 후춧가루 약간을 한데 섞어 카레가루가 멍울지지 않게 풀고,

❷ 표고버섯과 양파는 채 썰고, 쪽파는 송송 썰고, 냄비에 식용유 0.5를 두르고 표고버섯과 양파를 넣어 달달 볶다가 어느 정도 익으면 물 1컵을 넣고 끓이고,

카레 양념을
숟가락으로
잘 풀어가며
끓이세요

❸ ②의 불을 줄이고 카레 양념장을 조금씩 나누어 넣어가며 고루 섞어 순두부를 넣고,

❹ 순두부의 속이 따끈해질 때까지 끓여 쪽파를 넣고 후춧가루를 뿌리면 끝.

매운 뭇국

무가 싸고 맛있을 때는 밥상이 풍성해져요. 조려 먹고 무쳐 먹고 이렇게 시원하게 국을 끓이기도 해요. 달랑 무 하나 넣고 끓인 매콤한 뭇국이에요.

요리 시간
30분

주재료(3인분)
무 3줌(약 350g)
대파 1/3대

국물 재료
쌀뜨물 6컵
국물 멸치 20마리

양념 재료
고춧가루 1
참기름 0.5
다진 마늘 0.5
국간장 2
새우젓 적당량

대체 식재료
새우젓▶소금

쌀뜨물은 세 번째 물부터 받아 두세요

소금보다는 새우젓 간이 감칠맛이 나요

❶ 냄비에 쌀뜨물 6컵과 손질한 국물 멸치 20마리를 넣어 10~12분 정도 팔팔 끓여 체에 밭쳐 육수를 내고,

❷ 무는 연필을 깎듯이 모양내서 자르고,

반듯하게 썰면 맛이 없어요

❸ 냄비에 무를 넣고 고춧가루 1, 참기름 0.5, 다진 마늘 0.5, 국간장 2를 넣고 무와 섞어 1~2분 정도 달달 볶다가,

❹ 쌀뜨물 멸치 육수를 붓고 거품을 걷어내며 무가 푹 익도록 끓이고 대파를 어슷하게 썰어 넣고 맛을 보아 새우젓으로 간하면 끝.

무 들깻국

요즘 "없어서 못 먹어"라는 말이 나오는 토속적인 우리 음식이에요.
국물을 많이 잡지 않고 들깨가루를 넣어 끓인 뭇국은 구수한 맛으로 먹지요.

요리 시간
30분

주재료(2~3인분)
무 1토막(300g)
멸치 다시마 육수 4컵
쪽파 2대

양념 재료
다진 마늘 0.5
참기름 0.5
까나리액젓 1
들깨가루 2
소금·후춧가루 적당량씩

대체 식재료
쪽파▶대파

❶ 무는 숟가락으로 떠먹기 좋게 도톰하고 짤막하게 채 썰고,

❷ 냄비에 다진 마늘 0.5, 참기름 0.5를 넣고 무를 넣어 타지 않게 달달 볶다가 진하게 우린 멸치 다시마 육수 4컵을 붓고 바글바글 끓이고,

❸ 육수를 낸 다시마는 채 썰고, 쪽파는 송송 썰고,

❹ 무가 푹 무르게 익으면 까나리액젓 1로 간을 하고 들깨가루 2를 넣고 다시마와 쪽파를 넣은 다음 맛을 보아 소금과 후춧가루로 간을 하면 끝.

무청 두부 된장찌개

요리 시간
30분

주재료(3인분)
무청(삶은 것) 3줌(약 350g)
두부 1모(300g)
멸치 육수 2컵
홍고추·대파 취향껏

양념 재료
집된장 2
고추장 1
다진 마늘 0.5
고춧가루 1
들기름 1

① 무청은 미리 삶아 두었다가 3~4cm 길이로 썰고,

소금물에 푹 데쳐 찬물에 헹궈 물기를 꼭 짜면 돼요

들기름을 넣으면 무청 맛도 살아요

② 냄비에 무청과 집된장 2, 고추장 1, 다진 마늘 0.5, 고춧가루 1, 들기름 1을 넣고 주물럭주물럭 무치고,

③ 진하게 우린 멸치 육수 2컵을 넣고 바글바글 끓이다가,

④ 두부를 도톰하게 썰어 넣고 중간 불로 10분 정도 끓이다가 홍고추와 대파를 어슷하게 썰어 취향껏 넣으면 끝.

자주 먹어도 질리지 않는 찌개로
맵지 않아 아이들도 잘 먹어요.
들깨가루를 넉넉히 넣고 끓여
구수하고 담백한 순두부찌개예요.

들깨 순두부 찌개

요리 시간
20분

주재료(2~3인분)
순두부 1봉
애느타리버섯 2줌
양파 1/8개
청양고추 1/2개
홍고추 1/3개
대파 1/5대
멸치 다시마 육수 2컵

들깨 육수 재료
들깨가루 5
찹쌀가루 0.5
멸치 다시마 육수 1/3컵

양념 재료
국간장 0.5
소금·후춧가루
적당량씩

❶ 순두부를 준비하고, 애느타리버섯은 가닥가닥 떼고, 양파는 채 썰고, 청양고추와 홍고추, 대파는 송송 썰고,

찹쌀가루를 넣어야 국물이 약간 걸쭉해져요

❷ 들깨 육수 재료인 들깨가루 5, 찹쌀가루 0.5, 멸치 다시마 육수 1/3컵을 잘 섞고,

❸ 냄비에 멸치 다시마 육수 2컵과 애느타리버섯, 양파를 넣어 팔팔 끓이다가 순두부를 큼직하게 떠 넣고 순두부 속까지 데워지도록 5분 정도 더 끓여,

숟가락으로 마구 휘저으면 순두부가 으깨져요

❹ 들깨 육수를 넣고 팔팔 끓이다가 국간장 0.5를 넣고 맛을 보아 소금과 후춧가루로 간을 한 다음 청양고추와 홍고추, 대파를 넣으면 끝.

버섯 감자 들깨탕

요리 시간
30분

주재료(2~3인분)
애느타리버섯 1/2팩(150g)
표고버섯 2개
감자 1개(100g)
멸치 다시마 육수 3컵

양념 재료
들깨가루 3
까나리액젓 1
다진 마늘 0.3
송송 썬 쪽파 적당량

대체 식재료
까나리액젓▶국간장
쪽파▶대파

❶ 애느타리버섯은 가닥가닥 먹기 좋게 떼어내고, 표고버섯도 먹기 좋게 썰고, 감자는 큼직하게 썰고,

감자는 푹 익어야 맛있어요

❷ 냄비에 멸치 다시마 육수 3컵과 감자를 넣고 끓이다가,

❸ 애느타리버섯과 표고버섯을 넣고 중불로 10분 정도 끓이다가 들깨가루 3, 까나리액젓 1을 넣고,

새알심을 넣어도 맛있어요

❹ 다진 마늘 0.3, 송송 썬 쪽파를 넣어 섞으면 끝.

애호박 찌개

맛집을 소개한 잡지를 보다가 우연히 아이디어를 얻은 레시피인데요. 애호박으로 끓인 찌개가 아주 맛있어 보여 따라 했어요. 밥을 찾게 되는 찌개예요.

요리 시간
30분

주재료(2~3인분)
돼지고기(다진 것) 2줌(150g)
애호박 1/2개
양파(작은 것) 1/2개
멸치 다시마 육수 3컵
청양고추 1개
쪽파 1줌

돼지고기 양념 재료
청주 1
다진 마늘 1
소금·후춧가루 약간씩

양념 재료
들기름 1
고춧가루 1
고추장 1
참치진국 1
소금 약간

대체 식재료
참치진국▶까나리액젓

❶ 돼지고기는 찌개나 불고깃감으로 준비해 청주 1, 다진 마늘 1, 소금과 후춧가루를 약간씩 넣고 조물조물 양념하고,

❷ 애호박은 손가락 마디만하게 굵직하게 채 썰고, 양파도 굵게 채 썰고,

❸ 냄비에 들기름 1을 두르고 돼지고기를 달달 볶다가, 고춧가루 1, 고추장 1, 참치진국 1을 넣고 돼지고기가 타지 않도록 달달 볶다가,

❹ 진하게 우린 멸치 다시마 육수 3컵을 붓고 애호박과 양파를 넣어 20분 정도 바글바글 끓여 청양고추와 쪽파를 송송 썰어 넣고 소금 간하면 끝.

채소 버섯개장

넉넉히 만들면 맛있게 먹을 수 있지만 번거로운 육개장.
고기 대신 버섯을 넣어 쉽게 끓일 수 있는 비슷한 국을 만들어 봤어요.

요리 시간
30분

주재료(5~6인분)
여러 가지 버섯 4줌(400g)
숙주 300g
쪽파 20대
멸치 다시마 육수 6컵

양념 재료
다진 마늘 1
식용유 2
고춧가루 3
국간장 2
참치진국 1
소금·후춧가루 적당량씩

대체 식재료
쪽파▶대파
참치진국▶까나리액젓

느타리버섯, 백만송이버섯 등을 넣었어요

❶ 여러 가지 버섯을 준비하여 먹기 좋은 크기로 손질하고, 숙주는 씻어 물기를 빼고, 쪽파는 길쭉하게 썰어 물에 담가 두었다가 물기를 빼고,

타지 않도록 불 조절을 잘 하세요

❷ 냄비에 다진 마늘 1, 식용유 2, 고춧가루 3을 넣고 약한 불로 타지 않게 볶다가 국간장 2, 참치진국 1을 넣고 볶은 다음 버섯을 넣어 볶다가,

❸ 버섯과 양념이 잘 어우러지면 숙주를 넣어 볶은 다음 쪽파를 넣고 살짝 더 볶다가,

❹ 멸치 다시마 육수 6컵을 붓고 15~20분 정도 바글바글 끓여 맛을 보아 소금과 후춧가루로 간을 하면 끝.

청국장

청국장 특유의 냄새가 나지만 한 솥 끓이면 계속 데워 먹게 돼요.
레시피에 소개한 양이 좀 많으니 식구가 적은 분들은 반으로 줄여 만드세요.

요리 시간
30분

주재료(4~5인분)
신 김치 2줌
무 2줌(200g)
두부 1모(300g)
버섯 2줌
청국장 8
홍고추 1개
대파 1/4대

국물 재료
멸치 육수 6컵
김치 국물 1/4컵
다진 마늘 0.5

❶ 신 김치는 먹기 좋게 썰고, 무는 도톰하고 네모지게 썰고, 두부도 도톰하게 썰고, 버섯도 손질하여 썰고,

새송이버섯을 넣었는데, 버섯은 취향에 따라 준비하세요

❷ 냄비에 진하게 우린 멸치 육수 6컵, 김치 국물 1/4컵, 신 김치, 무를 넣고 팔팔 끓여,

❸ 신 김치와 무가 무르게 익으면 청국장 8을 넣고,

청국장의 양은 간에 따라 조절하세요

❹ 두부와 버섯을 넣고 홍고추와 대파를 어슷하게 썰어 넣은 다음 다진 마늘 0.5를 넣어 보글보글 한소끔 더 끓이면 끝.

콩나물 냉국

콩나물국은 밥상의 단골손님이지만 한여름에는 아무래도 시원한 냉국으로 즐겨 먹게 되지요. 깔끔한 스타일의 콩나물냉국을 소개할게요.

요리 시간
20분

주재료(3~4인분)
콩나물 2줌(100g)
물 4컵
다시마(10×10cm) 1장
국간장 0.5
소금 0.3

콩나물무침 재료
소금 0.3
설탕 약간
다진 마늘 0.3
통깨 0.3
송송 썬 홍고추 0.5
송송 썬 대파 1

❶ 콩나물은 다듬어 물에 서너 번 씻어 물기를 빼고,

멸치를 넣으면 감칠맛이 나지만 자칫 비린내가 날 수 있어요

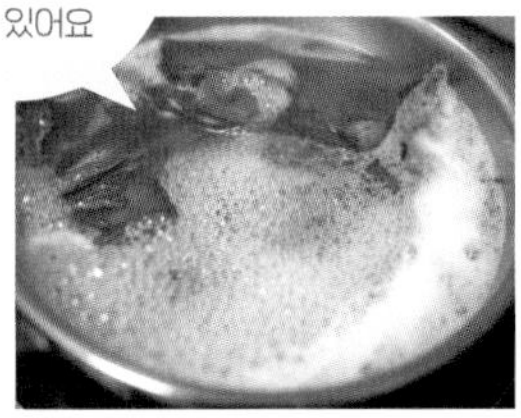

❷ 냄비에 물 4컵과 다시마 1장을 넣고 끓어오르기 시작하여 1분 정도 지나면 다시마는 건져내고 콩나물을 넣고 뚜껑을 열고 끓이다가,

❸ 콩나물이 부르르 끓기 시작하면 2분 정도 더 삶아 건져내어 찬물에 담가 아삭하게 식혀 소금 0.3, 설탕 약간, 다진 마늘 0.3, 통깨 0.3, 송송 썬 홍고추 0.5, 송송 썬 대파 1에 살살 무치고,

냉국은 만들고 이틀 내에 드세요

❹ 콩나물 삶은 물에 국간장 0.5와 소금 0.3을 넣고 한 김 식혀 냉장고에 넣어 두었다가 콩나물무침에 부으면 끝.

콩탕

요리 시간
30분(콩 불리는 시간 제외)

주재료(3~4인분)
흰콩 1컵
물 1컵
대파 1/2대
식용유 약간
멸치 육수 3컵

콩 갈 때 넣는 물
물 1컵

양념 재료
굵은소금 0.3
후춧가루 취향껏

하루 전에 불려 두면 좋아요

❶ 흰콩은 미리 물에 12시간 이상 불려 껍질을 벗기고 물 1컵과 함께 믹서에 넣어 곱게 갈고,

❷ 대파는 송송 썰어 냄비를 달구어 식용유를 아주 약간만 두르고 타지 않게 달달 볶다가,

냄비는 콩물이 넘치지 않게 큰 것을 사용하세요

❸ ②에 콩비지를 넣고 믹서에 멸치 육수 3컵을 넣고 헹궈 냄비에 넣어 약한 불에서 눌어붙지 않도록 주걱으로 저어가며 끓이다가,

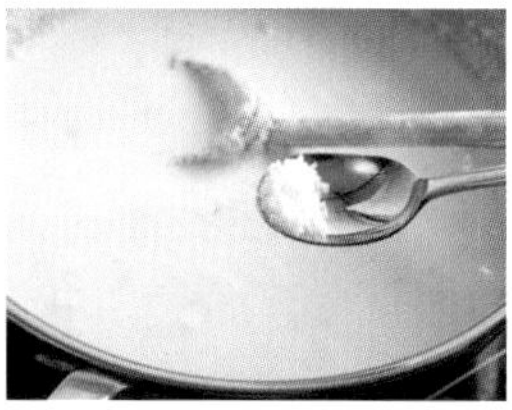

❹ 굵은소금 0.3, 후춧가루를 취향껏 넣어 한소끔 더 끓이면 끝.

굴 김치탕

굴이 제철일 때 국밥처럼 말아 먹으면 맛있는 탕이에요.
시원한 김치와 굴, 아이들이 좋아하는 두부를 넣어 맛이 끝내줘요.

요리 시간
20분

주재료(3~4인분)
굴 2컵(200g)
신 김치 1컵
두부 1/2모(150g)
멸치 다시마 육수 4컵
김치 국물 1/4컵
송송 썬 쪽파 1줌

양념 재료
다진 마늘 0.5
고춧가루 1
까나리액젓 2
후춧가루 약간

대체 식재료
쪽파▶대파
까나리액젓▶국간장

❶ 굴은 껍데기가 붙어 있지 않도록 말끔히 손질하여 흐르는 찬물에 헹궈 물기를 빼고,

❷ 신 김치는 송송 썰고, 두부는 작은 깍두기 모양으로 썰고,

❸ 멸치 다시마 육수 4컵에 김치 국물 1/4컵과 신 김치를 넣고 팔팔 끓으면 두부를 넣어 10분 정도 센 불로 끓이다가,

고춧가루와
액젓은 취향껏
넣으세요

❹ 김치가 무르게 익으면 굴을 넣고 살짝 끓여 송송 썬 쪽파를 넣고 다진 마늘 0.5, 고춧가루 1, 까나리액젓 2, 후춧가루를 약간 넣고 한소끔 더 끓이면 끝.

굴 된장국

요리 시간
30분

주재료(3~4인분)
굴 2컵
소금 약간
무 2줌
두부 1/2모(150g)
실파 7대
홍고추 1/2개
청양고추 1/2개

국물 재료
물 6컵
국물 멸치 10마리

양념 재료
집된장 1.5
다진 마늘 0.3

다진 마늘은
굴의 잡냄새를
없애려고 조금
넣었어요

❶ 냄비에 물 6컵, 손질한 국물 멸치를 넣고 15분 정도 팔팔 끓여 국물만 받아 육수를 준비하고,

❷ 굴은 소금을 푼 물에 살살 흔들어 씻고, 무는 나박하게 썰고, 두부는 깍둑썰기 하고, 실파는 4~5cm 길이로 썰고, 홍고추와 청양고추는 어슷하게 썰고,

굴에 껍데기가
붙어 있지 않은지
잘 살펴보세요

❸ 냄비에 집된장 1.5를 거름망에 풀어 넣고 무를 넣어 끓이다가 무가 푹 무르게 익으면 굴을 넣어 5분 정도 중간 불로 끓이다가,

❹ 두부를 넣고 2분 정도 더 끓여 실파와 홍고추, 청양고추를 넣고 다진 마늘 0.3을 넣어 한소끔 더 끓이면 끝.

꽁치 된장

찬거리 걱정하다 비상용으로 늘 있는 꽁치 통조림이 눈에 띄어 만들어 봤어요. 그냥 먹어도, 쌈밥과 함께 먹어도 맛있는 20분 뚝딱 저녁 밥상이에요.

요리 시간
30분

주재료(3~4인분)
꽁치 통조림 1통(400g)
감자 1개
양파 1개
애호박 1/2개
물 1컵
쪽파 적당량

양념 재료
된장 3
고춧가루 1
다진 마늘 2
맛술 2
참기름 0.5
꽁치 통조림 국물 10

대체 식재료
쪽파▶대파, 풋고추

❶ 꽁치 통조림은 뚜껑을 따서 그릇에 꽁치와 국물까지 옮겨 담고, 감자, 양파, 애호박은 깍둑썰기 하고,

꽁치 통조림에서 꽁치를 꺼낼 때 도구를 쓰면 꽁치가 상하고 손을 넣으면 베일 수도 있으니 국물까지 담으세요

집된장은 양을 조금 줄여 넣으세요

❷ 된장 3, 고춧가루 1, 다진 마늘 2, 맛술 2, 참기름 0.5를 한데 섞은 다음 통조림 국물 10을 넣어 섞고,

되직하게 하려면 물을 1/2컵이나 2/3컵만 넣으세요

❸ 뚝배기에 감자, 양파, 애호박을 담고 물 1컵을 부은 다음 꽁치를 조심스럽게 올리고 양념을 군데군데 끼얹고,

❹ 꽁치의 비린 맛이 나지 않도록 뚜껑을 열고 끓여 바글바글 끓으면 뚜껑을 덮고 중간 불로 끓이다가 10분 정도 지나면 다시 뚜껑을 열어 국물을 끼얹어 가며 끓이다가 쪽파를 송송 썰어 넣으면 끝.

골뱅이 고추장 찌개

아이들이 복숭아 통조림 대신 골뱅이 통조림을 따버려서 밥상에 오른 찌개예요. 보통 골뱅이 통조림 하나로 반은 찌개 끓여 먹고 반은 오징어와 무치는데 맛있어서 연거푸 찌개로 먹었어요.

요리 시간
30분

주재료(2~3인분)
골뱅이 통조림 1/2통(200g)
감자 1개
애호박 1/3개
양파 1/4개
두부 2/3모
대파 1/3대
홍고추 1/2개

국물 재료
멸치 다시마 육수 3컵
골뱅이 국물 1/2컵

양념 재료
고추장 1
국간장 1
다진 마늘 0.5
고춧가루 1

대체 식재료
홍고추▶청양고추

❶ 골뱅이는 통조림 뚜껑을 따서 반 정도만 먹기 좋게 자르고 국물은 1/2컵만 준비하고, 감자와 애호박, 양파, 두부는 먹기 좋은 크기로 썰고,

❷ 냄비에 멸치 다시마 육수 3컵과 골뱅이 국물 1/2컵, 고추장 1을 넣어 잘 풀어주고 감자와 양파를 넣고 10분 정도 중간 불로 끓이다가,

오래 끓여야 맛있지만 골뱅이는 질겨지니 마지막에 넣어요

❸ 애호박을 넣어 거품을 걷어내며 10분 정도 끓이다가 두부를 넣고 재료가 무르게 잘 익었다 싶으면 골뱅이와 국간장 1, 다진 마늘 0.5를 넣고,

❹ 대파는 송송 썰어 넣고, 홍고추는 어슷하게 썰어 넣고 고춧가루 1을 넣고 한소끔 더 끓이면 끝.

맑던 국물이 탁해지면 잘 끓여진 거예요

마른 오징어 뭇국

요리 시간
40분(오징어 불리는 시간 제외)

재료(10인분)
마른오징어 1마리
무(12cm 길이) 1토막
참기름 2
멸치 다시마 육수 5컵
물 5컵
초피액젓 5
대파 1대
다진 마늘 1.5
후춧가루 적당량

대체 식재료
초피액젓▶까나리액젓

❶ 마른오징어는 미지근한 물에 하루 정도 담가 통통 불려 가위로 먹기 좋게 자르고,

취향껏 적당히 불리세요

❷ 무는 도톰하고 네모지게 썰고,

❸ 큰 냄비에 참기름 2를 두르고 오징어와 무를 넣고 달달 볶다가 진하게 우린 멸치 다시마 육수 5컵과 물 5컵을 넣고 초피액젓 5로 간을 하고,

청양고추나 고춧가루를 넣어도 좋아요

❹ 거품을 걷어내며 20~30분 정도 팔팔 끓여 대파를 어슷하게 썰어 넣고 한소끔 더 끓여 다진 마늘 1.5와 후춧가루 적당량을 넣으면 끝.

오징어 순두부 찌개

순두부찌개에 오징어를 넣으면 감칠맛이 나 맛있어요.
주말에 보글보글 끓여 식구들과 함께 맛보세요.

요리 시간
20분

주재료(2~3인분)
오징어(큰 것) 1/2마리
순두부 1봉
멸치 육수 1컵
달걀 1개
대파 1/4대

양념 재료
식용유 1
고춧가루 1
새우젓 1

❶ 오징어는 손질하여 적당한 크기로 썰고, 순두부와 멸치 육수도 준비하고,

오징어가 작으면 1마리를 다 쓰세요

❷ 냄비에 식용유 1, 고춧가루 1을 넣고 약한 불에 타지 않게 달달 볶다가 오징어를 넣어 볶다가,

이렇게 하면 고추기름을 넣지 않아도 돼요

❸ 새우젓 1을 넣어 재료와 어우러지도록 볶다가 멸치 육수 1컵을 붓고 끓여 팔팔 끓으면 순두부를 넣고 바글바글 끓여,

맛을 보아 싱거우면 소금으로 간을 하세요

❹ 달걀은 흰자와 노른자를 나눠 달걀흰자만 찌개에 넣어 젓지 말고 그대로 익혀 대파를 송송 썰어 넣고 한소끔 더 끓여 달걀노른자를 얹으면 끝.

매운 어묵탕

요리 시간
20분

주재료(2인분)
어묵 3컵
무 2줌(200g)
청양고추 1개
대파 1/5대
고춧가루 취향껏

국물 재료
멸치 다시마 새우 육수 4컵
참치진국 2
후춧가루 취향껏

대체 식재료
멸치 다시마 새우 육수
▶멸치 다시마 육수
참치진국 2▶국간장 1

❶ 어묵은 먹기 좋게 썰고, 무는 약간 도톰하게 썰고, 청양고추와 대파는 어슷하게 썰고,

❷ 냄비에 멸치 다시마 새우 육수 4컵에 나박하게 썬 무와 참치진국 2를 넣고 무가 익을 때까지 끓여,

❸ 어묵을 넣고 팔팔 끓이다가 청양고추와 대파를 넣고 한소끔 더 끓여,

❹ 고춧가루와 후춧가루를 취향껏 넣으면 끝.

자주 끓여 먹는 단골 국이에요. 뚝딱 끓일 수 있는데 맛도 좋고 아이들도 명란과 순두부를 맛있게 먹어 자주 끓이게 돼요.

명란 순두붓국

요리 시간
20분

주재료(2~3인분)
순두부 1봉
명란젓 2덩이
물 1컵+1/2컵
송송 썬 대파 2

양념 재료
고춧가루 1
새우젓 1
까나리액젓 0.5
맛술 1
다진 마늘 0.3

대체 식재료
대파▶쪽파

❶ 양념 재료인 고춧가루 1, 새우젓 1, 까나리액젓 0.5, 맛술 1, 다진 마늘 0.3을 한데 섞고,

❷ 명란은 손가락 마디만 한 것으로 2덩이 준비하고,

명란은 익힌 다음에 잘라요

❸ 물 1컵+1/2컵에 ①의 양념을 넣어 팔팔 끓이다가 순두부를 숟가락으로 서너 번 정도에 나눠 떠 넣고,

명란을 잘라서 끓이면 국물 간이 짤 수 있어요

❹ 순두부가 푹 끓으면 대파, 명란을 넣고 명란이 적당히 익도록 5분 정도 더 끓여 맛을 보아 심심하면 액젓으로 간을 하면 끝.

바지락 콩나물국

콩나물국 자주 끓이시죠? 오늘은 장 보러 갔다가 콩나물과 바지락을 함께 사 왔어요. 따끈한 국물 요리가 생각날 때 시원하게 끓이세요.

요리 시간
20분

주재료(2~3인분)
바지락 1봉
콩나물 3줌(150g)
물 4컵
다시마(10×10cm) 1장
청양고추·홍고추·
송송 썬 대파 취향껏

양념 재료
굵은소금 0.5
다진 마늘 0.3
후춧가루 취향껏

❶ 바지락은 찬물에 바락바락 씻어 물기를 빼고, 콩나물은 다듬어 씻어 물기를 빼고,

❷ 냄비에 물 4컵과 다시마 1장을 넣고 팔팔 끓여 다시마가 어느 정도 익으면 건져내고,

❸ 냄비에 콩나물을 넣고 뚜껑을 열거나 덮고 팔팔 끓이다가 숨이 죽으면 바지락을 넣고 끓이다가,

❹ 바지락이 입을 열면 청양고추, 홍고추, 대파를 취향껏 넣고 굵은소금 0.5, 다진 마늘 0.3, 후춧가루도 취향껏 넣어 한소끔 더 끓이면 끝.

양배추 바지락 들깨탕

양배추 한 통 사서 반은 쪄 먹고 반은 국으로 먹어요. 보통은 배추로 국을 끓이는데 양배추로 끓여도 맛있어요. 바지락과 들깨가루를 넣어 더 건강한 음식이에요.

요리 시간
20분

주재료(2인분)
바지락 1봉
양배추 3줌
송송 썬 대파 1줌

다시마 육수 재료
물 3컵
다시마(10X10cm) 2장

양념 재료
시판 된장 2
다진 마늘 0.3
들깨가루 2

이렇게 하면 2컵 반 정도 나와요

❶ 냄비에 물 3컵, 다시마 2장을 넣고 30분 정도 담가 두었다가 부르르 한 번 끓여 다시마는 건져내어 육수를 만들고,

봉지 바지락은 따로 해감하지 않아도 돼요

❷ 바지락은 찬물에 깨끗이 헹구고, 양배추도 준비하고,

❸ 냄비에 다시마 육수 2컵+1/2컵에 양배추를 넣고 시판 된장 2를 풀어 넣고 끓여 끓어오르면 바지락을 넣어 끓이다가,

청양고추를 넣어도 좋아요

❹ 바지락이 입을 열면 다진 마늘 0.3과 들깨가루 2를 넣고 한소끔 더 끓여 송송 썬 대파를 넣으면 끝.

조갯살 미역국

쌍둥이를 낳고 친정엄마가 "무슨 미역국을 끓여줄까?"라고 물으시면 두 번 생각하지 않고 바지락을 넣은 미역국을 끓여달라고 했어요. 한 달 내내 먹어도 질리지 않더라고요.

요리 시간
30분

주재료(4인분)
바지락살 1컵(200g)
불린 미역 2컵
물 4컵

양념 재료
다진 마늘 1
들기름 1
까나리액젓 1
소금·후춧가루 적당량씩

대체 식재료
들기름▶참기름

❶ 바지락살은 찬물에 두어 번 헹구고, 불린 미역도 준비하고,

❷ 냄비에 불린 미역과 다진 마늘 1, 들기름 1, 까나리액젓 1을 넣고 조물조물 양념하여 1~2분 정도 재우고, 미역과 양념이 어우러지도록 충분히 볶다가,

❸ 물 4컵을 붓고 센 불로 팔팔 끓이다가, 국물이 바글바글 끓으면 불을 줄여 뭉근히 끓이다가 바지락살을 넣고,

❹ 한소끔 끓여 맛을 보아 소금과 후춧가루로 간을 하면 끝.

한국식 짬뽕

홍합과 새우를 넣은 국물 맛이 끝내주는 짬뽕이에요. 한국식으로 된장과 고추장을 풀어 넣어 구수하고 해물에서 우러난 깊은 맛이 나요.

요리 시간
30분

주재료(4~5인분)
새우(중하) 6마리
홍합 20개
애호박 1/3개
양파(작은 것) 1/2개
청경채(큰 것) 4포기
대파 1/4대

국물 재료
물 7컵
국물 멸치 20마리
다시마(10×10cm) 1장

양념장 재료
고추장 0.5
굴소스 0.5
고춧가루 2
다진 마늘 0.5
된장 1.5

대체 식재료
애호박▶단호박
굴소스▶국간장, 참치진국

이렇게 하면 5컵 정도 나와요

❶ 냄비에 물 7컵, 국물 멸치 20마리, 다시마 1장을 넣고 끓여 팔팔 끓기 시작하면 15분 정도 끓여 맑은 육수만 받아내고,

❷ 새우는 씻어 수염만 다듬고, 홍합은 수염을 잘라내서 껍데기를 깨끗이 씻고, 애호박과 양파는 큼직하게 썰고, 청경채는 포기째 길이로 자르고, 대파는 송송 썰고,

❸ 고추장 0.5, 굴소스 0.5, 고춧가루 2, 다진 마늘 0.5를 한데 섞고,

미리 양념장을 만들면 고춧가루가 겉돌지 않아요

❹ 냄비에 멸치 육수를 넣고 된장 1.5를 체에 풀어 넣고 양념장을 넣어 바글바글 끓으면 청경채를 제외한 모든 재료를 넣고 푹 끓이다 청경채와 대파를 넣고 한소끔 더 끓이면 끝.

황태 매운 해장국

국물을 한 숟가락 떠먹으면 "시원하니 좋다!"라는 소리가 절로 나오는 해장국이에요. 술을 마시지 못해 해장국보다는 그냥 국으로 즐겨 먹어요. 보통은 하얗게 끓이는데 고춧가루를 넣어 칼칼하게 끓였어요.

요리 시간
30분

주재료(3~4인분)
황태채 2줌(30g)
무 2줌(200g)
콩나물 2줌(100g)
멸치 다시마 육수 5컵

양념 재료
참기름 1
다진 마늘 0.5
고춧가루 1
초피액젓 2
송송 썬 쪽파 2

대체 식재료
초피액젓▶까나리액젓
쪽파▶대파

❶ 황태채는 먹기 좋게 잘라 물을 살짝 뿌려 불리고, 무는 나박하게 썰고, 콩나물은 다듬어 물에 씻어 물기를 빼고,

탈 것 같으면 육수를 조금 넣고 볶으세요

❷ 약하게 달군 냄비에 참기름 1을 두르고 다진 마늘 0.5와 고춧가루 1을 넣고 무를 넣어 무에 고춧가루물이 잘 들도록 달달 볶다가,

❸ 황태채를 넣어 꼬들꼬들하게 볶다가 멸치 다시마 육수 5컵을 붓고 끓여 바글바글 끓으면 콩나물을 넣어 끓이다가,

거품을 걷어내며 끓이세요

❹ 초피액젓 2로 간을 하고 무가 푹 무르게 익으면 맛을 보아 초피액젓으로 간하여 쪽파를 넣으면 끝.

닭 다리개장

닭개장은 보통 닭 한 마리를 통째로 넣고 살만 발라 끓이는데
오늘은 닭 다리만 넣었어요. 살이 연하고 맛있는 닭 다리로
얼큰하게 끓인 개장은 후루룩 한 그릇을 금세 비울 수 있어요.
쇠고기 육개장이나 닭 한 마리로 만든 닭개장보다 훨씬 간단해요.

요리 시간
60분

주재료(6~7인분)
닭 다리 5개
소금 적당량

닭 삶는 물 재료
물 13컵
통후추 0.5
청주 1

나물 재료
데친 숙주 1줌
데친 고사리 1줌
데친 토란대 1줌
대파 1대
마른 표고버섯 2줌

나물 양념 재료
국간장 3
참치진국 5
고추기름 1
다진 마늘 1
고춧가루 3

대체 식재료
참치진국▶까나리액젓
마른 표고버섯▶생표고버섯, 애느타리버섯

❶ 냄비에 물 13컵, 통후추 0.5, 청주 1, 닭 다리 5개를 넣어 거품을 걷어내며 중간 불로 30분 정도 삶고,

❷ 데친 숙주, 데친 고사리, 데친 토란대는 적당한 크기로 썰고, 대파는 길쭉길쭉하게 썰고, 마른 표고버섯은 물에 불리고,

❸ 삶은 닭 다리는 건져 살은 발라내고 국물은 체에 밭쳐 맑은 육수를 받고,

❹ 숙주, 고사리, 토란대에 국간장 3, 참치진국 5, 고추기름 1, 다진 마늘 1, 고춧가루 3을 넣고 조물조물 무쳐 냄비에 달달 볶다가,

❺ 닭 다리 육수를 넣어 보글보글 끓이다가,

❻ 푹 끓으면 대파와 불린 표고버섯을 넣어 끓이다가 닭 다리살을 넣어 한소끔 더 끓여 맛을 보아 소금으로 간을 하면 끝.

Point

닭개장이나 육개장은 은근한 불에 뚜껑을 덮고 오래 끓여야 깊은 맛이 나요. 또 데워 먹으면 훨씬 농후한 맛이 난답니다.

닭 매운탕

대학 다닐 때 대여섯 명이 닭 매운탕 대(大)자를 하나만 시켜 공기밥을 추가하여 눈치 보며 나눠 먹던 추억이 있어요. 제가 끓이는 닭 매운탕은 깻잎과 들깨가루를 넉넉히 넣은 걸쭉한 스타일이에요.

요리 시간
60분

주재료(4인분)
닭(중간 것) 1마리(750g)
감자(중간 것) 4개
당근 1/3개
양파(큰 것) 1/2개
대파 1대
깻잎 20장
물 6컵
들깨가루 3

닭 밑간 재료
소금·후춧가루·청주 약간씩

양념장 재료
고추장 3
고춧가루 2
간장 3
참치진국 2
맛술 2
물엿 1
흑설탕 1
다진 마늘 1
생강즙 약간
소금 적당량

대체 식재료
참치진국▶진간장
흑설탕▶흰 설탕

칼칼하게 먹으려면 청양고추와 홍고추를 넣으세요

❶ 감자, 당근, 양파는 큼직하게 썰고, 대파는 어슷하게 썰고, 깻잎은 깨끗이 씻고,

연하게 우린 멸치 다시마 육수로 끓이면 더 맛있어요

❷ 닭은 깨끗이 씻어 소금과 후춧가루, 청주를 약간씩 뿌려 잠깐 재워두었다가, 냄비에 담아 물 6컵을 붓고 중간중간 거품을 걷어내며 30분 정도 푹 끓이고,

❸ 고추장 3, 고춧가루 2, 간장 3, 참치진국 2, 맛술 2, 물엿 1, 흑설탕 1, 다진 마늘 1, 생강즙 약간을 섞어 양념장을 만들고,

감자는 큼직하게 썰어 넣어야 오래 끓여도 덜 물러요

❹ 양념장을 넣어 살짝 끓이다가 감자, 당근, 양파를 넣고 채소가 푹 익고 국물이 걸쭉해질 때까지 끓여 깻잎과 대파, 들깨가루를 넣고 소금 간하면 끝.

대구식 육개장

텔레비전에서 대구식 육개장을 소개한 프로그램을 봤는데 제법 쉬워 보여 따라 했어요. 쇠고기를 듬성듬성 썰어 데친 무와 대파를 듬뿍 넣어 끓이는 스타일이에요.

요리 시간
50분

주재료(5~6인분)
쇠고기(양지머리) 200g
무 1토막(200g)
대파 4대
굵은소금 1
물 7컵

양념 재료
다진 마늘 2
고춧가루 5
까나리액젓 7
참기름 1
맛술 1
참치진국 적당량

대체 식재료
물▶다시마 육수, 멸치 다시마 육수
참치진국▶소금

❶ 무는 얇고 네모지게 썰고, 대파의 흰 부분은 2~3등분하고 파란 부분은 듬성듬성 썰고, 냄비에 무와 대파가 잠길 정도의 물, 굵은소금 1을 넣어 끓이다가 무와 대파를 넣어 1~2분 정도 데쳐 체에 밭쳐 식히고,

❷ 쇠고기는 국물이 맛있게 우러나는 양지머리로 준비해 겉만 대강 씻어 한 입 크기로 썰고,

무와 대파는 데쳐야 맛이 더 부드러워요

고춧가루는 순한 맛으로 넣으세요

❸ 냄비에 다진 마늘 2, 고춧가루 5, 까나리액젓 7, 참기름 1, 맛술 1을 넣은 다음 쇠고기를 넣고 양념하여 겉면이 타지 않도록 세지 않은 불에 볶다가,

육수를 넣으면 까나리액젓은 반만 넣으세요

❹ 물 7컵을 붓고 센 불로 끓여 팔팔 끓으면 불을 줄이고 뚜껑을 덮어 20분 정도 끓인 다음 무와 대파를 넣고 바글바글 끓이다가 참치진국으로 간을 하면 끝.

부대찌개

집에서 푸짐하게 만드는 부대찌개는 여러 가지 재료를 골라 먹는 재미가 있어요. 하루 일과를 마친 저녁에 온 가족이 둘러앉아 먹으면 더 맛있는 찌개예요.

요리 시간
30분

주재료(2~3인분)
신 김치 1줌
콩나물 2줌
양파 1/4개
풋고추·홍고추 1/2개씩
대파 1/3대
돼지고기(간 것) 1컵
청주 1
햄 통조림 1통(200g)
프랑크 소시지 2개
멸치 다시마 육수 5~6컵
조랭이떡 1줌
라면사리 1봉
팽이버섯 1봉
체다 슬라이스 치즈 1장

양념장 재료
고추장 0.5
고춧가루 2
다진 마늘 1
국간장 1
설탕 0.3

❶ 신 김치는 송송 썰고, 콩나물은 씻어 물기를 빼고, 양파는 채 썰고, 풋고추와 홍고추, 대파는 어슷하게 썰고,

김치는 더 많이 넣어도 돼요

❷ 돼지고기는 청주 1에 살짝 재우고, 햄과 프랑크 소시지는 먹기 좋게 썰고,

❸ 고추장 0.5, 고춧가루 2, 다진 마늘 1, 국간장 1, 설탕 0.3을 섞어 양념장을 만들고,

부대찌개 단골 재료인 흰콩 통조림 대신 고추장과 설탕이 달달한 맛을 내요

❹ 냄비에 재료를 담고 멸치 다시마 육수 5~6컵 정도를 부어 재료에서 깊은 맛이 나도록 바글바글 끓이다가 조랭이떡, 라면사리와 체다 슬라이스 치즈, 팽이버섯, 풋고추, 홍고추, 대파를 넣으면 끝.

고추장 찌개

된장찌개에 가려 덜 사랑받지만 상에 오르면 언제나 인기인 찌개예요.
냄비째 식탁에 놓고 한 그릇씩 떠먹어야 제맛이에요.

요리 시간
30분

주재료(3인분)
돼지고기 목살 150g
표고버섯(큰 것) 3개
애호박 1/3개
감자(작은 것) 1개
양파 1/4개
두부 1/2모(150g)
멸치 다시마 육수 3컵+1/2컵
청양고추 1개
대파 약간

양념 재료
고추장 2
고춧가루 1
새우젓 1
참치진국 1
다진 마늘 0.5
후춧가루 적당량

대체 식재료
표고버섯▶느타리버섯
참치진국 1▶국간장 0.5

미리 생강즙과 청주를 살짝 뿌려 재워도 좋아요

새우젓은 짠맛에 따라 양을 가감하세요

❶ 돼지고기와 표고버섯은 큼직하게 썰고, 애호박과 감자, 양파도 큼직하게 썰고, 두부는 깍둑썰기 하고,

❷ 멸치 다시마 육수 3컵+1/2컵에 고추장 2를 풀고 고춧가루 1, 새우젓 1, 참치진국 1을 넣고 팔팔 끓여 돼지고기를 넣고 끓이다가,

❸ 표고버섯, 애호박, 감자, 양파를 넣고 맛이 우러날 때까지 20분 정도 중간 불로 끓이다가,

❹ 두부를 넣고, 청양고추와 대파는 송송 썰어 넣고 다진 마늘 0.5를 넣고 한소끔 더 끓여 후춧가루를 뿌리면 끝.

제육 불고기찌개

고기와 두부를 양껏 골라 먹고 나서 얼큰한 국물에 밥을 비벼 먹을 수 있어
행복한 한 끼를 책임지는 별미예요. 아이들도 아주 잘 먹는 저렴하고 풍성한 찌개인데요,
양념한 제육불고기만 있다면 금방 만들 수 있어요.

요리 시간
30분

주재료(2~3인분)
돼지고기(불고깃감) 400g
두부 1모(300g)
양파 1/2개
식용유 1
멸치 다시마 육수 2컵+1/2컵

돼지고기 양념 재료
고추장 3
고춧가루 1
간장 2
다진 마늘 1
청주 2
설탕 0.5
물엿 2
생강즙·후춧가루 약간씩

양념 재료
다진 마늘 0.5
고춧가루 2
까나리액젓 1
송송 썬 쪽파 2
후춧가루 약간

대체 식재료
까나리액젓▶국간장, 참치진국
쪽파▶대파

❶ 돼지고기에 고추장 3, 고춧가루 1, 간장 2, 다진 마늘 1, 청주 2, 설탕 0.5, 물엿 2, 생강즙과 후춧가루 약간씩을 넣어 조물조물 양념하여 재우고,

❷ 두부는 먹기 좋은 크기로 썰고, 양파는 채 썰고,

❸ 냄비에 식용유 1을 두르고 양념한 돼지고기 200g을 넣고 달달 볶다가,

❹ 다진 마늘 0.5, 고춧가루 2를 넣어 돼지고기가 하얗게 익을 때까지 볶다가 멸치 다시마 육수 2컵+1/2컵을 붓고,

❺ 센 불로 끓여 끓어오르면 두부와 양파를 넣고 10분 정도 팔팔 끓이다가,

❻ 까나리액젓 1을 넣어 간을 하고, 송송 썬 쪽파와 후춧가루를 넣으면 끝.

Point
멸치 다시마 육수를 진하게 우려 끓이면 물을 넣을 때보다 훨씬 감칠맛이 나요.

냉동실에 먹다 남은 쇠고기가 있어 집에 있는 재료와
함께 끓였는데 참 맛있어요. 갓 지은 쌀밥과 함께 먹으면
특별한 반찬이 필요 없어요.

쇠고기 고추장 찌개

요리 시간
30분

재료(3~4인분)
쇠고기(등심이나 채끝살) 100g
감자(중간 것) 1개
애호박 1/2개
양파 1/4개
식용유 1
다진 마늘 1
멸치 다시마 육수 3컵
고추장 2
시판 된장 1
유부주머니 적당량
청양고추·대파·고춧가루 취향껏

대체 식재료
쇠고기 등심, 채끝살 ▶ 등심덧살, 부채살
유부주머니 ▶ 두부 1/2모

❶ 쇠고기는 등심이나 채끝살 같은 연한 분위로 준비하여 먹기 좋게 썰고, 감자와 애호박, 양파는 큼직하게 썰고,

❷ 살짝 달군 냄비에 식용유 1을 두르고 다진 마늘 1을 넣어 타지 않게 달달 볶다가 쇠고기를 넣어 볶고,

❸ 감자, 애호박, 양파를 넣어 살짝 볶은 다음 진하게 우린 멸치 다시마 육수 3컵을 붓고 고추장 2, 시판 된장 1을 넣고,

❹ 채소가 무르게 익을 때까지 팔팔 끓이다가 유부주머니와 청양고추, 대파, 고춧가루를 취향껏 넣으면 끝.

쇠고기 숙주국

한겨울이면 쇠고깃국을 한 냄비 끓여 냉장 보관하면서 곰탕처럼 국으로 먹기도 하고 양념을 풀어 매콤하게 먹거나 쌀국수를 말아 먹기도 해요. 아침상에는 숙주를 넣고 시원하게 끓여 밥도 말아 먹어요.

요리 시간
1시간 20분

주재료(10인분)
쇠고기(사태살이나 양지머리) 1근(600g)
소금·후춧가루 적당량씩
숙주 6줌(300g)
양파 1/2개
청양고추 1개
홍고추 1/2개
대파 1대

쇠고기 삶는 물 재료
물 15컵
통후추 0.5

양념 재료
참치진국 3
까나리액젓 3
다진 마늘 1
소금·후춧가루 적당량씩

대체 식재료
까나리액젓▶초피액젓

❶ 쇠고기는 3~4덩이로 잘라 물을 갈아가며 찬물에 3시간 정도 담갔다 냄비에 물 15컵, 통후추 0.5와 함께 넣어 뚜껑을 열고 거품을 걷어내며 바글바글 끓으면 중불로 줄여 뚜껑을 덮고 40분~60분 정도 끓여,

❷ 국물은 체에 밭치고, 고기는 건져 결대로 찢어 소금과 후춧가루에 조물조물 양념하고,

❸ 숙주는 다듬어 씻어 물기를 빼고, 양파는 도톰하게 채 썰고, 청양고추와 홍고추는 송송 썰고, 대파는 적당한 길이로 썰고,

❹ 냄비에 쇠고기 삶은 물, 쇠고기, 양파, 대파를 넣고 끓이다가, 숙주를 넣고 팔팔 끓여 참치진국 3, 까나리액젓 3, 다진 마늘 1, 소금과 후춧가루 적당량씩을 넣어 청양고추와 홍고추를 넣으면 끝.

쇠고기 양지머리 뭇국

어렸을 때 집에 좋은 일이 있으면 엄마가 끓여주시던 국이에요. 시간과 정성을 들여 만드는 국인데 늘 후루룩 뚝딱 한 그릇이 금방 가족 입안으로 사라져요. 그래도 늘 맛있고 귀하게 느껴지니 엄마가 된 저 역시 정성들여 끓이는 수고를 마다하지 않게 돼요.

요리 시간
60분

주재료(5~6인분)
쇠고기(양지머리) 200g
무 1토막(300g)
대파 1/4대
소금 0.5

쇠고기 삶는 물 재료
물 8컵
대파(흰 부분) 1대
통후추 0.5

쇠고기 양념 재료
국간장 1
까나리액젓 1
다진 마늘 0.5
후춧가루 적당량

❶ 쇠고기는 양지머리로 준비하여 찬물에 10분 정도 담가 두었다가 물 8컵, 대파 1대, 통후추 0.5와 함께 냄비에 넣고 센 불로 거품을 걷어내며 끓이다가,

❷ 무는 도톰하고 네모지게 썰고, 대파는 송송 썰고,

❸ 거품이 잦아들면 약한 불로 줄이고 뚜껑을 덮고 30분 이상 끓여 국물은 체에 밭치고, 쇠고기는 건져 결 반대 방향으로 썰고,

❹ 쇠고기에 국간장 1, 까나리액젓 1, 다진 마늘 0.5, 후춧가루 적당량을 넣어 조물조물 무치고,

❺ 쇠고기 육수에 무를 넣고 팔팔 끓이다가 무가 어느 정도 익어 둥둥 떠오르면 양념한 쇠고기를 넣어 한소끔 더 끓이고,

❻ 맛을 보아 소금 0.5로 간을 하고 송송 썬 대파를 넣고 불을 끄면 끝.

Point

쇠고기를 삶을 때 뜨는 거품은 계속 걷어내세요. 또 양지머리는 국물이 맛있고 진하게 나오는 최고의 국거리 부위예요. 그러나 양지머리를 찬물에 너무 오래 담가두면 맛이 없으니 10분 정도만 담가 두세요.

칼 고르는 법과 관리법

주부로 살면서 여러 칼과 만나고 이별을 했어요. 마트에서 파는 싼 칼도 써보고 가격표 보고 놀란 가슴 진정시켜야 했던 유명한 칼도 써보고요. 요리하는 지인들을 보면 중국요리용 칼, 생선용 칼, 고기용 칼, 빵칼, 치즈 커팅용 칼을 사용하는 분들도 있더라고요. 요즘은 중저가 브랜드의 칼과 선물 받은 고가의 일본제 칼, 세라믹 칼을 번갈아 사용하고 있어요. 주로 해 먹는 요리가 식재료를 다듬고 자르는 정도로 칼 사치를 부릴 일이 적은 한식이에요.

한식용 칼 고르기

한식은 일정한 두께로 재료를 써는 칼이 있어야 음식에 간도 고루 배고 조리하는 시간도 줄어들어 실패할 확률이 낮아져요. 꼭 맞는 제품을 찾을 때까지 어느 정도 방랑이 필요한데 저는 좋은 칼이냐 아니냐를 김밥을 썰어보고 판단해요.

칼을 고르는 기준

1. 절삭력

무쇠칼은 절삭력은 좋지만 녹이 슬어 비위생적이고, 일반적인 스테인리스 칼은 녹이 슬지 않지만 절삭력은 떨어진다고 해요. 브랜드 칼은 스테인리스 스틸과 고탄소강을 배합해 단단하고 날이 잘 서며 쉽게 무뎌지지 않는 칼로 제작되기 때문에 고가라고 하네요.

2. 잡았을 때의 안정감

손잡이가 플라스틱으로 된 칼은 가볍긴 하지만 채소 등을 오래 썰다 보면 손이 피곤하기도 하고 집중하지 않으면 손을 다칠 위험도 있어요. 여러 종류의 칼을 사용해 보니 손에 착 잡히고 오래 써도 피곤하지 않은 손잡이의 칼들이 있더라고요. 또 칼날과 자루가 견고하게 연결된 것이 좋은 칼이에요.

칼 관리법

1. 자주 갈기

날이 잘 선 칼을 잡으면 손을 다치게 될까 봐 긴장하게 되는데요. 오히려 무뎌진 칼을 쓸 때 손을 베이게 돼요. 칼마다 사용 빈도에 따라 가는 주기가 다르겠지만 가능하면 칼의 날을 세워 사용하는 게 좋아요. 무뎌진 칼날을 제대로 갈 시간이 없을 때는 도자기를 뒤집어 밑면의 굽에 칼날을 몇 번 문질러도 돼요.

2. 도마와의 궁합 살펴보기

칼은 식재료보다는 도마에 따라 날이 무뎌지기도 하고 이가 빠지기도 해요. 칼에는 나무 도마가 가장 좋다고 하는데 옻칠한 나무 도마를 사용해보니 확실히 재료를 썰 때 힘이 덜 들더라고요. 다만 나무 도마는 자주 뜨거운 물을 붓거나 레몬을 문질러 깨끗이 씻고 바짝 말려 위생적으로 사용해야 해요. 나무 도마 외에 플라스틱 향균 도마도 괜찮아요. 그러나 유리나 세라믹으로 된 도마는 칼날에는 좋지 않다고 해요.

3. 부위별로 나눠 적당한 용도로 쓰기

고기를 썰 때는 칼 끝에 가까운 쪽으로, 채소는 자루 쪽으로 썰어야 잘 썰리고 칼도 오래 사용할 수 있어요. 단단해서 눌러 썰어야 하는 당근이나 무는 자루 쪽 가까이에 썰면 힘도 덜 들고 잘 썰려요. 또 요리하다 급하면 해동이 덜된 재료를 칼로 억지로 자르거나 내려치기도 하는데, 칼의 이가 빠질 수 있으니 절대 삼가세요.

4. 제대로 보관하기

육류나 생선을 썰고 나면 재빨리 칼을 꼼꼼하게 씻어 칼집에 넣어 두는데 놀랍게도 과일이나 채소, 특히 레몬이나 감자를 썰고 나서 바로 미지근한 물로 닦아 마른행주로 물기를 없애 보관해야 한다네요. 과일이나 채소에 함유된 산 성분이나 염분이 칼날을 부식시켜 날이 무뎌질 수 있다고 해요. 고기나 생선을 썰고 나서는 식초를 떨어뜨린 물에 씻으면 좋고, 오랫동안 사용하지 않는 칼에는 칼날에 식용유를 살짝 발라두면 녹이 슬지 않는다고 해요.

우리집 요리 Q&A

꽃게 손질법과 조개 해감법

꽃게 손질법

요즘 대부분의 생선은 가게에 말만 하면 원하는 용도와 크기로 손질해주는데요. 꽃게만큼은 적당한 크기로 잘라 깔끔하게 포장된 것보다는 싱싱한 꽃게를 직접 사 와 손질해야 마음이 편한 건 왜일까요? 봄에는 암케의 알이 꽉 차 맛있고, 가을에는 수케의 살이 꽉 차요. 알이 꽉 찬 암케로는 간장게장을 담그거나 탕을 끓이고, 가을 수케는 쪄 먹거나 양념게장을 만들어요.

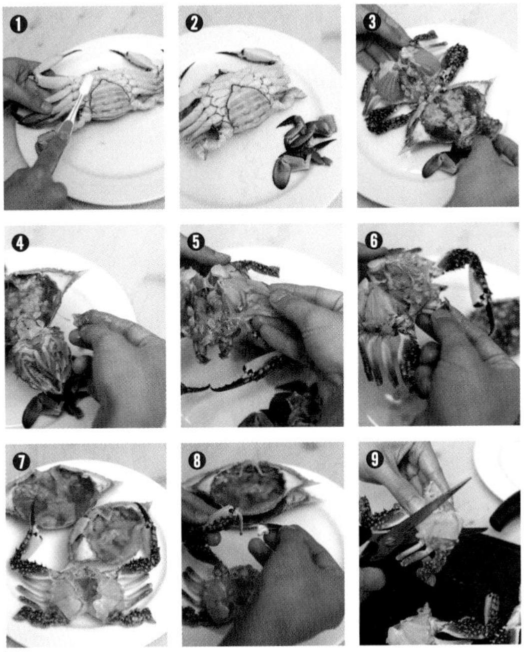

❶ 요리용 솔로 꽃게의 껍데기를 구석구석 깨끗이 닦고,
❷ 큰 집게다리를 제외한 다리를 잘라내고,
❸ 배쪽 부분을 들어올려 등껍데기를 떼어내고,
❹ 등딱지의 모래주머니와 이물질을 제거하고,
❺ 몸통의 양 옆에 붙어 있는 아가미를 손으로 떼어내고,
❻ 집게다리 위쪽의 돌기처럼 솟은 더듬이 같은 것도 떼어내고,
❼ 살살 흐르는 물에 재빨리 헹구고,
❽ 집게다리의 뾰족한 부분을 떼어내고,
❾ 가위로 꽃게를 반으로 자른 다음 4등분하면 끝.

조개 해감 성공의 조건

1. 소금물의 양

조개가 들어간 레시피에는 조개를 옅은 소금물에 담가 해감을 하라고 적혀 있는데요. 과연 옅은 소금물은 소금을 얼마나 넣어야 할까요? 적절한 소금물의 농도는 바닷물의 농도와 같은 3%라고 하네요. 물 2컵에 소금 1숟가락이 적당해요.

2. 효과적인 해감법

조개는 가능하면 편평하고 넓은 그릇에 담아 신문을 덮어 조용한 곳에 두면 해감이 잘돼요. 또 여름에는 냉장고에 넣어두세요.

3. 해감을 한 후에

해감을 한 조개는 깨끗이 씻어 조리하고, 두고 먹을 조개는 한 번 먹을 분량씩 냉동실용 밀폐팩에 나눠 담아 냉동하면 돼요.

Tip 마트에서 파는 바지락은 이미 해감을 한 것이 많으니 그냥 물에 씻어 사용하면 돼요. 또 껍데기를 깐 조갯살은 소금을 살짝 뿌려 두었다가 고운체에 담아 흐르는 물에 살살 씻으세요.

Cooking Tip 조개 삶기

조개는 깨끗이 씻어 냄비에 담고 찬물을 넣고 삶는데, 떠오르는 거품은 말끔하게 걷어내세요.

PART 3

밥상 위 진짜 주인공, 반찬

우리 식탁에 오르는 반찬은 참 다양해서 좋습니다.
푸릇푸릇 제철 채소들이 다양하게 나고, 땅의 기운을 받은 곡식과 채소를
함께 나눠 먹은 소와 돼지, 닭으로 힘을 얻는 요리를 만듭니다.
담백하고 감칠맛 나는 물고기와 해산물들로 먹거리가 풍성하기만 합니다.
그렇게 지천에 널린 식재료로 날마다 무슨 반찬을 만들까
행복한 고민을 하게 됩니다.

채소 반찬

가지구이 무침

보통 가지는 쪄서 무치거나 볶아 먹는데, 구워서 무쳐도 맛있어요. 특히 비빔밥에 넣어 먹으면 별미예요. 굽는 과정 때문에 시간이 다소 걸리더라도 꼭 구워서 양념장에 무치세요.

요리 시간
20분

주재료(2접시)
가지 2개
소금 약간

양념 재료
간장 1
까나리액젓 0.5
송송 썬 대파 2
다진 마늘 0.5
물엿 1
참기름 1
통깨 0.5
후춧가루 적당량

대체 식재료
까나리액젓▶국간장이나 참치진국 또는 간장 1
가지▶주키니 호박, 양파, 버섯

미리 소금 간을 하면 양념이 겉돌지 않아요

❶ 가지는 굽기 좋게 편으로 썰어 놓고 소금 약간을 간간이 흩뿌려 10분 정도 절이고,

❷ 기름을 두르지 않은 팬에 가지를 앞뒤로 구워 큰 것은 결대로 찢고,

수분이 바짝 마르면서 특유의 쫀득한 맛이 살아나요

❸ 양념 재료인 간장 1, 까나리액젓 0.5, 송송 썬 대파 2, 다진 마늘 0.5, 물엿 1, 참기름 1, 통깨 0.5, 후춧가루 적당량을 한데 섞고,

❹ 구운 가지를 양념장에 넣고 살살 버무리면 끝.

가지가 비쌀 때는 호박, 양파, 버섯으로 만들어요

감자 꽈리고추 조림

햇감자가 나오면 아이들이 좋아하는 감자채 부침개를 부치거나 설컹거리는 감자볶음을 만들어요. 조려 먹을 때는 꽈리고추를 넣어야 훨씬 맛있는 것 같아요. 짭조름하여 밥맛이 당기는 감자조림이에요.

요리 시간
25분

주재료(2접시)
감자(중간 것) 3개(250g)
꽈리고추 20개
양파(중간 것) 1/2개
식용유 2
다시마 육수 1컵

양념 재료
간장 4
맛술 1
다진 마늘 0.5
설탕 0.5
물엿 1
참기름 0.5
통깨 0.5

대체 식재료
다시마 육수▶멸치 다시마 육수

가능하면 감자의 모서리를 깎아주세요

① 감자는 껍질을 벗기고 씻어 한입 크기로 도톰하게 썰고, 꽈리고추는 씻어 꼭지를 떼어내고 반으로 어슷하게 썰고, 양파는 감자 크기로 썰고,

② 팬을 달구어 식용유 2를 두르고 감자와 양파를 넣어 달달 볶다가 감자가 반쯤 투명해지면 다시마 육수 1컵을 넣고,

③ 이어서 양념 재료인 간장 4, 맛술 1, 다진 마늘 0.5, 설탕 0.5를 넣고 감자가 바글바글 익도록 끓이다가,

국물을 자작하게 조려야 맛있어요

④ 감자에 간이 배고 국물 색깔이 진해지면 꽈리고추를 넣고 꽈리고추에 간장 양념이 배어들게 조려 처음 국물 양의 3분의 1쯤 되면 물엿 1, 참기름 0.5, 통깨 0.5를 넣고 잘 섞어 불을 끄면 끝.

감자 단호박 볶음

감자볶음에 색다른 재료를 넣고 싶다면 단호박을 추천하고 싶어요. 속살에 황금빛이 도는 먹음직스러운 단호박을 채 썰어 넣고 볶으면 단맛과 씹는 맛을 동시에 즐길 수 있어요.

요리 시간
20분

주재료(3~4인분)
감자 2개(300g)
단호박 1/6통(150g)
양파 1/2개(100g)
식용유 2

양념 재료
물 1/2컵
참치진국 1
소금 약간
후춧가루 적당량
참기름 0.5
깨소금 1

대체 식재료
참치진국▶굴소스, 간장

① 감자, 단호박, 양파는 일정한 두께로 채 썰고,

두께가 일정해야 양념이 고루 배어 맛있어요

팬을 충분히 달구고 재료를 넣어야 팬에 눌어붙지 않아요

② 팬을 달구어 식용유 2를 두르고 감자와 단호박, 양파를 넣고 감자가 투명해질 때까지 3분 정도 볶다가,

물을 넣고 볶으면 타지 않고 촉촉하게 볶아져요

③ 물 1/2컵을 넣고 촉촉하고 부드럽게 볶다가, 참치진국 1, 소금 약간, 후춧가루 적당량으로 간을 하여 볶다가,

④ 참기름 0.5, 깨소금 1을 넣고 버무리듯 살짝 더 볶으면 끝.

감자 매운조림

요리 시간
25분

주재료(2접시)
감자(중간 것) 4개(약 350g)
양파(작은 것) 1/2개
대파 1/3대
홍고추 1/2개
식용유 2
멸치 다시마 육수 1컵+1/2컵

양념 재료
고추장 2
고춧가루 1
다진 마늘 0.5
간장 1
맛술 1
아가베시럽 2
참기름 1
통깨 0.5
후춧가루 적당량

대체 식재료
아가베시럽▶꿀, 물엿

❶ 감자는 제법 큼직하게 동그란 모양을 살려 썰고, 양파는 큼직하게 썰고, 대파와 홍고추는 송송 썰고,

❷ 팬을 달구어 식용유 2를 두르고 감자와 양파를 넣고 달달 볶다가,

양파가 설컹거리는 것을 좋아한다면 나중에 넣으세요

육수 양이 많은 듯해도 자작하게 조리니 괜찮아요

❸ 감자가 반쯤 익으면 멸치 다시마 육수 1컵+1/2컵을 넣고 양념 재료인 고추장 2, 고춧가루 1, 다진 마늘 0.5, 간장 1, 맛술 1, 아가베시럽 2를 넣어 감자가 익을 때까지 바글바글 조리다가,

❹ 감자가 어느 정도 익으면 대파와 홍고추를 넣고 참기름 1, 통깨 0.5, 후춧가루 적당량을 넣어 가볍게 섞으면 끝.

감자 양념장 구이

조려 먹고, 구워 먹고, 쪄 먹고, 전 부쳐 먹고….
여름 식재료의 꽃은 감자죠. 감자 양념장구이는
간단하게 만들어 먹는 밥반찬이에요.

요리 시간
25분

주재료(1접시)
감자(중간 것) 3개(300g)
식용유 3

양념장 재료
다진 홍고추 0.5
다진 청양고추 0.3
다진 파 1
다진 마늘 0.5
간장 2
설탕 0.5
물엿 0.5
참기름 1
통깨 0.5

❶ 감자는 껍질을 벗기고 모양을 살려 0.4cm 두께로 도톰하게 썰고,

❷ 양념장 재료인 다진 홍고추 0.5, 다진 청양고추 0.3, 다진 파 1, 다진 마늘 0.5, 간장 2, 설탕 0.5, 물엿 0.5, 참기름 1, 통깨 0.5를 한데 섞고,

❸ 팬을 달구어 식용유 3을 두르고 감자를 앞뒤로 노릇노릇하게 굽고,

❹ 감자가 익으면 양념장을 넣어 버무리며 살짝 더 익히면 끝.

감자볶음

식당에 가면 감자가 살캉살캉 씹히며 입에 착착 감기는 감자볶음이 나와요. 아마도 그 비결은 '맛있는 소금' 조미료인 것 같아요. '맛있는 소금' 없이도 맛있게 감자볶음 만드는 법을 소개할게요.

요리 시간
20분

주재료(2접시)
감자(중간 것) 3개(약 300g)
양파(중간 것) 1/4개
당근 약간
식용유 3

양념 재료
다진 마늘 0.5
구운 소금 0.5
설탕 0.5
흰 후춧가루 적당량

대체 식재료
설탕▶아가베시럽
흰 후춧가루▶검은 후춧가루

감자채를 가늘게 썰어야 씹는 맛이 좋아요

코팅 프라이팬에 기름을 넉넉하게 두르고 볶으세요

❶ 감자는 껍질을 벗겨 씻어 일정한 두께로 가늘게 썰어 찬물에 두세 번 헹궈 물에 담갔다가 체에 밭쳐 물기를 빼고,

❷ 양파와 당근도 감자 두께로 가늘게 채 썰고,

❸ 팬을 중간 불로 충분히 달구어 식용유 3을 두르고 감자채와 당근, 양파를 넣고 중간 불에서 달달 볶다가,

❹ 감자가 반 정도 익으면 다진 마늘 0.5를 넣고 감자가 거의 다 익으면 구운 소금 0.5, 설탕 0.5, 흰 후춧가루 적당량을 넣어 감자가 다 익을 때까지 볶으면 끝.

구운 소금에 약간의 단맛이 더해지면 훨씬 맛있어요

감자채 날치알 볶음

요리 시간
20분

주재료(3인분)
감자(중간 것) 3개(250g)
식용유 2
송송 썬 쪽파 2

양념 재료
소금 0.3
설탕 0.3
흰 후춧가루 적당량
다진 마늘 0.3

2차 양념 재료
날치알 3
마요네즈 2

대체 식재료
흰 후춧가루▶검은 후춧가루

❶ 감자는 물에 씻어 껍질을 벗기고 다시 물에 헹구어 가늘게 채 썰고,

❷ 채 썬 감자는 물에 두어 번 헹구어 찬물에 살짝 담갔다가 체에 밭쳐 물기를 쪽 빼고,

이대로 먹으면 살짝 살캉거리면서 삼삼한 맛이 나요

❸ 팬을 달구어 식용유 2를 두르고 물기를 뺀 감자를 넣어 달달 볶다가 감자가 투명해지면 소금 0.3, 설탕 0.3, 흰 후춧가루 적당량, 다진 마늘 0.3을 넣고 양념이 섞이도록 볶다가 불을 끄고,

너무 뜨거우면 날치알이 익고 마요네즈가 분리돼요

❹ 감자볶음이 살짝 온기만 남을 정도로 식으면 날치알 3, 마요네즈 2를 넣고 버무려 송송 썬 쪽파를 넣고 섞으면 끝.

마파감자

마파감자는 생소하시죠? 밥에 넣고 비벼서 먹으니 마치 짜장이나 카레 같은 느낌이 들어요. 집에 감자가 넉넉해서 만들었는데 생각보다 맛있어서 자주 만들어 먹게 될 것 같아요.

요리 시간
30분

주재료(2인분)
감자(중간 것) 2개(200g)
다진 돼지고기 100g
잘게 썬 양파 2줌
잘게 썬 빨간 파프리카 1줌
송송 썬 풋고추 1줌
송송 썬 대파 1/2줌
식용유 1
물 1컵+1/2컵

돼지고기 양념 재료
다진 마늘 1
맛술 1
청주 1
간장 1
생강즙 약간
후춧가루 약간

양념 재료
두반장 2
굴소스 1
설탕 0.3
후춧가루 적당량
참기름 0.5

녹말물 재료
녹말가루 1
물 2

대체 식재료
파프리카▶당근

❶ 감자는 작은 깍두기 모양으로 먹기 좋게 썰어 찬물에 두어 번 헹궈 녹말기를 빼고, 잘게 썬 양파, 잘게 썬 빨간 파프리카, 송송 썬 풋고추, 송송 썬 대파를 준비하고,

❷ 돼지고기에 양념 재료인 다진 마늘 1, 맛술 1, 청주 1, 간장 1, 생강즙과 후춧가루 약간씩을 넣어 조물조물 양념하고,

❸ 팬을 달구어 식용유 1을 두르고 돼지고기를 넣어 볶다가 감자를 뺀 채소를 모두 넣어 볶다가 이어서 감자를 넣고 볶아 감자가 투명하게 익으면 두반장 2, 굴소스 1, 설탕 0.3을 넣어 볶고,

❹ 물 1컵+1/2컵을 넣어 바글바글 끓으면 불을 줄이고 물 2에 녹말가루 1을 섞은 녹말물을 주걱으로 저어가며 나누어 넣고 후춧가루 적당량, 참기름 0.5를 넣고 버무리면 끝.

두부 김볶음

두부나 조미 김은 떨어지지 않게 쟁여놓는 먹거리인데요.
그 둘을 합체한 반찬이에요. 두부는 좋아하는데 김은 잘 안 먹는
아이들도 두부볶음에 김을 넣으면 아주 맛있게 먹어요.

요리 시간
20분

주재료(2인분)
두부 1/2모(150g)
소금 약간
식용유 2
조미 김 2장

양념 재료
간장 1
맛술 1
다진 마늘 0.3
물엿 0.5
송송 썬 대파 1
참기름 0.5

❶ 두부는 손가락 마디만 한 크기로 잘라 소금을 뿌리고 살짝 재웠다가 키친타월로 물기를 빼고,

이렇게 해야 두부가 단단해져요

❷ 팬을 충분히 달구어 식용유 2를 두르고 두부를 넣고 노릇노릇하게 지져,

❸ 지진 두부를 팬의 한쪽으로 몰아두고 간장 1, 맛술 1, 다진 마늘 0.3을 넣고 볶다가,

❹ 조미 김을 대충 잘게 잘라 넣고 재빨리 볶다가, 물엿 0.5, 송송 썬 대파 1, 참기름 0.5를 넣고 살짝 더 볶으면 끝.

두부 날치알 부침

두부에 달걀물을 입혀 만드는 반찬을 잘 하지 않는데 날치알을 넣은 달걀에 두부를 묻히면 만드는 재미에 먹는 맛까지 더할 것 같아 만들었어요.

요리 시간
25분

주재료(2~3인분)
두부 1모(300g)
소금·후춧가루 적당량씩
밀가루 적당량
식용유 적당량
송송 썬 쪽파 2대

달걀물 재료
달걀 2개
날치알 3
청주 0.5
소금 약간

대체 식재료
밀가루▶부침가루

① 두부는 도톰하고 네모지게 썰어 소금, 후춧가루를 솔솔 뿌려 간하고,

② 달걀 2개, 날치알 3, 청주 0.5, 소금 약간을 고루 섞고,

날치알에 간이 되어 있으니 소금은 평소보다 적게 넣으세요

③ 두부에 밀가루를 고루 묻혀 여분의 가루를 톡톡 털어내고 달걀물에 담갔다가,

④ 팬을 달구어 식용유를 넉넉히 두르고 두부를 앞뒤로 노릇하게 부쳐 접시에 담고 송송 썬 쪽파를 취향껏 얹으면 끝.

두부 무조림

'무엇을 해 먹을까' 늘 고민하는 요즘, 마트에 가서 장을 보면 저도 모르게 두부를 손에 들고 오게 돼요. 오늘은 들기름에 두부를 지져 무와 함께 조렸어요.

요리 시간
30분

주재료(2~3인분)
두부 1모(300g)
소금 약간
무 1토막(200g)
중멸치 1줌
물 2컵
청주 1
들기름 2
양파 1/4개

양념 재료
고춧가루 1
고추장 1
다진 마늘 1
까나리액젓 1
간장 2
맛술 2

대체 식재료
들기름▶식용유
까나리액젓▶간장

① 두부는 도톰하고 네모지게 썰어 키친타월로 물기를 제거하여 소금을 뿌려 살짝 재우고, 양념 재료인 고춧가루 1, 고추장 1, 다진 마늘 1, 까나리액젓 1, 간장 2, 맛술 2를 한데 섞고,

② 무는 두부와 같은 크기에 1cm 두께로 썰어 냄비에 넣고 물 2컵을 부어 뚜껑을 덮고 끓이다가, 중멸치를 넣고 무가 완전히 익을 때까지 푹 끓여 청주 1을 넣고,

③ 팬을 달구어 들기름 2를 두르고 물기를 제거한 두부를 넣어 앞뒤로 노릇하게 지져,

④ 무를 삶은 냄비에 넣고 양파는 굵게 채 썰어 넣고 양념장을 넣고 국물이 졸아들고 두부와 무에 양념이 잘 배어들 때까지 국물을 끼얹어 가면서 조리면 끝.

두부 즉석조림

두부조림은 참 매력적인 반찬이에요. 어느 날 갑자기 너무 간절히 먹고 싶어서 밥을 해놓고 즉석에서 따끈하게 만들어 바로 상에 냈더니 맛이 끝내주더라고요.

요리 시간
20분

주재료(2~3인분)
두부 1모(300g)
소금 약간
식용유 2
물 1/4컵

양념장 재료
고춧가루 1
다진 마늘 0.5
송송 썬 쪽파 3
설탕 0.5
간장 3
맛술 1
참기름 1

두부가 단단해지고 간도 살짝 배어 맛이 좋아요

❶ 두부는 한입 크기로 도톰하게 썰어 키친타월로 물기를 제거하여 소금을 살짝 뿌려 간하고,

쪽파를 넉넉하게 넣으면 맛있어요

❷ 고춧가루 1, 다진 마늘 0.5, 송송 썬 쪽파 3, 설탕 0.5, 간장 3, 맛술 1, 참기름 1을 한데 섞고,

❸ 팬을 충분히 달구어 식용유 2를 두르고 물기를 제거한 두부를 넣고 앞뒤로 노릇하게 부치고,

두부에 맛이 고루 배도록 한 번 정도 뒤집으세요

❹ 양념장을 고루 얹고 양념장을 담았던 볼에 물 1/4컵을 부어 남은 양념까지 두부에 끼얹어 가며 중간 불로 자작하게 조리면 끝.

두부 참치조림

두부와 참치 통조림으로 만드는 푸짐한 반찬이에요.
두부만 조리기보다 참치도 넣고 조리니 아이들도 잘 먹어요.
푸짐한 양의 두부 참치조림 하나면 밥 한 그릇 뚝딱이에요.

요리 시간
25분

주재료(3~4인분)
두부 1모(300g)
식용유 적당량
참치 통조림(작은 것) 1통(100g)

양념 재료
다진 양파 1/4개분
송송 썬 대파 2
고추장 1
고춧가루 1
간장 2
맛술 2
청주 2
설탕 0.5
멸치 다시마 육수 2/3컵

❶ 두부는 도톰하게 썰어 키친타월에 물기를 제거하고 팬을 달구어 식용유를 두르고 앞뒤로 노릇하게 부치고,

소금, 후춧가루를 약간 뿌리면 더 맛있어요

매콤하게 먹으려면 청양고추 1개를 넣으세요

❷ 다진 양파 1/4개분, 송송 썬 대파 2, 고추장 1, 고춧가루 1, 간장 2, 맛술 2, 청주 2, 설탕 0.5를 한데 섞고,

❸ 부친 두부 위에 참치를 고르게 올리고 양념장을 고루 끼얹은 다음 멸치 다시마 육수 2/3컵을 넣고,

❹ 두부에 양념이 배어들도록 중간중간 국물을 끼얹어 가며 윤기 나게 조리면 끝.

두부 케첩조림

늘 먹는 두부조림 대신 아이들이 좋아할 만한 두부조림을 만들었어요. 매운 두부조림을 좋아하지 않는 아이들이 잘 먹을 만한 반찬이에요.

요리 시간
25분

주재료(2~3인분)
두부 1모(300g)
식용유 2
다진 양파 3
다진 당근 1
다진 풋고추 1

양념 재료
다진 마늘 0.5
토마토케첩 3
돈가스 소스 3
물엿 2
물 1/3컵
후춧가루 취향껏

대체 식재료
당근▶빨간 피망

아이들에게 먹일 반찬이라 소금으로 밑간하는 과정을 생략했어요

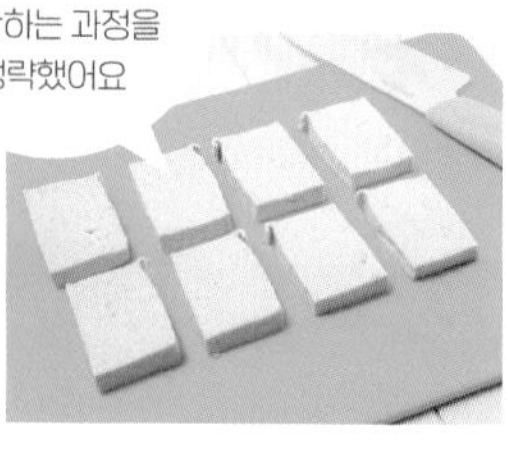

❶ 두부는 단단한 부침용으로 준비하여 네모지게 썰어 키친타월로 물기를 제거하고,

두부를 부칠 때는 팬을 잘 달구어야 눌어붙지 않아요

❷ 팬을 충분히 달구어 식용유 2를 두르고 두부를 넣어 앞뒤로 노릇하게 지져 접시에 옮겨 담고,

❸ 양파, 당근, 풋고추는 잘게 다지고,

❹ 팬을 달구어 식용유를 살짝 두르고 채소를 넣어 볶다가 다진 마늘 0.5, 토마토케첩 3, 돈가스 소스 3, 물엿 2를 넣어 볶다가, 물 1/3컵을 넣어 볶고, 두부를 넣고 자작하게 조려 후춧가루를 뿌리면 끝.

두부 파프리카 볶음

팩에 든 부침용 두부로 잡채를 만들려고 했는데 두부를 가늘게 썰어 부치기도 어렵고 제가 생각한 모양의 잡채가 되지 않더라고요. 그래서 급하게 두부 파프리카볶음으로 변경했어요. 두부와 채소를 함께 먹을 수 있어 좋아요.

요리 시간
25분

주재료(2인분)
두부 1/2모(150g)
소금 약간
노란 파프리카 1/2개
빨간 파프리카 1/2개
식용유 3

양념 재료
굴소스 1
맛술 1
후춧가루 적당량
통깨 0.5

❶ 두부는 손가락 마디만 하게 썰어 키친타월에 물기를 제거하고 소금을 솔솔 뿌려 잠시 두고,

❷ 팬을 달구어 식용유 2를 두르고 두부를 넣어 앞뒤로 지져 그릇에 옮겨 담아 식히고,

❸ 노란 파프리카와 빨간 파프리카는 굵직하게 채 썰고,

파프리카는 살짝만 익혀도 돼요

❹ 팬을 달구어 식용유 1을 두르고 파프리카를 넣어 볶다가 굴소스 1, 맛술 1을 넣어 재빨리 볶은 다음 두부를 넣어 파프리카와 섞이도록 볶아 후춧가루 적당량, 통깨 0.5를 넣고 가볍게 버무리면 끝.

두부 햄 카레조림

카레로 맛을 낸 두부조림은 상상 이상으로 독특하고 맛있어요.
카레를 좋아하는 집에서 이 음식을 상에 내면 인기 폭발이에요.
국이나 찌개 없이 하나만 차려도 돼요.

요리 시간
30분

주재료(3~4인분)
두부 1모(300g)
햄 통조림 1통(작은 것) 200g
식용유 2
쪽파 3대

카레 소스 재료
양파 1/4개
홍고추 1/2개
다진 마늘 0.5
카레가루 5
간장 1
고추장 0.5
물엿 1
후춧가루 약간
물 1컵

대체 식재료
홍고추▶청양고추
햄▶채소, 어묵

❶ 두부는 단단한 부침용으로 준비하여 먹기 좋게 잘라 키친타월에 물기를 제거하고 햄도 두부와 비슷한 크기로 자르고,

❷ 팬을 약불에 달구어 식용유 2를 두르고 두부와 햄을 넣어 앞뒤로 노릇하게 굽고,

햄을 넣지 않는다면 소스의 양을 줄이세요

❸ 양파 1/4개는 채 썰고, 홍고추 1/2개는 송송 썰고, 다진 마늘 0.5, 카레가루 5, 간장 1, 고추장 0.5, 물엿 1, 후춧가루 약간, 물 1컵을 고루 섞고,

촉촉하게 만들려면 물을 더 넣으세요

❹ 노릇하게 구운 두부와 햄에 카레 소스를 넣고 뚜껑을 덮어 약한 불에서 은근히 조려 쪽파를 송송 썰어 넣으면 끝.

늙은 오이무침

늙은 오이로는 뭘 만들어 먹을지 고민할 것도 없이 고추장 양념에 무쳐요. 소금과 설탕에 살짝 절여 물을 꼭 짜서 무치면 늙은 맛은 사라지고 아삭함만이 남아 있어요.

요리 시간
40분

주재료(2접시)
늙은 오이(다듬은 것) 500g

절임 재료
굵은소금 1
설탕 0.3

양념 재료
고추장 1
고춧가루 0.5
까나리액젓 0.3
다진 마늘 0.5
다진 파 2
설탕 0.5
식초 0.5
참기름 0.5
통깨 0.5

❶ 늙은 오이는 껍질을 벗겨 씨를 제거하여 너무 가늘지 않게 채 썰고,

❷ 큼직한 볼에 늙은 오이를 넣고 굵은소금 1, 설탕 0.3을 넣어 30분 정도 절여 손이나 면포로 오이의 물을 꼭 짜고,

까나리액젓을 넣으면 감칠맛도 나고 간도 맞출 수 있어요

❸ 고추장 1, 고춧가루 0.5, 까나리액젓 0.3, 다진 마늘 0.5, 다진 파 2, 설탕 0.5, 식초 0.5를 한데 섞어 양념장을 만들고,

❹ 늙은 오이에 양념장을 넣어 조물조물 무쳐 참기름 0.5, 통깨 0.5를 넣어 살살 섞으면 끝.

오이 단무지 무침

단무지 한 팩 사면 꼭 남지 않나요? 언젠가는 쓰겠지 싶어서 냉장고에 넣어 두었는데 자리만 차지할 때 오이와 함께 무치면 꽤 맛있는 반찬이 돼요.

요리 시간
25분

주재료(2인분)
오이 1개
단무지 7줄 정도
굵은소금 0.5

양념 재료
다진 마늘 0.5
다진 파 1
물엿 1
식초 0.5
고춧가루 0.5
통깨 0.5
참기름 0.5

❶ 오이는 4등분하여 돌려 깎아 가늘게 채 썰고,

오이는 돌려 깎아 채 썰면 물도 덜 생기고 씹히는 식감이 좋아요

❷ 볼에 오이를 담고 굵은소금 0.5를 뿌려 소금 알갱이가 녹을 때까지 20분 정도 절이고,

❸ 절인 오이는 손으로 물기를 꼭 짜고, 단무지도 채 썰어 물기를 꼭 짜서 볼에 넣고,

❹ 다진 마늘 0.5, 다진 파 1, 물엿 1, 식초 0.5, 고춧가루 0.5, 통깨 0.5, 참기름 0.5를 넣어 조물조물 무치면 끝.

오이
달래무침

달래는 익혀 먹는 것도 좋지만 생으로 먹는 것이 더 좋다고 하네요. 손질하기 귀찮은 봄나물이지만 맛과 영양 가득한 달래로 비타민 밥상을 차려보세요. 달래만 무치면 향이 너무 강하니 오이와 함께 무쳤어요.

요리 시간
30분

주재료(2인분)
달래 2줌(50g)
오이 1개
굵은소금 약간

양념 재료
설탕 0.5
식초 1
고춧가루 1
다진 마늘 0.5
까나리액젓 1
참치진국 1
통깨 1

대체 식재료
까나리액젓▶초피액젓
참치진국▶간장

남은 달래는 물을 뿌린 신문지에 싸서 냉장 보관 하세요

❶ 달래는 껍질을 벗기고 가운데 모래알 같은 것은 손톱으로 긁어내듯 까서 깨끗이 씻어 물기를 뺀 다음 3등분하고, 오이는 껍질째 굵은소금으로 살살 문질러 닦아 반으로 잘라 어슷하게 썰고,

❷ 볼에 설탕 0.5, 식초 1, 고춧가루 1, 다진 마늘 0.5, 까나리액젓 1, 참치진국 1을 넣어 섞고,

❸ 먹기 직전에 양념장에 달래와 오이를 넣고 살살 버무려,

이 양념장은 나물 무칠 때 활용하면 좋아요

❹ 통깨 1을 솔솔 뿌리면 끝.

취향에 따라 참기름을 한두 방울 넣으세요

오이 들깨가루 볶음

오이를 사놓으면 금방 물러버리기 쉬우니 얼른 요리해 먹어야 해요.
들깨가루를 듬뿍 넣어 볶아 먹으면 아삭아삭 씹히는 맛과 구수한 맛을
동시에 즐길 수 있어요.

요리 시간
20분(절이는 시간 제외)

주재료(3~4인분)
오이 2개
굵은소금 1

양념 재료
식용유 1
다진 마늘 1
물엿 1
들깨가루 2
참기름 0.5
후춧가루 약간

꽃소금을 넣으면 오이가 엄청 짜져요

❶ 오이는 얄팍하게 송송 썰어 굵은소금 1을 뿌려 고루 뒤적여 30분 정도 절이고,

❷ 절인 오이는 면포나 손으로 꾹 짜고,

물을 잘 짜야 꼬들거리고 짜지 않아요

❸ 팬을 달구어 식용유 1과 다진 마늘 1을 넣어 마늘이 타지 않게 달달 볶다가,

❹ 오이를 넣어 2분 정도 달달 볶다가 물엿 1, 들깨가루 2, 참기름 0.5, 후춧가루 약간을 넣고 오이와 버무리듯 살짝 더 볶으면 끝.

오이 맛살 마요네즈 무침

요리를 하기 위해서 재료를 구입하기보다는 주로 있는 재료들을 활용해서 요리하는 편인데, 오이와 맛살이 있길래 색다른 방법으로 만들어 보았어요. 입맛이 없을 때 딱 좋은 반찬이에요.

요리 시간
30분

주재료(2인분)
오이 1개
양파 1/4개
크래미 맛살(작은 것) 3줄(60g)
굵은소금 0.5

양념 재료
설탕 0.5
식초 1
다진 마늘 0.5
마요네즈 2
머스터드 0.5
통깨 0.5
후춧가루 약간

대체 식재료
머스터드▶허니 머스터드, 씨겨자

❶ 오이는 굵직하게 채 썰고, 양파도 채 썰고, 크래미 맛살은 먹기 좋게 찢고,

❷ 볼에 채 썬 오이와 양파를 넣고 굵은소금 0.5를 고루 뿌려 20분 정도 절여,

❸ 오이에서 물이 나오고 살짝 나른해지면 오이만 물기를 짜서 양파와 함께 볼에 담고,

너무 꽉 짜면 오이가 잘게 부서질 수 있으니 살살 짜세요

❹ 크래미 맛살, 설탕 0.5, 식초 1, 다진 마늘 0.5, 마요네즈 2, 머스터드 0.5, 통깨 0.5, 후춧가루 약간을 한데 넣고 고루 무치면 끝.

폭 곰삭은 김치도 맛있지만
즉석에서 무쳐 한 끼니에 모두 먹어치우는
오이 양배추 즉석무침도 맛있어요.
입맛 당기는 반찬이에요.

오이 양배추 즉석무침

요리 시간
10분

주재료(2인분)
오이 1개
양배추 1장

양념 재료
고춧가루 1
설탕 0.5
다진 마늘 0.5
간장 2
식초 0.5
참기름 1
통깨 1

무침 양념장에는
깔끔하게 고춧가루와
간장을 넣어요

❶ 고춧가루 1, 설탕 0.5, 다진 마늘 0.5, 간장 2, 식초 0.5, 참기름 1, 통깨 1을 한데 섞어 양념을 만들고,

❷ 오이는 반으로 잘라 어슷하게 썰고, 양배추도 비슷한 크기로 썰어 볼에 담고,

❸ 먹기 직전에 양념에 오이와 양배추를 조물조물 무치면 끝.

오이지 고추기름 무침

자주 만들어 식탁에 올리는 반찬이에요.
고춧가루에 빨갛게 무쳐 먹다가 색다르게 먹고 싶을 때는
중국집에서 나오는 차사이무침처럼 만들어 먹어요.

요리 시간
15분

주재료(3~4인분)
오이지 2개

1차 양념 재료
설탕 0.5
식초 1
다진 마늘 0.5
참기름 0.5
통깨 0.5
후춧가루 약간

2차 양념 재료
고추기름 2
물엿 0.5

오이지 담그는
법은 282쪽을
참고하세요

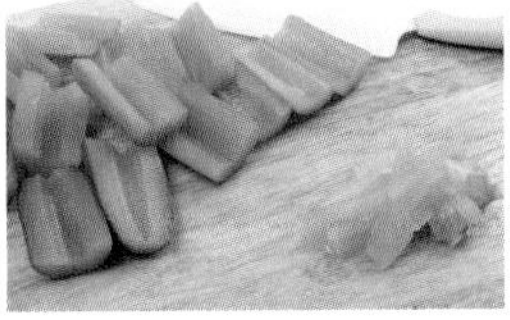

① 잘 삭은 오이지를 준비하여 4등분한 다음 반으로 잘라 씨를 제거하고,

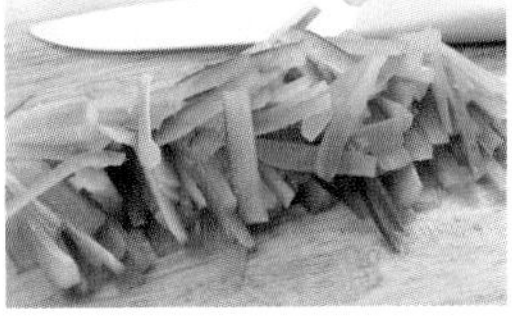

② 껍질 부분을 중심으로 일정한 두께로 채 썰고,

③ 면포로 감싸 오이의 물기를 꼭 짜서 볼에 넣고,

손으로 짜도
되지만 힘드니
면포를
이용하세요

고추기름은
나중에 넣어야
맛있어요

④ 1차 양념 재료인 설탕 0.5, 식초 1, 다진 마늘 0.5, 참기름 0.5, 통깨 0.5, 후춧가루 약간을 넣어 조물조물 무친 다음 2차 양념 재료인 고추기름 2, 물엿 0.5를 넣어 살살 무치면 끝.

중화풍 오이무침

고급 중식당에 가면 단무지 대신 고추기름으로 버무린 새콤한 오이김치가 나올 때가 있는데요. 중화풍의 오이무침을 집에서 간단하게 만들었어요.

요리 시간
30분

주재료(3~4인분)
오이 2개
양파 1/4개
굵은소금 0.3
통후추 약간

양념 재료
설탕 1
식초 2
다진 마늘 0.5
소금 0.3
고추기름 3

❶ 오이는 4등분하여 적당한 길이로 썰고, 양파는 채 썰어 볼에 담고,

❷ 오이와 양파에 굵은소금 0.3을 뿌려 20분 정도 절이고,

❸ 설탕 1, 식초 2, 다진 마늘 0.5, 소금 0.3, 고추기름 3을 한데 섞고,

❹ 절인 오이는 손으로 물기를 꼭 짜서 양파와 함께 양념에 살살 무쳐 통후추를 갈아 넣으면 끝.

즉석 오이무침

초고추장 양념에 무치기도 하고
고춧가루 양념에 무치기도 하는
오이무침. 식당에서 맛본 투박해
보이는 오이무침이 은근히 맛있어서
만들어 보았어요.

요리 시간
10분

주재료(2인분)
오이(큰 것) 1개

양념 재료
고춧가루 1
간장 2
다진 마늘 0.5
설탕 0.5
소금 약간
참기름 1
통깨 1

겨울철에 남부 지방에서 생산되는 취청 오이로 무쳤어요

간장의 양을 줄이고 소금의 양을 늘려도 돼요

❶ 고춧가루 1, 간장 2, 다진 마늘 0.5, 설탕 0.5, 소금 약간, 참기름 1, 통깨 1을 한데 섞고,

❷ 오이는 도톰하게 어슷 썰고,

❸ 먹기 직전에 오이를 양념에 살살 무치면 끝.

미리 무쳐두면 금세 물이 생겨요

가격도 저렴하고 왠지 먹어줘야 할 것 같아서 꼭 사오게 되는 느타리버섯이에요. 간단하고 뻔한 재료이지만 맛있는 반찬 한 가지를 뚝딱 만들 수 있어 바쁜 사람에게 딱 좋은 찬거리예요.

느타리버섯 매운볶음

요리 시간
20분

주재료(2~3인분)
느타리버섯(손질한 것) 2팩(300g)
양파(중간 것) 1/2개
풋고추 1개
식용유 1

양념장 재료
고추장 2
고춧가루 1
다진 마늘 1
설탕 0.5
청주 1
간장 1
참기름 1
통깨 0.5

2팩(400g)을 손질하면 300g 정도 돼요

중간에 두세 번 뒤적이세요

❶ 느타리버섯은 밑동을 자르고 지저분한 것을 손질하여 가닥가닥 먹기 좋게 뜯고,

❷ 양파는 굵직하게 채 썰고, 풋고추는 어슷하게 썰고,

❸ 양념장 재료인 고추장 2, 고춧가루 1, 다진 마늘 1, 설탕 0.5, 청주 1, 간장 1을 한데 섞고,

❹ 팬을 달구어 식용유 1을 두르고 양파를 달달 볶다가 느타리버섯을 넣어 센 불에서 재빨리 볶고 버섯의 숨이 살짝 죽으면 양념장을 넣어 볶다가 풋고추를 넣고 참기름 1, 통깨 0.5를 넣으면 끝.

버섯 두부구이 & 땅콩 깨 소스

요리 시간
25분

주재료(2~3인분)
두부 1/2모(150g)
표고버섯 3개
양송이버섯 7개
식용유 2

양념 재료
소금·후춧가루 적당량씩

땅콩 깨 소스 재료
통깨 2
땅콩 1
꿀 1
식초 1.5
맛술 0.5
소금 약간

버섯과 두부. 늘 애용하는 재료의 본래의 맛을 그대로 살리고 고소한 깨와 땅콩 소스를 곁들인 특별한 음식이에요. 먹고 나면 건강해지는 느낌이 들어요.

버섯은 취향껏 넣으세요

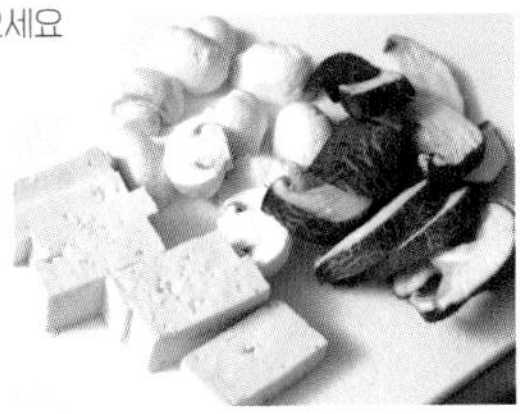

❶ 두부는 적당한 크기로 썰어 물기를 빼고, 표고버섯과 양송이버섯은 먹기 좋게 썰고,

미리 간을 해야 맛있어요

❷ 팬을 달구어 식용유 2를 두르고 버섯을 넣어 굽다가 두부를 넣어 앞뒤로 노릇하게 구워 어느 정도 익으면 소금과 후춧가루를 뿌려 간을 하고,

❸ 믹서에 통깨 2, 땅콩 1을 넣어 간 다음 꿀 1, 식초 1.5, 맛술 0.5, 소금 약간을 넣어 섞고, 접시에 두부와 버섯을 담고 땅콩 깨 소스를 곁들이면 끝.

버섯과 두부로 근사하면서도 맛있는 일품 요리 같은 반찬을 만들어 봤어요.
두부 전문점에서 나온 메뉴였는데 제 스타일로 바꿨어요.

버섯 볶음과 두부 스테이크

요리 시간
25분

주재료(2~3인분)
두부 1모+1/2모(약 450g)
소금, 녹말가루 적당량
식용유 3
애느타리버섯 1팩(200g)
팽이버섯 1봉
양파(중간 것) 1/2개
빨간 파프리카 약간
송송 썬 청양고추 1개분

양념 재료
고추장 1
간장 2
참치진국 1
설탕 1
맛술 1
다진 마늘 1
참기름 1
통깨·후춧가루 적당량씩

대체 식재료
참치진국 1▶간장 1 또는 굴소스 0.5

❶ 두부는 먹기 좋게 썰어 키친타월로 물기를 제거하고 소금을 솔솔 뿌려 밑간을 하였다가 녹말가루를 적당히 묻힌 다음 팬을 충분히 달구어 식용유 3을 두르고 앞뒤로 노릇하게 지져 접시에 담고,

❷ 애느타리버섯과 팽이버섯은 밑동을 잘라 가닥가닥 떼어내고, 양파는 채 썰고, 빨간 파프리카는 일정한 두께로 채 썰고,

❸ 고추장 1, 간장 2, 참치진국 1, 설탕 1, 맛술 1, 다진 마늘 1, 참기름 1을 한데 섞고,

❹ 팬에 식용유를 살짝 두르고 버섯과 양파를 넣어 달달 볶다가 살짝 숨이 죽으면 양념장과 송송 썬 청양고추를 넣고 통깨와 후춧가루에 버무려 두부 위에 얹으면 끝.

모둠 버섯 장조림

냉장고에 여러 가지 버섯들이 조금씩 나뒹굴고 있어서 만든 버섯장조림이에요. 마트에서 장을 볼 때면 욕심에 사다놓지만 정작 요리다운 요리를 못 해 먹을 때 장조림을 만들어 먹어요.

요리 시간
30분

주재료(10인분)
여러 가지 버섯 350g
청양고추 2개
홍고추 1/2개

조림장 재료
물 1컵
간장 3
굴소스 2
맛술 1
꿀 1

팽이버섯은 넣지 마세요

❶ 느타리버섯은 가닥을 큼직하게 나눠 물에 대충 헹구고, 새송이버섯도 물에 헹구고, 양송이버섯은 밑동 아래쪽에서 위쪽으로 얇은 껍질막을 제거하고, 청양고추와 홍고추는 큼직하게 어슷 썰고,

❷ 냄비에 물 1컵, 간장 3, 굴소스 2, 맛술 1, 꿀 1을 넣고 청양고추와 홍고추를 넣고 끓여 팔팔 끓어오르면,

❸ 버섯을 넣어 국물이 반으로 졸아들 때까지 조리면 끝.

버섯에 수분이 많아 조리는 데 시간이 걸려요

새송이 버섯 달걀 장조림

늘 반찬 때문에 고민 많은 분들에게 어른과 아이 모두 만족할 만한 반찬을 소개할게요. 어른들이 좋아하는 새송이버섯과 아이들도 좋아하는 달걀을 넣은 장조림이에요.

요리 시간
30분

주재료(4인분)
달걀 5개
굵은소금 0.5
식초 2
미니 새송이버섯 5줌(250g)
마늘 3쪽
생강 1톨

다시마 육수 재료
다시마(10×10cm) 2장
물 1컵

양념 재료
간장 6
맛술 2
설탕 0.5
물엿 1

❶ 달걀은 냉장고에서 꺼내 따끈한 물에 담갔다가 실온 상태가 되면 굵은소금 0.5와 식초 2를 넣고 완숙으로 삶아 껍질을 벗기고, 미니 새송이버섯은 먹기 좋게 반으로 자르고,

❷ 냄비에 물 1컵, 다시마 2장을 넣고 끓여 바글바글 끓으면 잠시 후 다시마는 건져내고,

생강이 없다면 빼세요

❸ 다시마 육수에 마늘, 생강을 도톰하게 편으로 썰어 넣고 양념 재료인 간장 6, 맛술 2, 설탕 0.5, 물엿 1을 넣고 바글바글 끓이다가,

중간중간 거품을 걷어내세요

❹ 새송이버섯과 달걀을 넣고 양념이 잘 배도록 골고루 저어가면서 조려 국물이 자작해지고 버섯과 달걀에 색이 뱄을 때 불을 끄면 끝.

새송이 버섯채 무침

이 요리는 소개하기 민망할 정도로 간단해요. 새송이버섯을 가장 담백하면서도 간단하고 맛있게 먹을 수 있는 반찬이에요.

요리 시간
10분

주재료(3~4인분)
새송이버섯 3개(200g)
굵은소금 0.5

양념 재료
소금 0.3
후춧가루 약간
참기름 1
통깨 0.5

❶ 새송이버섯은 밑동을 잘라내어 길이대로 길쭉하게 채 썰고,

❷ 팔팔 끓는 물에 굵은소금 0.5를 넣고 채 썬 새송이버섯을 넣고 휘휘 저어 20초 정도 데치고,

❸ 데친 새송이버섯은 체에 밭쳐 물기를 빼면서 자연스럽게 식혀 식으면 다시 한번 물기를 손으로 꾹 짜고,

❹ 새송이버섯을 볼에 담고, 소금 0.3, 후춧가루 약간, 참기름 1, 통깨 0.5를 넣고 조물조물 무치면 끝.

매일 반찬 걱정하는 분들을 위해서 아삭아삭하고 부드럽고 고소한 콩나물볶음을 소개할게요. 장 보러 가서 아무 생각 없이 늘 담아 오는 콩나물을 팍팍 무치지 않고 달달 볶았어요.

콩나물 간단볶음

요리 시간
15분

주재료(2~3인분)
콩나물 5줌(250g)

양념 재료
식용유 2
고추기름 1
다진 마늘 0.5
간장 0.5
설탕 0.3
소금 적당량
참기름 0.5
통깨 1
후춧가루 약간
송송 썬 대파 3

❶ 콩나물은 다듬어 씻어 물기를 쪽 빼고,

❷ 팬을 달구어 식용유 2, 고추기름 1을 두르고 다진 마늘 0.5를 넣어 타지 않게 달달 볶다가 마늘이 노릇해지면,

❸ 콩나물을 넣어 센 불에서 볶다가 콩나물의 숨이 살짝 죽으면,

❹ 간장 0.5, 설탕 0.3, 소금 적당량을 넣고 간을 맞추어 계속 볶다가 고루 익으면 참기름 0.5, 통깨 1, 후춧가루 약간, 송송 썬 대파 3을 넣고 재빨리 섞으면 끝.

콩나물 장조림

고기가 아닌 콩나물을 간장에 조린 콩나물 장조림이에요. 잡지 촬영을 하다가 기자님께 배운 요리인데요. 식어도 참 맛있는 반찬이에요.

요리 시간
20분

주재료(1접시)
콩나물 6줌(300g)
마늘 3쪽

양념 재료
물 1/4컵
간장 3
맛술 1
설탕 0.5
생강즙 0.3
식용유 1
물엿 1

❶ 콩나물은 다듬어 씻어 물기를 빼고,

❷ 냄비에 마늘을 편으로 썰어 넣고 물 1/4컵, 간장 3, 맛술 1, 설탕 0.5, 생강즙 0.3, 식용유 1을 넣고 끓이다가,

국물과 함께 먹는다 생각하고 삼삼하게 만드세요

❸ 팔팔 끓으면 콩나물을 넣고 양념이 배도록 센 불에서 5~10분 정도 조리다가,

❹ 물엿 1을 넣고 섞으면 끝.

콩나물 잡채

잡채 만들 생각하면 이래저래 준비할 식재료가 떠오르시죠.
이 잡채는 콩나물과 당면으로만 만들어요. 당면 삶는 과정을 생략하고
불린 당면을 이용해서 바로 만드는 콩나물 잡채인데요.
밑반찬으로만 먹기에는 아까우니 주말이나 휴일에 특별식으로 드세요.

요리 시간
20분(당면 불리는 시간 제외)

주재료(3~4인분)
당면 2줌(100g)
콩나물 4줌(200g)
풋고추 1개
홍고추 1/2개
물 1컵
통깨 적당량

간장 양념 재료
간장 5
설탕 1
물엿 2
참기름 2
후춧가루 적당량

❶ 당면은 따끈한 물에 담가 30분 정도 불리고,

❷ 콩나물은 다듬어 씻어 물기를 빼고,

❸ 풋고추와 홍고추는 반을 잘라 씨를 빼내어 가늘게 채 썰고,

❹ 간장 5, 설탕 1, 물엿 2, 참기름 2, 후춧가루 적당량을 한데 섞고,

❺ 팬에 콩나물과 물 1컵을 넣어 뚜껑을 덮고 익혀 콩나물이 익으면 뚜껑을 열고 간장 양념 재료를 넣고 이어서 충분히 불린 당면을 넣고 볶다가,

❻ 당면에 윤기가 돌면 풋고추와 홍고추, 통깨를 넣어 버무리면 끝.

Point

콩나물이 익으면 양념과 당면을 넣어 볶는데 이때 물이 다소 많다고 생각할 수도 있지만 익히다 보면 당면에 양념이 배면서 나중에는 적당히 촉촉하게 잘 볶아져요. 콩나물 씹는 맛이 좋다면 당면의 양을 줄이고 콩나물의 양을 늘려 넣으세요.

콩나물 아삭무침

자주 먹지만 은근히 맛내기 어려운 요리로 콩나물무침을 들 수 있어요. 식당에서 맛보고 똑같이 만들려 하는데 그렇게 되지 않을 때 어렵다고 생각하게 되는 것 같아요. 아삭한 맛으로 먹는 콩나물무침 레시피를 소개할게요.

요리 시간
15분

주재료(2~3인분)
콩나물 6줌(300g)

양념 재료
구운 소금 0.3
설탕 0.3
다진 마늘 0.5
다진 파 2
참기름 1
통깨 1

❶ 콩나물은 다듬어 씻어 김이 오른 찜통에 넣어 뚜껑을 덮고 2분 정도 살짝 찌고,

❷ 콩나물을 찬물에 두세 번 헹궈 체에 밭쳐 물기를 빼서 볼에 담고,

❸ 콩나물에 구운 소금 0.3, 설탕 0.3, 다진 마늘 0.5, 다진 파 2, 참기름 1, 통깨 1을 넣어 조물조물 무치면 끝.

무말랭이 무침

오도독오도독 씹히는 맛이 좋은 무말랭이와 양념만으로 간단하게 만들 수 있는 쉬운 레시피예요.

요리 시간
20분

주재료(7~8인분)
무말랭이 2줌(50g)

1차 양념 재료
국간장 1
초피액젓 1
물 2

2차 양념 재료
고춧가루 2
다진 마늘 1
간장 1
물엿 3
참기름 1
통깨 0.5

대체 식재료
초피액젓▶까나리액젓

❶ 무말랭이는 물에 서너 번 헹구어 10분 정도 불리고,

너무 오래 불리면 맛이 덜해요

❷ 불린 무말랭이는 손으로 물기를 대충 짜서 체에 밭쳐 어느 정도 물기를 빼고,

❸ 1차 양념 재료인 국간장 1, 초피액젓 1, 물 2를 고루 섞어 무말랭이를 넣고 양념이 배도록 잠깐 두었다가,

식초를 약간 넣어도 맛있어요

❹ 2차 양념 재료인 고춧가루 2, 다진 마늘 1, 간장 1, 물엿 3, 참기름 1, 통깨 0.5를 넣어 조물조물 무치면 끝.

무생채

무생채는 밥반찬으로 먹기보다는 비벼 먹는 용도로 먹곤 해요.
커다란 무를 하나 사서 다섯 가지로 요리해 먹었어요.
무생채, 무조림, 국 등으로 다양하게 활용하세요.

요리 시간
30분

주재료(3~4인분)
무(10cm 길이) 1토막(500g)
굵은소금 1

양념 재료
고춧가루 2
다진 마늘 1
설탕 1
까나리액젓 1.5
식초 1
통깨 1

대체 식재료
까나리액젓▶초피액젓

무채가 너무 가늘면 씹는 맛이 덜해요

➊ 무는 적당한 두께로 일정하게 채 썰고,

➋ 채 썬 무를 볼에 넣고 굵은소금 1에 10~20분 정도 절여 물을 따라내고 살짝만 눌러 물기를 짜고,

➌ 무채에 고춧가루 2를 넣고 섞어 빨갛게 고춧가루물을 들이고,

이렇게 해야 색도 곱고 고춧가루가 양념과 겉돌지 않아요

➍ 다진 마늘 1, 설탕 1, 까나리액젓 1.5, 식초 1, 통깨 1을 넣고 버무리면 끝.

단맛이 싫다면 설탕을 반만 넣으세요

냉면집 무생채

냉면 먹을 때 나오는 깔끔한 맛의 무생채를 좋아해서
며칠을 두고도 맛있게 먹을 수 있는 무생채를 만들어 보았어요.
들어간 재료가 별로 없는데도 맛있어요.

요리 시간
40분

주재료(3접시)
무(10cm 길이) 1토막(500g)

절임 재료
굵은소금 1

양념 재료
식초 4
설탕 2
고운 고춧가루 0.5

❶ 무는 씹는 맛이 나도록 굵직하게 채 썰어 볼에 담고,

❷ 무에 굵은소금 1을 뿌려 고루 섞어 20~30분 정도 절이고,

❸ 절인 무는 손으로 자연스럽게 물기를 꼭 짜고,

❹ 양념 재료인 식초 4, 설탕 2, 고운 고춧가루 0.5를 무에 넣어 조물조물 무치면 끝.

무 스테이크

무로 무엇을 만들까 고민하다가 무 스테이크를 만들게 됐어요. 무를 조려 스테이크처럼 구워서 소스를 한 번 더 끓여 곁들인 정성 가득한 요리예요.

요리 시간
30분

주재료(3인분)
무 300g
가다랑어포(가쓰오부시) 1줌
쪽파 1대

조림장 재료
간장 1
참치진국 2
설탕 0.5
청주 2
맛술 1
식용유 0.5
물 1컵

대체 식재료
참치진국 2▶굴소스 1

❶ 무는 껍질을 벗겨 1.5~2cm 두께로 큼직하게 동그란 모양을 살려 자르고,

❷ 냄비에 무가 잠길 정도의 물을 넣고 팔팔 끓여 무를 넣고 5분 정도 데쳐 식히고,

데친 후 조려야 조리 시간도 줄고 양념도 잘 배요

❸ 조림장 재료인 간장 1, 참치진국 2, 설탕 0.5, 청주 2, 맛술 1, 식용유 0.5, 물 1컵을 넣고 끓여 팔팔 끓으면 데친 무를 넣고 중간 불에서 국물이 반쯤 졸아들 때까지 조려,

기름을 두르지 마세요

❹ 팬을 뜨겁게 달구어 조린 무를 앞뒤로 구운 자국이 나도록 구워 접시에 담고 조린 국물을 팬에 넣고 1~2분 정도 바글바글 끓여 반 이상 졸아들면 무 스테이크에 곁들이고 송송 썬 쪽파와 가다랑어포를 뿌리면 끝.

돌나물 무침

돌나물은 봄철의 나른함을 없애는 산뜻한 채소로
주로 초고추장을 뿌려 먹거나, 무쳐서 먹으면 맛있어요.

요리 시간
10분

주재료(2접시)
돌나물 4줌(100g)

양념 재료
고춧가루 1
간장 1
까나리액젓 0.5
다진 마늘 0.5
설탕 0.3
물엿 0.5
통깨 0.5

대체 식재료
까나리액젓▶간장
물엿▶올리고당

❶ 돌나물은 상하지 않도록 살살 흐르는 물에 서너 번 헹궈 체에 밭쳐 물기를 빼고,

초무침이 아닌
겉절이 스타일의
양념장이에요

❷ 양념 재료인 고춧가루 1, 간장 1, 까나리액젓 0.5, 다진 마늘 0.5, 설탕 0.3, 물엿 0.5, 통깨 0.5를 한데 섞고,

무쳐서 바로
드세요

❸ 양념장에 돌나물을 넣어 손으로 살살 무치면 끝.

숙주나물무침

숙주를 뜨거운 육수에 넣고서 휘휘 저어 아삭한 맛으로 먹는 쌀국수를 먹기 시작하면서부터 숙주를 좋아하게 됐어요. 오늘은 숙주 요리의 기본인 통통하고 아삭한 숙주나물무침으로 한 끼 맛있게 해결하세요.

요리 시간
10분

주재료(2~3인분)
숙주 6줌(300g)

양념 재료
다진 파 1
다진 마늘 0.5
까나리액젓 0.3
소금 0.3
참기름 1
통깨 1
후춧가루 약간

데친 숙주는 물에 헹구지 마세요

마늘은 바로 다져 넣어야 나물의 맛이 살아요

❶ 숙주는 찬물에 서너 번 씻고,

❷ 전자레인지용 찜기에 숙주를 넣고 소금 약간을 솔솔 뿌려 3분 정도 데쳐 뚜껑을 열고 식혀 고인 물을 따라 버리거나, 냄비에 물 2컵과 굵은소금 0.3을 넣고 끓여 물이 끓으면 숙주를 넣고 1분 정도 데쳐 체에 밭쳐 식히고,

❸ 숙주의 온기가 살짝 남아 있을 때 다진 파 1, 다진 마늘 0.5, 까나리액젓 0.3, 소금 0.3, 참기름 1, 통깨 1, 후춧가루 약간을 한데 넣고,

❹ 손에 힘을 빼고 살살 무치면 끝.

무치면서 숙주가 짓무르면 맛이 떨어져요

숙주 고추기름 무침

요리 시간
20분

주재료(2~3인분)
숙주 6줌(300g)

멸치 다시마 육수 재료
물 2컵
다시마(10×10cm) 2장
국물 멸치 15마리

양념 재료
국간장 0.5
참치진국 0.5
다진 마늘 0.3
고추기름 3
소금 적당량
통깨 0.5

대체 식재료
국간장 0.5+참치진국 0.5
▶참치진국 1

① 숙주는 통통한 것으로 구입해 깨끗이 씻어 물기를 빼고,

② 냄비에 물 2컵, 다시마 2장, 국물 멸치 15마리를 넣고 팔팔 끓여 진하게 우려 멸치와 다시마는 건져내고,

③ 육수에 숙주를 넣고 젓가락이나 집게로 한두 번 뒤적이며 1분 정도 데쳐 자연스럽게 식히고,

④ 볼에 식힌 숙주를 담고 국간장 0.5, 참치진국 0.5, 다진 마늘 0.3, 고추기름 3을 넣고 젓가락으로 휘휘 저어 무친 다음 소금으로 간하고 통깨 0.5를 뿌리면 끝.

숙주 베이컨 볶음

숙주를 정말 좋아해서 혼자서 한 근은 너끈히 먹어치우는데, 기름에 재빨리 볶아 먹거나 쌀국수에 넣어 먹는 걸 좋아해요. 숙주볶음에는 베이컨을 넣으면 훨씬 맛있어요.

요리 시간
15분

주재료(2인분)
숙주 4줌(약 200g)
베이컨 4장(70g)
마늘 3쪽

양념 재료
식용유 1
굴소스 1
참기름 0.5
후춧가루·통깨 적당량씩

대체 식재료
통깨▶검은깨

마늘은 대충 으깨야 맛있어요

❶ 숙주는 씻어서 물기를 빼고, 베이컨은 먹기 좋게 자르고, 마늘은 굵게 다지고,

베이컨 대신 돼지고기를 밑간하여 볶아도 맛있어요

❷ 팬을 살짝 달구어 식용유 1을 두르고 마늘을 넣어 타지 않게 볶다가 베이컨을 넣어 볶다가,

❸ 베이컨이 다 익으면 숙주를 넣고 재빨리 볶다가,

❹ 굴소스 1, 참기름 0.5, 후춧가루를 적당량 넣어 통통한 모양과 아삭한 식감이 살도록 재빨리 볶아 불을 끄고 통깨를 솔솔 뿌리면 끝.

숙주볶음

요리 시간
10분

주재료(2인분)
숙주 5줌(250g)
마늘 3쪽
검은깨 0.3

양념 재료
식용유 1
고추기름 1
굴소스 1
소금·후춧가루 적당량씩

대체 식재료
굴소스 1▶참치진국 1, 국간장 약간

❶ 숙주는 깨끗이 씻어 서너 번 정도 헹궈 물기를 빼고, 마늘은 편으로 썰고,

마침 고추기름이 떨어져 넣지 않았는데 꼭 넣어야 맛있어요

❷ 팬에 식용유 1, 고추기름 1을 두르고 편으로 썬 마늘을 넣어 굽듯이 익히다가,

❸ 기름에 마늘 향이 배면 숙주를 넣고 센 불에서 재빨리 볶고,

한 번 먹을 만큼만 볶아서 다 드세요

❹ 굴소스 1을 넣고 볶아 맛을 보며 소금, 후춧가루로 간을 하고 검은깨를 솔솔 뿌리면 끝.

숙주 볶음과 두부 스테이크

오늘의 요리는 말이 두부 스테이크지 재빨리 볶은 숙주볶음에 소금, 후춧가루로 간을 한 두부를 올리고 소스를 끼얹은 요리예요. 흔한 두부와 숙주나물로 폼 나게 요리해 보세요.

요리 시간
20분

주재료(2인분)
두부 1모(300g)
소금·후춧가루 적당량씩
식용유 2
숙주 4줌(200g)

숙주 양념 재료
다진 마늘 0.5
굴소스 1
소금·후춧가루 적당량씩

소스 재료
간장 1
물엿 1

수분을 빼야 두부부침이 단단해요

❶ 두부는 도톰하게 일정한 크기로 잘라 키친타월로 물기를 제거하여 앞뒤로 소금, 후춧가루를 적당히 뿌려 밑간을 하고,

❷ 팬을 약하게 달구어 식용유 2를 두르고 다진 마늘 0.5를 넣어 타지 않게 볶아 마늘 향을 낸 다음 숙주를 넣어 재빨리 볶아 숙주의 숨이 살짝 죽으면 굴소스 1을 넣어 볶다가,

❸ 맛을 보아 소금, 후춧가루로 간을 하여 그릇에 옮겨 담고 숙주를 볶은 팬에 간장 1, 물엿 1을 넣어 조려 소스를 만들고,

❹ 다른 팬에 식용유를 두르고 밑간한 두부를 넣어 앞뒤로 노릇하게 부쳐 숙주 위에 올리고 먹기 직전에 소스를 끼얹으면 끝.

시금치 베이컨 볶음

시금치는 그다지 좋아하지 않지만 볶아 먹는 시금치는 참 좋아요. 베이컨을 넣고 짭조름하게 볶아 밥반찬으로도 먹고 삼삼하게 볶아 일품 요리로 먹어도 맛있어요.

요리 시간
15분

주재료(2~3인분)
시금치(작은 것) 1단(200g)
베이컨 4장
마늘 3쪽
식용유 2

양념 재료
맛술 1
굴소스 0.5
소금·후춧가루 적당량씩

❶ 시금치는 다듬어 물에 씻고, 베이컨은 먹기 좋게 자르고, 마늘은 굵게 채 썰고,

❷ 팬을 약하게 달구어 식용유 2를 두르고 채 썬 마늘을 넣어 타지 않게 볶다가 기름에 마늘 향이 배면 베이컨을 넣고 볶다가,

❸ 베이컨에서 기름이 빠지면서 촉촉해지면 시금치를 넣고 베이컨과 어우러지게 재빨리 볶아,

재빨리 볶아야 하니 양념을 옆에 준비해 두세요

❹ 시금치의 숨이 살짝 죽으면 맛술 1, 굴소스 0.5, 소금과 후춧가루를 적당량씩 넣고 양념이 잘 배도록 재빨리 볶으면 끝.

시금치 생채

고깃집에서 갓 무쳐 나온 시금치 생채를 맛본 후 생으로 먹는 시금치의 매력에 흠뻑 빠졌어요. 연하고 부드러운 어린잎을 최소한의 양념으로 무쳐야 맛을 살릴 수 있어요.

요리 시간
10분

주재료(2~3인분)
시금치 어린잎 3줌(150g)
통깨 1

양념 재료
고춧가루 1
설탕 0.5
다진 마늘 0.5
간장 2
참기름 1

① 시금치는 한 단을 구입하여 어린잎만 골라 다듬고,

겉잎은 데쳐서 무치거나 전을 부쳐 드세요

② 시금치는 깨끗이 씻어 체에 밭쳐 물기를 빼고,

큰 시금치는 손으로 뜯거나 가위로 자르세요

③ 고춧가루 1, 설탕 0.5, 다진 마늘 0.5, 간장 2, 참기름 1을 한데 섞고,

④ 양념에 시금치를 넣어 손에 힘을 빼고 살살 무치면 끝.

시래기 나물 된장지짐

요리 시간
50분

주재료(3~4인분)
시래기(삶은 것) 3줌(300g)
멸치 새우 다시마 육수 2컵+1/2컵

양념 재료
홍고추 1/2개
청양고추 1/2개
대파 1/3대
집된장 2
고추장 0.5
들기름 2
고춧가루 0.5
다진 마늘 1
들깨가루 3

대체 식재료
들기름 2▶포도씨유 1~2

❶ 시래기는 삶은 것으로 준비하고, 홍고추 1/2개와 청양고추 1/2개는 잘게 썰고, 대파 1/3대는 송송 썰고,

시래기 손질법은 343쪽을 참조하세요

들기름을 미리 넣으면 재료가 푹 무르게 익어요

❷ 시래기에 집된장 2, 고추장 0.5, 들기름 2, 고춧가루 0.5, 다진 마늘 1, 홍고추, 청양고추, 대파를 모두 넣어 섞고,

❸ 시래기에 양념이 배도록 손으로 조물조물 무쳐 멸치 새우 다시마 육수 2컵+1/2컵을 넣어 센 불로 끓여 끓어오르면 중간 불 이하로 줄여 뚜껑을 덮고 30분 이상 푹 끓이다가,

들깨가루가 없다면 빼도 되지만 넣어야 더 맛있어요

❹ 시래기가 푹 무르게 익으면 들깨가루 3을 넣고 고루 섞어 국물이 자작할 때까지 조리면 끝.

참나물 무침

참나물은 보통 데쳐서 무쳐 먹기도 하지만 생으로 바로 무쳐 먹는 것을 좋아해요. 먹기 직전에 맛깔스럽게 무쳐 밥과 먹으면 기분까지 상쾌하고 풋풋해져요.

요리 시간
10분

주재료(3~4인분)
참나물 200g

양념 재료
설탕 0.5
식초 1
고춧가루 1
다진 마늘 0.5
까나리액젓 2
참치진국 1
통깨 0.5

대체 식재료
참치진국 1▶국간장 0.5, 간장 1

❶ 참나물은 찬물에 여러 번 헹궈 물기를 빼서 먹기 좋은 크기로 썰고,

❷ 설탕 0.5, 식초 1, 고춧가루 1, 다진 마늘 0.5, 까나리액젓 2, 참치진국 1, 통깨 0.5를 한데 섞고,

❸ 참나물에 양념을 넣어 살살 무치면 끝.

마늘종 멸치볶음

마늘종을 볶을 때 마른 새우나 멸치 등의 건어물을 함께 넣어야 더 맛있는 것 같아요. 집에 늘 있는 잔멸치를 넣고 넉넉하게 볶아 일주일 반찬을 해결했어요.

요리 시간
20분

주재료(3~4인분)
마늘종 5줌(300g)
굵은소금 1
잔멸치 1컵(50g)

양념 재료
간장 2
설탕 1
물엿 2
맛술 1
청주 2
다진 마늘 0.5
고춧가루 1
포도씨오일 2
참기름 1
통깨 1

❶ 마늘종은 끝 부분을 살짝 잘라내어 4~5cm 길이로 일정하게 자르고,

❷ 팔팔 끓는 물에 굵은소금 1을 넣고 마늘종을 넣어 30~40초 정도 데쳐 찬물에 헹궈 체에 밭쳐 물기를 빼고,

❸ 기름을 두르지 않은 팬에 잔멸치를 넣고 바삭하게 수분을 날리듯 볶아 접시에 옮겨 담고,

❹ 간장 2, 설탕 1, 물엿 2, 맛술 1, 청주 2, 다진 마늘 0.5, 고춧가루 1, 포도씨오일 2를 한데 섞어 바글바글 끓이다가 잔멸치, 마늘종을 넣고 재빨리 볶아 참기름 1, 통깨 1을 넣으면 끝.

마늘종 찜무침

요리 시간
25분

주재료(2인분)
마늘종 3줌(150g)
밀가루 2

양념장 재료
간장 2
고춧가루 1
물엿 2
참기름 1
통깨 0.5

오래 찌지 않아도 돼요

❶ 마늘종은 물에 씻어서 물기가 있는 상태에서 4~5cm 길이로 썰어 밀가루 2를 고루 묻히고,

❷ 김이 오른 찜통에 젖은 면포를 깔고 밀가루옷을 입힌 마늘종을 넣어 뚜껑을 덮고 밀가루옷이 투명해 질 때까지 2~3분 정도 쪄서 식히고,

❸ 볼에 양념장 재료인 간장 2, 고춧가루 1, 물엿 2, 참기름 1, 통깨 0.5를 넣고 섞어,

❹ 마늘종에 양념을 넣고 조물조물 무치면 끝.

마늘종 자체가 향이 강하기 때문에 파와 마늘은 넣지 않았어요

마늘종 초무침

요리 시간
30분

주재료(2인분)
마늘종 2줌(100g)

1차 절임 재료
식초 2
소금 0.3

양념 재료
고춧가루 1
설탕 1
간장 0.5
깨소금 1

조금씩만 무쳐서 드세요

새콤한 맛이 부족하면 식초를 약간 넣으세요

① 마늘종은 물에 씻어 10cm 길이로 잘라 2등분 또는 4등분하고,

② 볼에 마늘종을 넣고 1차 절임 재료인 식초 2, 소금 0.3을 뿌려 숨이 죽도록 20분 이상 절이고,

③ 마늘종이 적당히 절여져 부드러워지면 절여진 물을 따라 버리고,

④ 양념 재료인 고춧가루 1, 설탕 1, 간장 0.5, 깨소금 1을 넣고 조물조물 무치면 끝.

마늘종 조림

마늘종은 주로 볶아 드시죠? 장조림을 하듯 푹 조리면 정말 맛있어서 한없이 먹게 되는 밥반찬이에요. 설탕을 약간 넣고 식용유를 넉넉히 넣고 조리세요.

요리 시간
20분

주재료(3~4인분)
마늘종 8줌(500g)

양념 재료
물 1/2컵
간장 4
포도씨오일 3
설탕 0.5
물엿 2~3

① 마늘종은 10cm 길이로 길쭉하게 잘라 물에 헹궈 물기를 빼고,

길쭉하게 잘라야 맛있어요

② 팬에 물 1/2컵, 간장 4, 포도씨오일 3, 설탕 0.5를 넣어 바글바글 끓여,

중간에 뚜껑을 열고 마늘종을 뒤집어 가며 조리세요

③ 마늘종을 넣고 뚜껑을 덮어 5분 정도 중간 불로 푹 조리다가 마늘종이 푹 무르게 익으면 뚜껑을 열고 국물이 약간만 남을 때까지 센 불에 조리고,

물엿은 취향껏 넣으세요

④ 물엿 2~3을 넣고 버무려 적당히 식히면 끝.

우엉 들깨조림

한없이 집어 먹게 되는 반찬, 삼삼하게 조려 간식 삼아 먹어도 되는 우엉 들깨조림이에요. 팔공산에서 장 담그는 와촌식품의 어머님께서 만들어 주신 요리를 따라 만들어 보았어요.

요리 시간
25분

재료(3~4인분)
우엉 200g
물 2/3컵
들기름 2
초피액젓 2
들깨가루 3

대체 식재료
초피액젓▶까나리액젓

❶ 우엉은 겹질을 필러로 벗겨 7~8cm 길이로 채 썰어 물에 두어 번 헹구고,

❷ 냄비에 채 썬 우엉과 물 2/3컵을 넣고 들기름 2를 넣어 뚜껑을 덮고 푹 익혀,

❸ 초피액젓 2, 들깨가루 3을 넣고,

초피액젓은
냄새가 나지 않는
멸치액젓이에요

❹ 중간 불로 3~5분 정도 자작하게 조리면 끝.

우엉 잡채

우엉 잡채가 정말 맛있다고 해서 만들어 보았어요. 당면보다 우엉을 많이 넣었다 싶었는데 만들고 나니 우엉이 적은 느낌이에요. 그래도 우엉의 향이 당면에 고스란히 배어 정말 맛있어요.

요리 시간
30분(당면 불리는 시간 제외)

주재료(2~3인분)
당면 80g
우엉 130g
피망 약간
양파 1/6개
식용유 2
물 1컵
참기름 2~3
통깨 적당량

우엉 담금물 재료
식초 2
굵은소금 0.5
물 넉넉히

양념 재료
맛술 2
간장 5
물엿 3
참기름 2
후춧가루 적당량

대체 식재료
피망▶풋고추
물엿▶올리고당

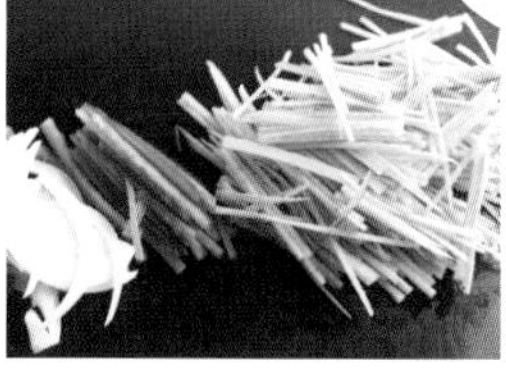

이렇게 해야
아린 맛과 씁쓸한
맛이 덜해요

❶ 당면은 따끈한 물에 30분 정도 담가 부드럽게 불리고,

❷ 우엉은 필러로 껍질을 벗겨 5cm 길이로 잘라 최대한 가늘게 썰고, 피망과 양파도 가늘게 채 썰고,

❸ 우엉은 찬물에 한두 번 헹구어 식초 2, 굵은소금 0.5, 우엉이 잠길 만큼의 물을 넣어 20분 정도 담갔다가 체에 밭쳐 건져 팬을 달구어 식용유 2를 두르고 달달 볶다가,

❹ 맛술 2, 간장 5, 물엿 3, 참기름 2를 넣어 조리다가 물 1컵을 넣어 더 조리고 당면을 넣어 국물이 졸아들 때까지 볶다가 피망, 양파를 넣고 참기름 2~3을 두르고 후춧가루를 뿌려 버무린 다음 통깨를 뿌리면 끝.

더덕구이

더덕은 향으로 먹는다고 하지요.
저도 어렸을 때는 너무 싫었던 더덕 향이
지금은 정말 좋아요. 마치 인삼인 양
더덕을 대하며 맛있게 먹고 있어요.
향과 맛을 모두 즐길 수 있는 더덕구이예요.

요리 시간
20분

주재료(2접시)
더덕 200g
참기름 2
송송 썬 쪽파·통깨 적당량씩

양념장 재료
고추장 2
간장 0.5
설탕 0.3
물엿 2
식초 0.3
다진 마늘 0.5
참기름 1

❶ 더덕은 껍질을 벗기고 깨끗이 씻어 넓적하고 반듯하게 썰어 방망이로 살살 두드리고,

너무 세게 내리치면 더덕이 산산조각 나요

유장이라 하여 간장과 참기름을 섞어 바르기도 하는데 짠 맛이 싫어 간장은 뺐어요

❷ 팬을 약하게 달구어 참기름 2를 두르고 더덕을 노릇노릇하게 굽고,

식초를 넣으면 양념의 맛이 확 살아요

❸ 고추장 2, 간장 0.5, 설탕 0.3, 물엿 2, 식초 0.3, 다진 마늘 0.5, 참기름 1을 한데 섞고,

고기 굽듯 바로바로 구워 먹으면 맛있어요

❹ 애벌구이한 더덕에 양념장을 고루 바르고 약한 불로 한 번 더 구워 그릇에 담고 송송 썬 쪽파, 통깨를 뿌리면 끝.

더덕생채

팔공산 자락에서 장과 액젓을 만드는 와촌식품이란 곳이 있는데요. 초피액젓이라는, 비린 맛이 나지 않는 멸치액젓으로 만든 더덕생채가 있어 따라해 보았어요. 더덕 향이 은은하게 퍼지는 새콤달콤 상큼한 생채예요.

요리 시간
30분

주재료(2인분)
더덕 2줌(90g)
오이(썬 것) 1줌(60g)
사과·배 1줌씩(50g씩)
홍고추 1/3개

양념 재료
초피액젓 1.5
매실청 4
식초 1

대체 식재료
초피액젓▶까나리액젓

① 더덕은 껍질을 벗기고 씻어 물기를 빼서 가늘게 채 썰고, 오이는 껍질 쪽으로 돌려깎기하여 채 썰고, 사과와 배는 아주 작게 깍둑썰기를 하고, 홍고추는 다지고,

② 양념 재료인 초피액젓 1.5, 매실청 4, 식초 1을 고루 섞어,

사과식초를 넣었는데 현미식초를 넣어도 돼요

③ 양념이 담긴 볼에 더덕과 나머지 재료를 넣어 손으로 살살 무치면 끝.

쪽파 김무침

쪽파의 매력을 모르다가 이 반찬을 만들어
먹으면서 그 매력에 흠뻑 빠지게 되었어요.
한 접시 무쳐 제가 다 먹어치워요.

요리 시간
10분

주재료(2인분)
쪽파 30대(150g)
굵은소금 약간
김 3장

양념 재료
간장 2
맛술 1
다진 마늘 0.5
고춧가루 0.5
참기름 1
통깨 0.5

대체 식재료
맛술 1▶물엿 0.5

머리 쪽
흰 부분이 통통한
것으로 사세요

❶ 쪽파는 다듬어 씻어 6~7cm 길이로 썰어 팔팔 끓는 물에 굵은소금을 약간 넣어 흰 부분을 먼저 넣고 이어서 파란 부분까지 넣어 10초 정도 데쳐 찬물에 헹궈 물기를 적당히 빼고,

❷ 김은 구워서 비닐에 넣어 큼직하게 부수고,

❸ 큼직한 볼에 간장 2, 맛술 1, 다진 마늘 0.5, 고춧가루 0.5, 참기름 1, 통깨 0.5를 넣어 섞고,

❹ 양념이 담긴 볼에 데친 쪽파와 부순 김을 넣고 조물조물 무치면 끝.

묵은지 볶음

친정엄마는 골마지가 하얗게 핀 김치도 절대 버리지 않고 볶아주셨어요. 기분 나쁜 모습의 김치도 엄마 손길이 닿으면 맛있는 반찬으로 변신하곤 했어요. 그때 그 맛은 아니더라도 추억을 떠올리면서 아주 맛있게 먹어요.

요리 시간
20분

재료(2~3인분)
묵은지 1쪽(350g)
들기름 3
식용유 1
설탕 1
깨소금 1

❶ 묵은지는 찬물에 여러 번 헹궈,

❷ 먹기 좋은 크기로 송송 썰고,

들기름으로 볶아야 맛있어요

❸ 팬을 달구어 들기름 3, 식용유 1을 두르고 묵은지를 넣어 2분 정도 달달 볶다가,

설탕이 시큼한 맛을 잡아줘요

❹ 설탕 1을 넣고 설탕이 김치에 녹아들 때까지 2~3분 정도 더 볶아 김치가 꼬들꼬들해지면 깨소금 1을 넣고 잘 섞으면 끝.

배추 김무침

겨울이면 배추 한 포기, 큼지막한 무 한 개로 여러 가지 요리를 번갈아 가면서 만들어 먹는 재미가 아주 쏠쏠해요. 배추 김무침은 시골 맛이 나는 밥반찬이에요.

요리 시간
20분

주재료(2~3인분)
배추 잎(속대) 8~10장(300g)
조미 김 1줌

양념 재료
국간장 0.3
소금 0.3
참기름 1
통깨 1

❶ 배추 잎은 여린 속대로 준비해 씻어 물기를 뺀 다음 칼로 굵게 채 썰듯 송송 썰어,

❷ 전자레인지용 찜기에 배추를 넣고 뚜껑을 덮어 4분 정도 익히거나, 냄비에 배추가 잠길 정도의 물을 넣고 팔팔 끓으면 배추를 넣고 다시 끓어오르고 나서 1분 정도 데쳐 식힌 다음 물기를 꼭 짜고,

❸ 전자레인지용 찜기에 익힌 배추는 뚜껑을 덮은 상태로 1~2분 정도 두어 잔열로 속까지 촉촉하게 익혀 식힌 다음 손으로 물기를 짜서 볼에 담고,

❹ 국간장 0.3, 소금 0.3, 참기름 1, 통깨 1을 넣고 조물조물 무쳐 조미 김을 부수어 넣고 살살 버무리면 끝.

배추 매운볶음

중국에 딱 한 번 가본 적이 있는데 우리나라에서 생으로 먹는 채소도 날것으로 먹지 않더라고요. 뭐든 다 기름을 잔뜩 넣고 볶아 먹어요. 배추를 중국식 고추장인 두반장에 볶아봤어요.

요리 시간
20분

주재료(2인분)
배추 잎 5장(300g)
대파 1/3대

양념 재료
식용유 2
고추기름 1
잘게 썬 마른 고추 1개분
다진 마늘 1
두반장 1
간장 1
설탕 0.5
후춧가루 약간
통깨 0.5
참기름 0.5

대체 식재료
마른 고추▶청양고추, 풋고추
두반장▶굴소스

❶ 배추는 큰 잎으로 5장 정도 준비하여 듬성듬성 자르고, 대파는 어슷하게 썰고,

❷ 팬을 약하게 달구어 식용유 2, 고추기름 1을 두르고 잘게 썬 마른 고추 1개분, 다진 마늘 1을 넣어 타지 않게 볶아 기름에 매운맛을 더하고,

❸ 이어서 배추를 넣고 불의 세기를 올려 고루 볶다가 양념 재료인 두반장 1, 간장 1, 설탕 0.5를 넣고 볶다가,

❹ 고루 익으면 후춧가루 약간, 통깨 0.5, 참기름 0.5를 넣고 버무리면 끝.

양배추 고추장 무침

그냥 쪄 먹거나 씹어 먹어도 맛있는 제철 양배추를 후딱 무쳐 먹는 재미에 빠져 있어요. 밥반찬으로 푹푹 퍼 먹어도 좋고 고기 요리에 곁들여도 맛있어요.

요리 시간
10분

주재료(2~3인분)
양배추 3장(200g)
양파 1/4개

양념 재료
고추장 1.5
고춧가루 0.5
식초 1
설탕 1
다진 마늘 0.5
다진 파 2
참기름 1
통깨 0.5

❶ 양배추와 양파는 너무 가늘지 않게 먹기 좋게 썰고,

❷ 고추장 1.5, 고춧가루 0.5, 식초 1, 설탕 1, 다진 마늘 0.5, 다진 파 2를 한데 섞고,

❸ 양념에 양배추와 양파를 넣어 살살 무쳐,

❹ 참기름 1, 통깨 0.5를 넣고 한 번 더 버무리면 끝.

양배추 볶음

양배추 볶는 재미와 맛으로 밥을 맛있게 먹고 있어요. 삼삼하게 볶은 양배추를 양껏 먹고, 밥은 조금 먹을 수 있으니 일석이조예요.

요리 시간
15분

주재료(2~3인분)
양배추 1/4통(300g)
햄 통조림(작은 것) 1/2통(100g)
양파 1/4개
올리브오일 2

양념 재료
다진 마늘 1
굴소스 1
통깨 0.5
참기름 0.5
후춧가루 적당량

대체 식재료
햄▶소시지

❶ 양배추, 햄, 양파는 굵직하게 채 썰고,

❷ 팬을 중간 불로 달구어 올리브오일 2를 두르고 다진 마늘 1을 넣어 타지 않게 볶아 마늘 향을 내고,

햄을 먼저 볶아 겉면을 단단하게 하세요

❸ 마늘이 노릇노릇해지면 햄을 넣어 부서지지 않도록 살살 볶다가 양배추와 양파를 넣어 센 불에서 재빨리 1분 정도 볶다가,

❹ 양배추가 살짝 숨이 죽으면 굴소스 1을 넣고 통깨 0.5, 참기름 0.5, 후춧가루 적당량을 뿌려 살짝 더 볶으면 끝.

얼갈이 배추 된장무침

얼갈이배추를 가끔 사서 반은 된장과 고추장을 넣어 무쳐 먹고, 나머지 반은 된장국을 끓여 먹어요. 얼갈이배추 된장무침은 시금치무침이나 콩나물무침처럼 흔하게 올리는 요리는 아니지만 생각보다 쉽고 맛있는 반찬이에요.

요리 시간
20분

주재료(2~3인분)
얼갈이배추(데친 것) 2덩이 (약 300g)
굵은소금 1
통깨 적당량

양념 재료
시판 된장 2
고추장 0.5
고춧가루 0.5
다진 마늘 0.5
다진 파 1
물엿 0.5
들기름 1

대체 식재료
들기름▶참기름

❶ 얼갈이배추는 뿌리 쪽을 잘라내고 흙을 털어내어 냄비에 물을 넉넉하게 넣고 굵은소금 1을 넣고 끓여 팔팔 끓으면 줄기부터 넣고,

❷ 중간에 한두 번 위치를 바꿔가며 2분 정도 삶아 찬물에 헹궈 물기를 꼭 짜고,

❸ 데친 얼갈이배추는 먹기 좋게 자르고,

❹ 시판 된장 2, 고추장 0.5, 고춧가루 0.5, 다진 마늘 0.5, 다진 파 1, 물엿 0.5, 들기름 1, 통깨 적당량을 한데 섞어 얼갈이배추에 조물조물 무치면 끝.

고추 멸치볶음

경상북도의 한 식당에 갔더니 비빔밥에 고추 멸치볶음이 얹어 나오는 거예요. 맛이 개운하여 밥에 올려 비벼 먹거나 칼국수나 잔치국수에 곁들이면 좋아요.

요리 시간
25분

주재료(10인분)
풋고추 20개
청양고추 2개
마늘 7쪽
국물 멸치 20마리

양념 재료
들기름 4
국간장 2
까나리액젓 1
간장 1
맛술 2
청주 2
물엿 1

① 풋고추, 청양고추, 마늘은 잘게 다지고, 국물 멸치는 머리와 내장을 떼어내고 살만 발라 7~8등분하여 찢고,

② 팬을 약하게 달구어 들기름 4를 두르고 마늘과 멸치를 넣어 달달 볶다가,

③ 풋고추와 청양고추를 넣어 볶고,

④ 멸치와 고추가 잘 어우러지면 국간장 2, 까나리액젓 1, 간장 1, 맛술 2, 청주 2, 물엿 1을 넣고 촉촉하게 볶으면 끝.

풋고추 견과류 된장무침

주로 된장에 찍어 먹기만 하는 풋고추로 특별한 반찬을 만들었어요.
아삭한 풋고추와 오도독오도독 씹히는 견과류를 된장으로 무쳤어요.

요리 시간
10분

주재료(2인분)
풋고추 7개
견과류
(아몬드·호두·캐슈너트 등) 1줌

된장 무침 양념 재료
집된장 1
고추장 0.5
다진 마늘 0.5
물엿 2
참기름 1
통깨 0.5

대체 식재료
풋고추▶아삭고추
물엿▶조청

❶ 풋고추는 먹기 좋게 썰고, 아몬드와 호두 등의 견과류는 마른 팬에 바삭하게 볶아 3~4등분하고,

❷ 집된장 1, 고추장 0.5, 다진 마늘 0.5, 물엿 2, 참기름 1, 통깨 0.5를 한데 섞고,

❸ 볼에 풋고추를 담고 양념을 넣어 살살 버무리고,

❹ 풋고추에 견과류를 넣어 버무리면 끝.

풋고추 된장무침

여름이면 여러 곳에서 고추 인심이 전달돼요.
양이 많을 때는 된장에 무쳐 먹어요.
짜지 않은 시판 된장을 넣고 마늘을 바로
다져 넣으면 한여름 밥도둑이 만들어져요.

요리 시간
10분

주재료(2인분)
큼직한 풋고추 7개(약 100g)

된장 양념 재료
마늘 3쪽
시판 된장 2
물엿 2
참기름 1
통깨 0.5

대체 식재료
풋고추▶아삭고추, 오이고추

❶ 풋고추는 큼직한 것으로 준비하여 한입 크기로 썰고,

❷ 마늘 3쪽은 굵직하게 다지고,

❸ 볼에 다진 마늘과 시판 된장 2, 물엿 2, 참기름 1, 통깨 0.5를 넣어 골고루 섞고,

❹ 양념에 풋고추를 넣고 조물조물 무치면 끝.

집된장으로
무치면 너무 짜니
시판 된장을
쓰세요

애호박 국물조림

이상하게 나이가 들어갈수록 국물이 자작한 요리가 좋아지네요. 어려서는 먹지 않던 음식들을 이제는 정말 맛있게 잘 먹는 것을 보면 입맛이 변하기는 하나 봐요. 애호박을 국물에 자작하게 지졌어요.

요리 시간
25분

주재료(2~3인분)
애호박 1개
멸치 다시마 육수 2컵
청양고추 1개

양념장 재료
고춧가루 1
다진 마늘 0.5
고추장 1
된장 0.5
국간장 1
설탕 0.3
들기름 1

대체 식재료
청양고추▶풋고추, 홍고추

❶ 애호박은 연필 깎듯 댕강댕강 큼직하게 썰고,

일정한 모양보다 사진처럼 잘라야 먹음직스러워요

❷ 고춧가루 1, 다진 마늘 0.5, 고추장 1, 된장 0.5, 국간장 1, 설탕 0.3, 들기름 1을 한데 섞고,

❸ 냄비에 멸치 다시마 육수 2컵을 붓고 애호박을 넣은 다음 양념장을 넣어 풀고,

❹ 국물이 탁해지면서 호박이 부드러워지고 양념이 밸 때까지 15~20분 정도 끓여 청양고추 1개를 송송 썰어 넣으면 끝.

호박 매운볶음

늘 호박볶음은 새우젓으로 간하여 하얗게 볶아 먹었는데요. 입맛이 살도록 매콤하게 볶으니 색다른 맛이 나네요. 살캉살캉 씹히는 호박 맛도 좋고 양념도 넉넉해서 밥에 비벼 먹어도 좋아요.

요리 시간
30분

주재료(2인분)
호박 1개(200g)
양파 1/2개
굵은소금 0.3
식용유 2

양념 재료
고춧가루 1
간장 2
맛술 1
설탕 0.5
다진 마늘 0.5
물엿 1
참기름 0.5
통깨 0.5

❶ 호박은 반달 모양으로 썰고, 양파는 굵직하게 채 썰고,

주키니를 사용했어요

절여야 맛이 좋아요

❷ 넓찍한 볼에 호박을 넣고 굵은소금 0.3을 고루 뿌려 20분 정도 절여 호박이 살짝 느른하게 절여지면 키친타월로 물기를 제거하고,

❸ 팬을 달구어 식용유 2를 두르고 호박과 양파를 넣어 볶다가 충분히 익으면 불을 끄고,

쪽파를 넣지 않아도 맛있어요

❹ 고춧가루 1, 간장 2, 맛술 1, 설탕 0.5, 다진 마늘 0.5를 넣어 다시 불을 켜서 볶다가 물엿 1, 참기름 0.5, 통깨 0.5를 넣어 재빨리 한 번 더 볶으면 끝.

호박잎쌈

'숨도 안 쉬고 먹는 호박잎'은 바로 저를 두고 하는 말이에요. 잔멸치와 고추, 마늘 등 집에 있는 재료만으로 호박잎에 어울리는 쌈장을 만들었어요.

요리 시간
30분

주재료(5~6인분)
호박잎 50장

쌈장 재료
양파 1/2개
풋고추 1개
홍고추 1개
잔멸치 2
다진 마늘 0.5
시판 된장 5
고추장 1
고춧가루 1
맛술 2
물 1/2컵

대체 식재료
시판 된장 5▶집된장 3~4

❶ 호박잎은 줄기 끝 부분을 살짝 꺾어서 질긴 섬유질을 벗겨내어 흐르는 물에 두어 번 헹구고,

찌는 중간에 호박잎의 위치를 한번 정도 바꾸세요

❷ 김이 오른 찜통에 호박잎을 20~30장씩 넣어 5분 정도 쪄서 접시에 옮겨 담아 자연스럽게 식히고,

❸ 양파는 잘게 썰고, 풋고추와 홍고추는 송송 썰고,

❹ 냄비나 뚝배기에 양파와 풋고추, 홍고추, 잔멸치 2, 다진 마늘 0.5, 시판 된장 5, 고추장 1, 고춧가루 1, 맛술 2, 물 1/2컵을 넣어 중간 불로 5분 정도 끓여 호박잎에 곁들이면 끝.

깻잎조림

삼삼하게 깻잎을 조려 두면 여름 별미 반찬으로 그만이에요. 깻잎을 찾지 않는 아이들도 아주 맛있게 먹는데 깻단으로 조리면 더 맛있어요.

요리 시간
30분

주재료(일주일치 밑반찬)
깻잎 100장
청양고추 1개
홍고추 1개
멸치 다시마 육수 2컵+1/2컵

양념 재료
조선간장 3
참치진국 2
다진 마늘 0.5
아가베시럽 2
생강즙 약간
후춧가루 약간
참기름 1

대체 식재료
참치진국▶까나리액젓
아가베시럽▶물엿
생강즙▶생강가루

❶ 깻잎은 흐르는 물에 깨끗이 씻어 탁탁 털어 물기를 빼고,

❷ 냄비에 멸치 다시마 육수 2컵+1/2컵을 넣고 청양고추와 홍고추 큼직하게 썰어 넣은 다음 조선간장 3, 참치진국 2, 다진 마늘 0.5, 아가베시럽 2, 생강즙 약간을 넣고 끓여,

❸ 팔팔 끓으면 깻잎을 군데군데 10장 정도 넣고 나서 저어주고 다시 10장 정도 넣고 젓는 과정을 반복하여,

❹ 중간 불에서 15~20분 정도 조려 국물이 자작하면 후춧가루 약간, 참기름 1을 넣고 버무리면 끝.

부추무침

파전 재료를 사러 마트에 갔다가 쪽파가 너무 비싸서 대신 부추를 사 와 부추 해물전 부쳐 먹고 남은 건 무쳐 먹었어요. 부추가 싼 여름에는 다듬기 귀찮아 덜 해 먹게 되는데 신선한 채소가 귀한 겨울에는 정말 반가워요. 부추는 겨울에 먹으면 몸을 따뜻하게 해준다고 해요.

요리 시간
15분

주재료(3~4인분)
부추 3줌(150g)

양념 재료
고춧가루 2
다진 마늘 1
까나리액젓 1
간장 1
식초 1
물엿 1.5
참기름 1
통깨 1

① 부추는 누런 잎이나 끝 쪽의 마른 잎은 떼어내고 깨끗이 씻어 물기를 빼고,

② 손질한 부추는 4~5cm 길이로 썰고,

③ 고춧가루 2, 다진 마늘 1, 까나리액젓 1, 간장 1, 식초 1, 물엿 1.5, 참기름 1을 고루 섞고 통깨 1을 손으로 으깨 넣고,

④ 볼에 부추를 담고 양념장을 넣어 살살 버무리면 끝.

브로콜리 된장 마요네즈 무침

된장 마요네즈 소스로 무친 브로콜리의 맛이 정말 끝내줘요.
'브로콜리에 이런 맛이 있었어?' 하는 생각이 드는 맛이에요.
짭조름해서 밥반찬으로 딱이더라고요.

요리 시간
15분

주재료(2인분)
브로콜리(작은 것) 1송이(100g)
굵은소금 0.5
양파(작은 것) 1/4개(40g)
통깨 0.5

된장 마요네즈 재료
시판 된장 1
마요네즈 2
다진 마늘 0.5
물엿 1

수분이 많으면 무쳤을 때 맛이 떨어져요

❶ 브로콜리는 줄기 부분을 하나씩 떼어 끓는 물에 굵은소금 0.5를 넣고 30초 정도 데쳐서 건져 찬물에 헹궈 물기를 꾹 짜고,

❷ 시판 된장 1, 마요네즈 2, 다진 마늘 0.5, 물엿 1을 한데 섞고,

집된장은 양을 조금 적게 넣으세요

❸ 양파를 굵게 채 썰어 된장 마요네즈에 브로콜리와 넣고 양념에 고루 버무리고,

❹ 통깨 0.5를 솔솔 뿌리면 끝.

브로콜리 볶음

동태탕집에서 햄과 브로콜리를 촉촉하게 볶아 반찬으로 내더라고요. 정말 맛있어서 몇 접시를 더 달라고 해서 먹었어요. 브로콜리를 별로 좋아하지 않는 분도 이 요리는 아주 맛있게 드실 수 있을 거예요.

요리 시간
15분

주재료(2~3인분)
브로콜리 1송이(200g)
굵은소금 0.5
베이컨 2장

양념 재료
식용유 2
다진 마늘 1
굴소스 1
맛술 2
물 5
후춧가루 약간
깨소금 0.5

대체 식재료
베이컨▶양파

① 브로콜리는 줄기 부분을 하나씩 떼어 끓는 물에 굵은소금 0.5를 넣고 30초 정도 데치고,

② 데친 브로콜리는 찬물에 헹궈 물기를 빼고, 베이컨은 먹기 좋게 썰고,

일부러 물기를 꼭 짜지 마세요

③ 팬을 달구어 식용유 2를 두르고 다진 마늘 1을 넣고 기름에서 마늘 향이 나도록 타지 않게 달달 볶다가 베이컨을 넣어 볶은 다음 브로콜리를 넣어 1분 정도 달달 볶다가,

④ 굴소스 1, 맛술 2, 물 5를 넣고 재료에 양념이 고루 배도록 볶다가 후춧가루 약간, 깨소금 0.5를 넣어 재빨리 섞고 불을 끄면 끝.

굴소스는 브랜드에 따라 짠맛이 다르니 맛을 확인하고 넣으세요

브로콜리 초무침

아이들은 절대 먹지 않으려고 하는 브로콜리가 저는 참 좋아요. 보통 브로콜리는 초고추장에 많이 찍어 먹는데 초무침으로 무치면 더 먹음직해요. 딱 한 접시만 무쳐 한 끼에 다 먹으면 좋아요.

요리 시간
15분

주재료(2인분)
브로콜리(작은 것) 1송이(100g)
굵은소금 0.5
양파(작은 것) 1/4개(40g)

양념 재료
고추장 1
설탕 0.5
식초 1
다진 마늘 0.5
참기름 0.5
통깨 0.5

❶ 브로콜리는 줄기 부분을 하나씩 떼어 끓는 물에 굵은소금 0.5를 넣고 30초 정도 데쳐 찬물에 헹궈 물기를 꾹 짜고,

❷ 볼에 고추장 1, 설탕 0.5, 식초 1, 다진 마늘 0.5, 참기름 0.5를 넣어 섞고,

❸ 볼에 브로콜리를 넣고 양파를 굵게 채 썰어 넣고 조물조물 무쳐,

❹ 통깨 0.5를 뿌리면 끝.

물이 생기기 쉬우니 조금씩 무쳐 드세요

흰콩 튀김조림

요리 시간
30분(콩 불리는 시간 제외)

주재료(4~5인분)
흰콩 1컵
튀김기름 1컵

튀김옷 재료
녹말가루 2
부침가루 2

조림장 재료
송송 썬 쪽파 3
다진 마늘 1
간장 2
식초 1
맛술 1
설탕 1
아가베시럽 1
고춧가루 0.5
통깨 0.5
검은깨 0.3

대체 식재료
부침가루▶밀가루
아가베시럽▶꿀, 물엿

❶ 흰콩은 물에 두어 번 헹궈 3~4시간 정도 물에 불린 뒤 체에 밭쳐 물기를 빼고,

❷ 비닐에 녹말가루와 부침가루를 넣고 물기를 뺀 흰콩을 넣고 마구 흔들어 튀김옷을 입혀 잠시 두었다가,

콩이 위로 뜨고 난 후에 색이 날 때까지 튀겨요

❸ 튀김기름에 콩을 넣어 중불로 오래 튀겨 키친타월에 얹어 기름을 쏙 빼고,

❹ 송송 썬 쪽파 3, 다진 마늘 1, 간장 2, 식초 1, 맛술 1, 설탕 1, 아가베시럽 1, 고춧가루 0.5를 한데 넣고 바글바글 끓여 콩을 넣어 버무린 다음 통깨 0.5, 검은깨 0.3을 솔솔 뿌리면 끝.

감말랭이 무침

간식으로 감말랭이 많이 드시죠. 조금 남겨 반찬으로 만들었는데 매실 장아찌를 고추장에 무친 것만큼이나 별미예요. 갓 지은 밥이나 누룽지밥에 올려 먹어도 맛있어요.

요리 시간
15분

주재료(일주일치 밑반찬)
감말랭이 3줌(250g)

양념 재료
매실청 2
물엿 1
고추장 2
참기름 1
통깨 0.5

❶ 감말랭이는 꾸덕꾸덕하게 잘 마른 것으로 골라 4~5쪽 정도로 먹기 좋게 채 썰고,

이렇게 해야 양념도 잘 배고 식감도 좋아요

매실청은 생략해도 돼요

❷ 매실청 2, 물엿 1, 고추장 2, 참기름 1, 통깨 0.5를 한데 넣고 고루 섞어 양념장을 만들고,

❸ 양념장에 감말랭이를 넣어 조물조물 무치면 끝.

말린 묵볶음

묵말랭이라고 아시나요? 흔하게 판매하는 것이 아니고
또 일부러 묵을 말려서 먹는 것은 아닌지라 쉽게 보는 반찬은 아닌데요.
자꾸만 손이 가게 만드는 중독성이 있어요.

요리 시간
20분(불리는 시간 제외)

주재료(2~3인분)
묵말랭이 2줌(50g)
굵은소금 약간
양파 1/2개
식용유 1

양념장 재료
설탕 0.5
다진 마늘 0.5
간장 3
맛술 1
물 1/2컵
물엿 0.5
참기름 1
통깨 0.5
후춧가루 약간

대체 식재료
간장 3▶간장 2+참치진국 1

❶ 묵말랭이는 물에 담가 불렸다가 끓는 물에 굵은 소금을 약간 넣고 말랑말랑하게 데쳐,

급하면 불리는 과정은 생략하고 끓는 물에 삶으세요

❷ 묵의 물기를 빼고, 양파는 굵게 채 썰고,

❸ 양념장 재료인 설탕 0.5, 다진 마늘 0.5, 간장 3, 맛술 1, 물 1/2컵을 한데 섞고,

❹ 팬을 달구어 식용유 1을 두르고 양파를 달달 볶다가 묵을 넣어 볶고 양념장을 넣어 바글바글 조려 물엿 0.5, 참기름 1, 통깨 0.5, 후춧가루 약간을 넣고 살짝 더 조리면 끝.

해물과
건어물 반찬

고등어 간장 소스 강정

고등어는 주로 담백하게 구워 드시죠? 가끔 아이들을 위해 큼직한 고등어 반 마리로 사치를 부리기도 해요. 굽는 것보다 번거롭지만 아이들이 잘 먹는 강정이에요.

요리 시간
30분

주재료(2~3인분)
고등어(큰 것) 1/2마리

튀김옷 재료
녹말가루 2
카레가루 1

간장 소스 재료
물 7
다진 생강 0.5
간장 2
청주 1
설탕 0.5
물엿 2

대체 식재료
물엿▶꿀, 아가베시럽

튀김옷을 입혀 잠시 두면 튀김옷이 고등어에 스며들어요

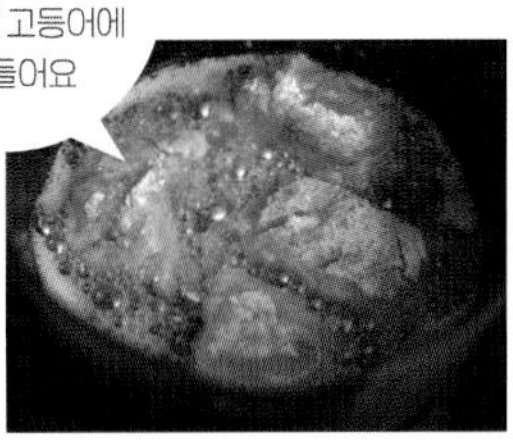

먹기 직전에 만드세요

❶ 튀김옷 재료인 녹말가루 2, 카레가루 1을 한데 섞어 튀김옷을 준비하고,

❷ 고등어는 큰 것으로 반 마리만 준비하여 가시를 발라 손질하여 먹기 좋게 토막을 내고,

❸ 고등어에 골고루 튀김옷을 묻혀 잠깐 두었다가 작은 팬에 기름을 자작하게 넣고 달구어 고등어를 넣고 바삭하게 튀겨 키친타월에 얹어 기름을 빼고,

❹ 물 7, 다진 생강 0.5, 간장 2, 청주 1, 설탕 0.5, 물엿 2를 한데 넣고 바글바글 끓으면 고등어를 넣어 국물이 적당히 남을 때까지 조리면 끝.

고등어 매콤 강정

아이들에게 가끔 해주는데 그럴 때마다 인기인 매콤한 고등어강정이에요. 번거롭지만 아이들이 잘 먹으니 만드는 보람이 있어요.

요리 시간
30분

주재료(2~3인분)
고등어(큰 것) 1/2마리
녹말가루 3

강정 소스 재료
물 7
다진 마늘 0.5
생강즙 약간
설탕 0.5
간장 0.5
고추장 0.5
토마토케첩 1
물엿 1

작은 고등어라면 한 마리를 준비하세요

❶ 고등어는 가시를 발라내어 먹기 좋은 크기로 토막을 내고,

❷ 비닐에 녹말가루 3을 넣고 토막을 낸 고등어를 넣어 튀김옷을 고루 입히고,

고등어에 남은 녹말가루를 툭툭 털어내고 넣으세요

❸ 팬에 고등어가 살짝 잠길 정도의 기름을 넣고 달구어 고등어를 앞뒤로 바삭하게 굽듯 튀겨 튀김망이나 키친타월에 얹어 기름을 빼고,

따끈할 때 밥과 먹으면 정말 맛있어요

❹ 팬에 물 7, 다진 마늘 0.5, 생강즙 약간, 설탕 0.5, 간장 0.5, 고추장 0.5, 토마토케첩 1, 물엿 1을 넣고 끓여 바글바글 끓으면 고등어를 넣고 버무리면 끝.

고등어 김치찜

신 김치와 고등어가 있으면 고등어 김치찜을 만들어 상에 내요.
김치에 고등어를 올려 돌돌 말아 푹 조리면 보기에도 좋고 맛도 좋아요.

요리 시간
60분

주재료(3~4인분)
고등어(작은 것) 2마리
배추김치 1포기
멸치 다시마 육수 2컵+1/2컵
홍고추 1개
대파 1/3대

고등어 밑간 재료
청주 2
다진 마늘 0.5
생강즙 약간

양념 재료
맛술 2
설탕 취향껏

대체 식재료
고등어 작은 것 2마리
▶고등어 큰 것 1마리

❶ 고등어는 먹기 좋게 토막을 내어 청주 2, 다진 마늘 0.5, 생강즙 약간에 재우고,

마트에서 세일을 해서 작은 것 2마리를 샀는데, 큰 고등어가 더 맛있어요

양념은 털어내야 깔끔하고 맛도 개운해요

❷ 신 김치는 밑동을 자르고 소를 털어낸 다음 배춧잎 한 장에 고등어를 한 토막씩 올리고 줄기 쪽부터 말다가 잎 쪽으로 가면서 전체적으로 감싸면서 돌돌 말고,

❸ 냄비에 김치에 만 고등어를 넣고 진하게 우린 멸치 다시마 육수 2컵+1/2컵을 붓고 뚜껑을 열고 센 불에 끓이다가 어느 정도 익으면 뚜껑을 덮고 중간 불이나 약한 불로 김치가 푹 익을 때까지 50분에서 1시간 정도 끓이다가,

❹ 맛술 2를 넣고 김치의 신맛을 보아 설탕을 취향껏 넣고 김치가 푹 무르게 익으면 홍고추와 대파를 어슷하게 썰어 넣고 한소끔 더 끓이면 끝.

꽁치 간장조림

일식집이나 횟집에 가면 꽁치 한 마리가 통째로 바삭하게 구워져 나오는데요. 집에서 꽁치를 통째로 굽는 건 어려워서 아이들이 먹기 좋게 간장에 조려 먹어요.

요리 시간
30분

주재료(3~4인분)
꽁치 2마리
식용유 약간

조림장 재료
간장 2
청주 3
설탕 1
물엿 1
후춧가루 약간
생강 2톨

대체 식재료
생강▶생강즙, 생강가루

❶ 꽁치는 머리와 꼬리를 잘라내고 내장을 빼내 손질한 다음 깨끗하게 씻어 3등분하고,

❷ 간장 2, 청주 3, 설탕 1, 물엿 1, 후춧가루 약간을 한데 섞고 생강은 편으로 썰어 넣고 10분 정도 두고,

❸ 팬을 충분히 달구어 식용유를 약간 두르고 꽁치를 넣어 노릇하게 앞뒤로 굽고,

❹ 꽁치를 구운 팬의 기름을 키친타월로 닦아내고 조림장을 넣어 꽁치에 윤기가 날 때까지 은근한 불로 조리면 끝.

꽁치 김치조림

김장 김치가 맛있을 때는 반찬 걱정을 하지 않아도 돼요.
오늘은 부드럽고 담백한 꽁치와 새콤하게 익은 김치를 넣어 조렸어요.
흔한 재료에 기교나 특별한 노력 없이 만만하게 만들 수 있으니
저녁상에 올려보세요.

요리 시간
40분

주재료(3~4인분)
꽁치 통조림 1통(400g)
꽁치 통조림 국물 1/2컵
신 김치(큰 잎으로) 8줄기
양파 1/2개
대파 1/3대
식용유 약간
물 1/3컵

양념장 재료
고춧가루 1
고추장 0.5
다진 마늘 0.5
청주 2
맛술 1
설탕 0.5
참기름 1

생물 꽁치보다
통조림 꽁치가
비린내가 덜해요

중간중간
국물을
끼얹으세요

❶ 꽁치 통조림은 뚜껑을 열어 국물은 따라내서 따로 담고 꽁치는 살이 흐트러지지 않게 그릇에 담고, 신김치는 소를 대충 털어 내어 먹기 좋게 썰고, 양파는 굵직하게 채 썰고, 대파는 어슷하게 썰고,

❷ 고춧가루 1, 고추장 0.5, 다진 마늘 0.5, 청주 2, 맛술 1, 설탕 0.5, 참기름 1을 한데 섞고,

❸ 팬을 달구어 식용유를 약간 두르고 신 김치와 양파를 넣고 달달 볶다가 양념장을 넣어 볶고, 양념장 그릇에 꽁치 통조림 국물 1/2컵과 물 1/3컵을 넣어 헹궈 붓고 중간 불보다 약한 불에서 타지 않게 조리다가,

❹ 20분 이상 조려 김치가 푹 익고 꽁치에 양념이 배면 대파를 넣고 살짝 더 조리면 끝.

냉동실에 아껴두었던 큼직한 갈치를 큰맘 먹고 꺼냈더니 식구들의 눈이 휘둥그레졌어요. 살이 통통하게 오른 갈치에 무를 도톰하게 썰어 넣고 자작하게 조리니 남대문 갈치조림 골목의 맛이 부럽지 않아요.

남대문 갈치조림

요리 시간
40분

주재료(3~4인분)
갈치(큰 것) 1마리(5~6토막)
무(8cm 길이) 1토막
대파 1/3대
풋고추 1개
홍고추 1개

국물 재료
다시마(10×10cm) 3장
물 1컵+1/2컵

양념 재료
고춧가루 2
고추장 1
간장 3
참치진국 1
맛술 2
청주 1
다진 마늘 1
다진 생강 0.3
설탕 0.3

대체 식재료
참치진국
▶간장, 굴소스

① 냄비에 물 1컵+1/2컵을 붓고 무를 큼직하게 썰어 넣고 다시마 3장을 넣고 끓여 끓기 시작하고 1~2분 정도 지나면 다시마를 건져내고,

② 갈치는 손질하여 적당한 크기로 토막을 내고,

그냥 사용하는 것이 찜찜하면 청주를 약간만 뿌리세요

③ 고춧가루 2, 고추장 1, 간장 3, 참치진국 1, 맛술 2, 청주 1, 다진 마늘 1, 다진 생강 0.3, 설탕 0.3을 한데 섞고,

생선을 조릴 때는 비린내가 날아가도록 처음에는 뚜껑을 열고 조리세요

④ 무가 70% 이상 익으면 갈치를 얹고 양념장을 골고루 부어 국물을 끼얹어 가며 중간 불로 20분 정도 조려 풋고추와 홍고추, 대파를 어슷하게 썰어 넣고 한소끔 조리면 끝.

단호박 갈치조림

갈치조림에는 보통 무를 넣지만 언제부터인가 단호박을 넣어 먹게 됐어요. 단호박이 익으면서 나오는 걸쭉한 천연 단맛이 정말 맛있어요.

요리 시간
40분

주재료(3~4인분)
갈치(큰 것) 1마리(5~6토막)
단호박 1/2통(350g)
양파 1/2개
홍고추 1개
대파 1/4대
멸치 다시마 육수 2컵
소금·후춧가루 적당량씩

갈치 밑간 재료
맛술 1

양념장 재료
고춧가루 2
고추장 1
다진 마늘 1
간장 2
청주 2
설탕 0.5
생강즙 0.3

대체 식재료
갈치 큰 것 1마리
▶갈치 작은 것 2마리

❶ 갈치는 먹기 좋게 토막을 내서 지느러미를 잘라내고 비늘도 대충 다듬어 찬물에 헹궈 물기를 톡톡 닦은 다음 맛술 1을 뿌려 밑간하고,

❷ 단호박은 껍질째 큼직하게 썰고, 양파는 굵직하게 채 썰고, 홍고추와 대파는 어슷하게 썰고,

❸ 고춧가루 2, 고추장 1, 다진 마늘 1, 간장 2, 청주 2, 설탕 0.5, 생강즙 0.3을 한데 섞고,

중간중간 국물을 갈치에 끼얹으며 조리세요

❹ 냄비에 양파, 단호박, 갈치, 양념장 순으로 넣은 다음 멸치 다시마 육수 2컵을 붓고 센 불로 3~4분, 그다음 중간 불로 20~30분 조려 홍고추, 대파를 넣고 소금, 후춧가루로 간하면 끝.

우거지 갈치조림

한 마리에 1만 원이 훌쩍 넘는 갈치를 한 냄비 자글자글 끓여 한 토막씩 가족 수에 맞게 발라 먹고 나면 호사를 누린 듯 괜히 기분이 좋아요. 늘 무나 단호박, 감자 등으로 조리던 갈치를 시래기가 있어서 같이 조렸더니 별미네요. 가운데 도톰한 살은 큼직하게 아이들에게 발라주고 뼈 언저리나 구석구석에 남은 살들은 뼈도 같이 씹어가면서 발라 먹어요.

요리 시간
50분

주재료(4인분)
갈치(큰 것) 1마리
열무 시래기 3줌
멸치 다시마 육수 1컵+1/2컵
홍고추 1/2개
대파 1/3대

시래기 양념 재료
국간장 0.5
들기름 1

조림장 재료
설탕 1
청주 1
간장 2
까나리액젓 2
다진 마늘 1
고춧가루 2

대체 식재료
멸치 다시마 육수
▶다시마 무 육수

❶ 갈치는 큼직한 것으로 준비하여 지느러미와 비늘을 손질해서 먹기 좋게 토막을 내어 물에 씻어 키친타월로 물기를 톡톡 제거하고,

❷ 시래기는 먹기 좋게 잘라 냄비에 넣고 국간장 0.5, 들기름 1에 조물조물 무치고,

❸ 설탕 1, 청주 1, 간장 2, 까나리액젓 2, 다진 마늘 1, 고춧가루 2를 한데 넣어 섞고,

❹ 시래기 위에 갈치를 넣고 그 위에 조림장을 고루 얹고,

❺ 조림장 그릇에 멸치 다시마 육수 1컵+1/2컵을 부어 헹구어 냄비에 붓고 뚜껑을 열고 센 불로 2~3분 정도 끓이다가,

❻ 불을 약하게 줄이고 뚜껑을 덮고 푹 조려 국물이 자작하고 시래기가 푹 무르면 홍고추와 대파를 어슷하게 썰어 넣고 살짝 더 조리면 끝.

Point

갈치조림에 물을 넣어도 되지만 더 맛있게 먹으려면 다시마 무 육수나 멸치 다시마 육수로 끓이세요. 그런데 멸치 다시마 육수는 짭조름하므로 조림장의 간을 조절하여 넣어야 짜지 않아요. 또 생선조림은 처음 2~3분 정도는 뚜껑을 열고 센 불에 조려야 생선의 비린 맛이 사라져요.

삼치 마요네즈 구이

큼직한 삼치를 한 마리 사서 반은 구워 먹고 나머지 반 마리는 마요네즈와 씨겨자를 넣은 소스를 발라 구워 먹어요.

요리 시간
25분

주재료(2인분)
삼치(큰 것) 1/2마리
식용유 약간

마요네즈 소스 재료
마요네즈 3
설탕 1
씨겨자 0.5
다진 홍고추 1
다진 청양고추 0.5
레몬즙 0.5

대체 식재료
씨겨자▶머스터드 소스

❶ 삼치는 손질하여 먹기 좋게 토막을 내어 껍질 쪽에 칼집을 넣고,

간이 되어 있지 않다면 소금을 살짝 뿌려 두세요

❷ 팬을 달구어 식용유를 약간 두르고 삼치를 앞뒤로 노릇하게 굽고,

청양고추는 꼭 넣으세요

❸ 마요네즈 3, 설탕 1, 씨겨자 0.5, 다진 홍고추 1, 다진 청양고추 0.5, 레몬즙 0.5를 한데 섞고,

팬에 소스를 얹어 다시 한번 구워도 돼요

❹ 삼치에 마요네즈 소스를 고루 끼얹고 200℃로 예열한 오븐에서 8~10분 정도 굽거나 팬에 삼치를 넣고 소스를 끼얹어 조리면 끝.

대파 소스 조기찜

조기는 보통 구워 먹지만 담백하게 쪄 먹어도 정말 맛있어요.
전자레인지용 스팀 케이스에 넣어 찐 간단한 요리인데 스팀 케이스가
없다면 김이 오른 찜통에 그릇째 넣어 찌면 돼요.

요리 시간
20분

주재료(2인분)
조기(큰 것) 2마리
대파(흰 부분) 1대
홍고추 1/2개

대파 소스 재료
다진 대파 3
다진 마늘 0.3
설탕 0.3
간장 1
청주 2
참기름 1
후춧가루 적당량

❶ 대파는 흰 부분만 가늘게 채 썰고, 홍고추는 씨를 빼내어 가늘게 썰어서 물에 두세 번 헹궈 물에 담가 아린 맛을 빼고,

❷ 다진 대파 3, 다진 마늘 0.3, 설탕 0.3, 간장 1, 청주 2, 참기름 1, 후춧가루 적당량을 한데 섞고,

❸ 조기는 손질하여 양념이 잘 배도록 칼집을 내주고,

❹ 스팀 케이스나 그릇에 조기를 넣고 대파 소스를 끼얹어 전자레인지에서 3분 정도 돌리거나 김이 오른 찜통에 찌면 끝.

코다리 간장조림

코다리는 도톰하니 살이 많고 담백한 맛이라 제가 참 좋아하는데요. 코다리로 짭조름한 간장조림을 해봤어요. 멸치 다시마 육수로 만들면 더 맛있는데, 육수 없이 물을 넣고 만들어 먹어도 맛있어요.

요리 시간
40분

주재료(4인분)
코다리 2마리
홍고추 1/2개
대파 1/4대

양념 재료
물 1컵+1/2컵
간장 3
굴소스 1
맛술 2
청주 2
설탕 1
다진 마늘 1
생강즙 0.3
참기름 0.5

① 코다리는 머리와 꼬리를 잘라내어 적당히 토막 내어 씻어 물기를 빼고,

청양고추 1개를 넣으면 칼칼한 조림장을 만들 수 있어요

② 물 1컵+1/2컵에 간장 3, 굴소스 1, 맛술 2, 청주 2, 설탕 1, 다진 마늘 1, 생강즙 0.3을 한데 넣고 끓여 팔팔 끓으면,

③ 코다리를 하나씩 넣어 조림장이 반 이상 줄어들 때까지 센 불로 조려,

국물에 윤기가 나면서 반 컵 이상 남아 촉촉할 때 불을 끄세요

④ 조림장 국물이 자작하게 졸아들면 홍고추와 대파를 어슷하게 썰어 넣고, 참기름 0.5를 넣고 살짝 뒤적이면 끝.

조기 탕수

꾸덕꾸덕하게 말린 굴비를 구워만 먹다가 이렇게 상에 내면 화려하고 푸짐해 보여요. 맛도 좋으니 한 번쯤 만들어 보세요. 탕수 소스가 의외로 조기와 잘 어울려요.

요리 시간
30분

주재료(2인분)
조기(큰 것) 2마리
녹말가루 적당량
식용유 약간

조기 밑간 재료
생강즙 약간
청주 1

탕수 소스 재료
풋고추 1개
홍고추 1/2개
대파(10cm 길이) 1대
마늘 1쪽
설탕 3
식초 4
간장 1
청주 2
물 1/2컵
소금 0.3
녹말물 2
참기름 0.3

❶ 조기는 지느러미와 비늘을 손질하여 앞뒤에 일정한 간격으로 칼집을 내고 생강즙 약간, 청주 1을 뿌려 밑간하였다가 녹말가루를 고루 묻히고,

❷ 팬에 식용유 1/4컵을 두르고 조기를 넣어 앞뒤로 노릇노릇하게 구워 그릇에 담고,

❸ 풋고추와 홍고추, 대파, 마늘은 가늘게 채 썰고, 팬을 달구어 식용유 약간을 두르고 달달 볶다가, 설탕 3, 식초 4, 간장 1, 청주 2, 물 1/2컵, 소금 0.3을 넣고 바글바글 끓이다가,

❹ 녹말물 2를 조금씩 부어가면서 농도를 맞추어 조기 위에 끼얹으면 끝.

녹말물은
녹말가루 0.5와
물 2를 섞어요

황태구이

강원도로 여행을 갈 때마다 황태구이를 먹는데요. 이상하게 황태구이는 번거로워 잘 만들지 않게 돼요. 과정이 별로 어렵지 않으니 밥반찬으로 좋은 황태구이를 만들어 볼까요?

요리 시간
30분

주재료(2인분)
황태(큰 것) 1마리
참기름 2
쪽파 2대

양념장 재료
고춧가루 0.5
고추장 1
다진 마늘 0.5
청주 1
간장 0.5
설탕 0.5
물엿 1
참기름 0.5

대체 식재료
참기름▶들기름

❶ 황태는 먼저 머리와 꼬리를 잘라 다듬고, 지느러미는 가위로 자르고,

머리는 버리지 말고 육수 낼 때 쓰세요

이렇게 해야 구울 때 심하게 오그라들지 않아요

❷ 황태를 물에 흠뻑 적셔 살이 부드러워질 때까지 20분 정도 두었다가 등 쪽의 껍질에 칼이나 가위로 여러 군데 잔칼집을 넣고,

❸ 고춧가루 0.5, 고추장 1, 다진 마늘 0.5, 청주 1, 간장 0.5, 설탕 0.5, 물엿 1, 참기름 0.5를 한데 섞고,

황태를 먼저 구운 다음 양념장을 발라서 다시 구워야 덜 타요

❹ 팬에 참기름 2를 두르고 황태를 앞뒤로 구워 붓으로 양념장을 앞뒤로 고루 펴 바르고 양념이 타지 않게 한 번 더 구워 그릇에 담고 쪽파를 송송 썰어 뿌리면 끝.

황태채 고추장 볶음

물에 만 밥이나 누룽지탕에 먹으면 참 맛있는 황태채볶음은 고추장으로 매콤하게 볶아요. 반찬 없을 때나 여름에 입맛 없을 때 이런 반찬 하나면 밥 먹을 힘이 나요.

요리 시간
20분

주재료(4인분)
황태채 2줌(50g)
송송 썬 풋고추 1개분
송송 썬 대파 1줌

양념장 재료
고춧가루 1
다진 마늘 1
고추장 2
간장 1
맛술 2
청주 2
식초 1
물엿 3
참기름 0.5
통깨 0.5

❶ 황태채는 찬물에 담가 5초 정도 불려 물기를 약간 짜서 결대로 먹기 좋게 찢고,

❷ 팬에 고춧가루 1, 다진 마늘 1, 고추장 2, 간장 1, 맛술 2, 청주 2, 식초 1, 물엿 3을 넣고 1분 정도 바글바글 끓이다가,

❸ 황태채를 넣고 양념이 잘 배도록 달달 볶다가,

❹ 송송 썬 풋고추와 대파를 넣고 참기름 0.5, 통깨 0.5를 넣어 고루 버무리면 끝.

황태채 무침

황태채로는 주로 국을 끓여 먹었는데 무쳐 먹어도 맛있어요. 요즘 도시락 싸 가지고 다니는 사람이 늘었다는데 도시락 반찬으로도 좋아요. 주말에 넉넉히 만들어 드세요.

요리 시간
15분

주재료(4인분)
황태채 2줌(50g)

1차 양념 재료
참기름 1
간장 1

2차 양념 재료
고춧가루 0.5
고추장 3
다진 마늘 1
맛술 1
식초 1
설탕 0.5
물엿 4
통깨 1
참기름 1

물기가 많으면 맛이 떨어져요

① 황태채는 먹기 좋게 찢거나 가위로 잘라서 스프레이로 물을 뿌리거나 물에 담그자마자 건져 물기를 꼭 짜고,

이렇게 해야 간이 잘 배요

② 황태채에 참기름 1, 간장 1을 넣어 고루 버무리고,

③ 고춧가루 0.5, 고추장 3, 다진 마늘 1, 맛술 1, 식초 1, 설탕 0.5, 물엿 4, 통깨 1, 참기름 1을 한데 넣어 섞고,

④ 황태채를 양념장에 넣어 조물조물 무치면 끝.

멸추볶음

멸추볶음은 멸치와 고추를 고추장에 진득하게 볶은 밥반찬이에요.
따로 장을 보지 않고도 쉽게 만들 수 있는 만만한 요리예요.
김에 싸서 먹으면 맛있어요.

요리 시간
25분

주재료(일주일 치 밑반찬)
풋고추(큰 것) 7~8개
잔멸치 1컵
식용유 3

양념 재료
청주 1
고추장 3
아가베시럽 3
설탕 0.3
다진 마늘 1
참기름 1
통깨 1

대체 식재료
풋고추▶청양고추
아가베시럽▶물엿

❶ 풋고추는 깨끗이 씻어 4등분하여 송송 썰고,

풋고추와 청양고추를 반씩 넣어도 돼요

❷ 팬을 달구어 식용유 2를 두르고 잔멸치를 넣어 약한 불로 5분 이상 바삭해지게 달달 볶다가,

❸ 식용유 1을 더 넣고 풋고추를 넣어 약한 불로 5분 이상 달달 볶다가,

아가베시럽 대신 물엿을 넣는다면 양을 조금 더 넣으세요

❹ 청주 1, 고추장 3, 아가베시럽 3, 설탕 0.3을 넣어 타지 않게 볶다가 다진 마늘 1, 참기름 1을 넣고 볶아 재료가 잘 어우러지면 통깨 1을 뿌리면 끝.

어른이 되어서 맛본 멸치 꽈리고추 볶음은 참 맛있었어요.
물에 밥을 말아 함께 먹으면 좋은 반찬이니 쉽게 만들어 보세요.
다만 바로 먹기보다는 시간이 지나 양념이 고루 밴 다음
먹어야 더 맛있어요.

멸치 꽈리고추 볶음

요리 시간
20분

주재료(3~4인분)
중멸치 1컵
꽈리고추 30개
마늘 5쪽
식용유 2

양념 재료
맛술 2
간장 1
물엿 2
참기름 0.5
통깨 0.5

① 멸치는 중멸치로 준비하고, 꽈리고추는 씻어서 어슷하게 2등분하고, 마늘은 도톰하게 편으로 썰고,

② 팬을 약하게 달구어 식용유 2를 두르고 편으로 썬 마늘을 타지 않게 달달 노릇하게 볶다가,

③ 중멸치를 넣고 멸치에 마늘과 기름 향이 배도록 바삭하게 볶아 멸치가 노릇하게 익으면 꽈리고추를 넣고 볶다가 꽈리고추의 숨이 살짝 죽으면,

간장을 먼저 넣으면 새까맣게 타기 쉬우니 맛술, 간장 순서대로 넣으세요

④ 맛술 2, 간장 1, 물엿 2를 넣어 양념이 배도록 볶다가 참기름 0.5, 통깨 0.5를 넣으면 끝.

잔멸치 견과류 볶음

멸치볶음은 맛있게 만드는 것도 중요하지만 다 먹을 때까지 맛을 유지할 수 있는 조리 노하우가 필요한 것 같아요. 신기하게도 냉장고에 넣으면 맛이 덜해져요. 선선할 때는 실온에 두고 일주일, 여름에는 2-3일 안에 드세요.

요리 시간
20분

주재료(7~8인분)
잔멸치 1컵
견과류(아몬드, 호두 등) 1컵
마늘(큰 것) 5쪽
송송 썬 쪽파 1
다진 청양고추 2

양념 재료
포도씨오일 3
맛술 1
간장 0.5
설탕 0.5
통깨 0.5
물엿 2~3

단맛은 물엿으로 조절하세요

❶ 잔멸치를 준비하고, 아몬드는 반으로 자르고 호두는 아몬드와 비슷한 크기로 자르고, 마늘은 편으로 썰고,

❷ 기름을 두르지 않은 팬에 아몬드와 호두를 넣고 중간 불이나 약한 불에서 바삭하게 볶아 그릇에 옮겨 담고,

타지 않게 조심하세요

❸ 팬에 포도씨오일 3을 두르고 편으로 썬 마늘을 넣고 볶다가 마늘 향이 기름에 배면 잔멸치를 넣고 마늘 향과 기름이 전체적으로 배도록 쉬지 않고 계속 볶다가,

❹ 맛술 1, 간장 0.5, 설탕 0.5를 넣고 아몬드와 호두를 넣어 볶다가 재료가 어우러지면 쪽파 1, 청양고추 2를 넣고 통깨 0.5를 넣어 재빨리 섞어 불을 끄고 물엿 2~3을 넣어 버무리면 끝.

잔멸치 무침

매일 똑같이 해 먹는 요리법이 지겨우시죠? 저도 재료들을 뚫어져라 쳐다보면서 궁리를 해요. 잔멸치를 보다가 어른들이 좋아하는 밑반찬을 만들었어요. 물에 만 밥과 먹으면 입에 착착 감기는 잔멸치무침이에요.

요리 시간
20분

주재료(4~5인분)
잔멸치 1컵
양파(중간 것) 1/4개
청양고추 1/3개
홍고추 1/3개
쪽파 3대

양념장 재료
간장 1
아가베시럽 2
청주 1
다진 마늘 0.5
고춧가루 0.5
참기름 1
통깨 1

대체 식재료
아가베시럽 2▶물엿 3

물기가 많으면 맛이 떨어져요

❶ 기름을 두르지 않은 팬에 잔멸치를 넣고 약한 불에 달달 바삭하게 볶아 식히고,

단맛 조절은 입맛에 맞게 하세요

❷ 간장 1, 아가베시럽 2, 청주 1, 다진 마늘 0.5, 고춧가루 0.5, 참기름 1, 통깨 1을 한데 섞고,

❸ 볼에 바삭하게 볶아 식힌 멸치를 넣고 양파를 채 썰어 넣은 다음 청양고추와 홍고추, 쪽파는 송송 썰어 넣고,

❹ 양념장을 넣어 조물조물 무쳐 참기름 1, 통깨 1을 넣으면 끝.

참기름과 통깨는 취향껏 넣으세요

땅콩 소스 새우냉채

새우냉채를 만들 때 소스에 흔히 잣을 넣는데요.
잣은 집에 늘 두고 먹지 않으니 일부러 잣을 구입해야 해서
땅콩 소스로 만들어 봤어요. 조금 더 간단한 새우냉채예요.

요리 시간
30분

주재료(3~4인분)
오이 1개
새우(중하) 12마리

오이 절임물 재료
물 1/4컵
굵은소금 0.5

새우 삶는 물 재료
물 1컵
굵은소금 약간

냉채 소스 재료
땅콩 3
마요네즈 2
식초 2
설탕 1
물엿 0.5
연겨자 0.5
간장 0.3
소금 약간
다진 마늘 0.5

① 오이는 모양대로 송송 썰어 물 1/4컵, 굵은 소금 0.5를 넣고 20분 정도 절이고,

적은 양의 물로 재빨리 대쳐야 맛있어요

② 냄비에 물 1컵과 굵은 소금 약간을 넣고 끓여 팔팔 끓으면 새우살을 넣고 30초 정도 휘휘 저어 익힌 다음 건져 찬물에 재빨리 헹궈 식히고,

소금 양은 맛을 보아 가감하세요

③ 믹서에 땅콩 3, 마요네즈 2, 식초 2, 설탕 1, 물엿 0.5, 연겨자 0.5, 간장 0.3, 소금 약간을 넣어 갈고,

먹기 하루 전에 만들어 두어도 돼요

④ 오이는 손으로 물기를 꾹 짜서 볼에 담고 새우살은 반으로 저며 담고 땅콩 소스, 다진 마늘 0.5를 넣어 살살 무치면 끝.

마른 새우볶음

옛날이나 지금이나 건어물 반찬은 늘 먹어도 물리지 않아요.
오랜만에 마른 새우를 볶았더니 아주 맛있네요.

요리 시간
20분

주재료(4인분)
마른 새우 1컵
식용유 1

양념 재료
다진 마늘 1
고추장 1
맛술 1
청주 1
물엿 2
통깨 0.5

저는 꽃새우를 사용했는데 두절새우를 사용해도 돼요

❶ 마른 새우를 기름을 두르지 않은 팬에 중간 불보다 약한 불로 타지 않게 2분 정도 살살 볶아 수분을 날리고,

❷ 볶은 새우는 체에 넣어 살살 털어 잔부스러기를 털어내고,

❸ 팬을 중간 불로 달구어 식용유 1을 두르고 굵직하게 다진 마늘 1을 넣고 마늘 향이 기름에 배도록 타지 않게 볶다가 고추장 1, 맛술 1, 청주 1, 물엿 2를 넣고 바글바글 끓여,

❹ 마른 새우를 넣고 양념장에 고루 버무려 통깨 0.5를 솔솔 뿌리면 끝.

새우장

간장게장보다 훨씬 맛있는 새우장이에요.
만들기 쉽고 간장게장보다 발라 먹기도 수월해요.
만들고 나서 일주일은 지나야 맛이 들지만
3일 후에 먹어도 괜찮아요. 오래 보관하지 않고
뚝딱 먹을 생각이라면 간을 짜게 하지 않아도 돼요.

요리 시간
40분

주재료(20인분)
새우 1kg(50~60마리 정도)
양파(중간 것) 1개
풋고추 6개
마늘 5쪽

간장물 재료
간장 2컵
물 3컵
청주 1/2컵
맛술 1/2컵
설탕 3
생강 2톨
마른 고추 1개
통후추 0.5
레몬 1/2개

레몬은 없으면
생략해도 되지만
새우장의 비린 맛을
잡아줘요

김치냉장고에
보관해 두고
먹으면
더 시원해요

❶ 냄비에 간장 2컵, 물 3컵, 청주 1/2컵, 맛술 1/2컵, 설탕 3, 생강 2톨, 마른 고추 1개, 통후추 0.5, 레몬 1/2개를 넣어 팔팔 끓여 식히고,

❷ 새우는 손질하여 물에 씻고 긴 수염을 다듬고, 등쪽의 내장도 빼고,

❸ 보관 용기에 새우를 넣고, 양파를 굵직하게 채 썰어 넣고, 풋고추는 2등분하여 넣고, 마늘 5쪽도 넣고,

❹ 식혀 놓은 간장물을 부어 냉장고에서 하루 정도 숙성시켰다가 간장물을 따라내 냄비에 부르르 끓여 차게 식혀 다시 부으면 끝.

무교동 낙지볶음

싱싱한 낙지가 있어서 맛있게 매운 무교동 스타일로 볶았어요. 무교동 낙지볶음은 고추장의 달큰한 맛이 아니라 고춧가루로 색깔을 내고 칼칼하게 양념을 해야 제맛이 나요. 따끈한 밥에 데친 콩나물과 양념한 낙지볶음을 올려 참기름을 두르고 비벼 드세요.

요리 시간
30분

주재료(2인분)
낙지(큰 것) 2마리
밀가루·굵은소금 적당량씩
콩나물 4줌(200g)
식용유 약간

양념 재료
고춧가루 4
다진 마늘 2
맛술 2
간장 2
설탕 1
물엿 2
참기름 1
낙지 데친 물 4
참기름·통깨 취향껏

대체 식재료
참기름▶들기름

❶ 낙지는 머리에 칼집을 내어 내장을 손질한 다음 밀가루와 굵은소금을 적당히 넣고 바락바락 씻어서 여러 번 헹궈 물기를 빼고,

❷ 콩나물은 다듬어 씻어 물기를 빼서 전제레인지용 찜기에 넣고 소금을 살짝 뿌려 4분 정도 익혀 1분 정도 뜸을 들이거나 김이 오른 찜통에 찌고,

❸ 전자레인지용 찜기에 낙지를 물기 없이 넣고 전자레인지에 4분 정도 익히거나 기름을 두르지 않은 팬에 낙지에서 물이 나올 때까지 볶아 먹기 좋은 크기로 썰고,

❹ 고춧가루 4, 다진 마늘 2, 맛술 2, 간장 2, 설탕 1, 물엿 2, 참기름 1, 낙지 데친 물 4를 한데 섞고,

❺ 팬을 약하게 달구어 식용유를 약간 두르고 양념장을 넣고 타지 않게 먼저 달달 볶다가 데친 낙지를 넣어 재빨리 볶다가,

❻ 낙지와 양념이 고루 섞이면 참기름과 통깨를 취향껏 넣으면 끝.

Point

양념장은 낙지 데친 물을 제외한 나머지 양념을 미리 섞어두었다가 낙지 데친 물만 추가로 넣으세요. 양념장을 미리 만들어 두면 더 맛있어요. 또 낙지 데친 물을 넣어야 양념장도 뻑뻑하지 않고 맛도 훨씬 좋아요. 팬에 양념장을 한번 끓이고서 낙지를 넣고 데쳐야 날냄새가 나지 않아요.

오징어 미나리 초무침

냉동실에 넣어둔 반건조 오징어와 미나리를 같이 무쳤어요.
반건조 오징어를 데쳐서 무치면 물오징어일 때와 씹는 느낌이 달라요.
미나리가 제철일 때 함께 무쳐 먹으면 정말 맛있어요.

요리 시간
20분

주재료(3~4인분)
반건조 오징어 1마리
미나리 2줌(100g)

양념장 재료
고춧가루 1
고추장 1
간장 1
설탕 1
물엿 1
식초 2
다진 마늘 0.5
참기름 1
통깨 0.5

대체 식재료
반건조 오징어▶생물 오징어

❶ 반건조 오징어는 팔팔 끓는 물에 데쳐 건지고,

❷ 고춧가루 1, 고추장 1, 간장 1, 설탕 1, 물엿 1, 식초 2, 다진 마늘 0.5, 참기름 1, 통깨 0.5를 한데 섞어 설탕이 녹을 때까지 충분히 섞고,

❸ 데친 오징어는 물기를 쪽 빼서 먹기 좋게 길쭉하게 썰고, 미나리는 지저분한 잎과 뿌리 쪽을 잘라내어 깨끗하게 씻어 물기를 빼서 4cm 길이로 썰고,

❹ 볼에 데친 오징어와 미나리를 넣고 양념에 조물조물 재빨리 무치면 끝.

충무김밥을 곁들여 먹어도 맛있어요

실채볶음

블로그 이웃님이 실채볶음 레시피를 알려달라고 하셔서 실채 완전 정복에 나섰어요. 실채볶음은 같은 재료에 같은 레시피로 만들어도 불 조절에 따라 성공과 실패로 나뉘게 되는 요리예요. 딱딱하지 않고 서로 들러붙지 않는 실채볶음 레시피를 공개할게요.

요리 시간
20분

주재료(3~4인분)
실채 100g
식용유 2~3

양념장 재료
간장 0.5
맛술 1
설탕 0.5
물엿 2
통깨 0.5
검은깨 0.3

대체 식재료
물엿▶아가베시럽, 조청, 꿀, 올리고당

반드시 불을 끈 상태에서 양념을 넣으세요

① 실채는 먼지를 털어내고 서로 엉키지 않도록 먹기 좋게 가위로 자르고,

실채볶음은 한두 끼니 먹을 만큼만 만드세요

② 달구지 않은 팬에 실채를 넣고 식용유 2~3을 둘러 비닐장갑을 끼고 실채에 기름을 고루 묻히고,

이렇게 해야 촉촉하면서도 딱딱하지 않게 볶을 수 있어요

③ 약한 불에서 젓가락으로 부지런히 저어가며 노릇노릇하게 볶다가 곱슬곱슬해지면 불을 끄고,

④ 간장 0.5, 맛술 1, 설탕 0.5를 넣고 양념이 잘 섞이도록 볶다가 설탕이 녹으면 다시 불을 켜고 볶다가 물엿 2를 넣고 통깨 0.5, 검은깨 0.3을 넣어 잘 섞으면 끝.

오징어 보쌈

오징어 보쌈이라니 생소하시죠? 오징어 보쌈은 꼬들꼬들하게 절인 무와 데친 콩나물을 곁들여 씹는 맛이 좋은 별미 음식이에요. 약간의 변화로 오징어볶음이 더 특별해질 수 있어요. 밥반찬으로 먹어도 좋고 깻잎이나 상추에 싸 먹어도 좋아요.

요리 시간
30분

주재료(2~3인분)
오징어(작은 것) 2마리(200g)
무 1토막(약 200g)
굵은소금 0.5
콩나물 2줌(200g)
쪽파 10대
식용유 약간

양념장 재료
고춧가루 2
고추장 2
간장 1
참치진국 1
청주 2
다진 마늘 1
설탕 1
물엿 1

양념 재료
참기름 1
통깨 1

대체 식재료
오징어 작은 것 2마리
▶오징어 큰 것 1마리
참치진국▶굴소스
쪽파▶실파

❶ 무는 약간 도톰하게 채 썰어 굵은소금 0.5를 뿌려 숨이 죽도록 20분 정도 절이고,

❷ 고춧가루 2, 고추장 2, 간장 1, 참치진국 1, 청주 2, 다진 마늘 1, 설탕 1, 물엿 1을 한데 섞고,

❸ 콩나물은 다듬어 전자레인지용 찜기에 찌거나 끓는 물에 소금을 약간 넣고 데쳐 자연스럽게 식혀 그릇에 담아두고,

❹ 오징어는 껍질을 벗기고 먹기 좋게 썰고, 절인 무는 물기를 꼭 짜고, 쪽파는 다듬어 4cm 길이로 썰고,

❺ 팬을 달구어 식용유를 약간 두르고 오징어를 넣어 살짝 볶다가 양념장을 넣고 볶아주고,

❻ 오징어와 양념장이 어우러지면 절인 무와 쪽파를 넣어 재빨리 볶은 다음 참기름 1, 통깨 1을 넣어 콩나물 위에 소복하게 담으면 끝.

Point
오징어를 오래 볶으면 질겨져 맛이 없으니 재빨리 볶으세요.

오징어채 무침

국민 밑반찬 중 하나인 오징어채무침은
어렸을 때만 해도 부잣집 친구들만
싸 가지고 오던 도시락 반찬이었어요.
요리책을 보다가 딱딱하지 않고
촉촉한 오징어채무침이 눈에 띄어
비슷하게 만들어 봤어요.

요리 시간
20분

주재료(4인분)
오징어채 3줌(약 100g)
참기름 1
통깨 0.5
마요네즈 1

고추장 소스 재료
고추장 3
다진 마늘 0.5
청주 1
간장 0.3
물엿 3
설탕 0.5
생강즙 약간

❶ 오징어채는 전자레인지용 찜기에 넣고 물을 약간 뿌려 2분 정도 익히거나 김이 오른 찜통에서 촉촉하게 찌고,

❷ 오징어채에 참기름 1, 통깨 0.5를 넣어 고루 버무리고,

전자레인지용
찜기에 넣어
1분 정도 익히고
위아래를 바꿔 1분 정도
더 익히세요

❸ 팬에 고추장 3, 다진 마늘 0.5, 청주 1, 간장 0.3, 물엿 3, 설탕 0.5, 생강즙 약간을 넣고 끓여 걸쭉하게 끓으면 불을 끄고,

마요네즈를
넣으면 더 촉촉하고
부드러워요

❹ 고추장 소스에 오징어채를 넣고 마요네즈 1을 넣어 무치면 끝.

오징어채 아몬드 무침

간장과 고춧가루로 깔끔하게 맛을 낸 오징어채 아몬드무침은 아이들이 참 좋아하는 반찬이에요.

요리 시간
25분

주재료(4인분)
오징어채 2줌(100g)
아몬드 2/3컵(70g)
통깨 0.5

간장 소스 재료
다진 마늘 1
고춧가루 0.5
간장 2
청주 2
식초 1
설탕 0.5
물엿 3
후춧가루 약간

대체 식재료
아몬드▶땅콩, 호두

❶ 오징어채는 물에 헹궈 물기가 촉촉한 상태에서 전자레인지용 찜기에 넣고 2분 정도 찌거나 김이 오른 찜통에서 1분 정도 찌고,

❷ 기름을 두르지 않은 팬에 아몬드를 넣고 중간 불로 타지 않게 달달 볶아 식힌 다음 2등분하고,

❸ 팬에 다진 마늘 1, 고춧가루 0.5, 간장 2, 청주 2, 식초 1, 설탕 0.5, 물엿 3, 후춧가루 약간을 넣고 2분 정도 바글바글 끓여 불을 끄고,

❹ 양념에 오징어채를 먹기 좋게 잘라 넣고 아몬드도 넣어 고루 무쳐 통깨 0.5를 뿌려 섞으면 끝.

주꾸미볶음

살이 통통하게 오른 주꾸미를 씹어보면 고무줄처럼 질긴 냉동 주꾸미와는 비교할 수 없는 맛이 나요. 3일 동안 주꾸미볶음을 상에 올렸는데도 먹을 때마다 맛있네요. 매콤한 주꾸미볶음도 맛있지만 남은 양념에 볶아 먹는 볶음밥 맛도 환상이에요. 주꾸미철이 되면 주꾸미볶음으로 맛있고 푸짐한 밥상을 차려보세요.

요리 시간
30분

주재료(3~4인분)
주꾸미 600g
밀가루 약간
굵은소금 적당량
콩나물 300g
양파 1/2개
대파 1/2대
식용유 2

양념 재료
고추장 1
고춧가루 3
설탕 1
간장 2
참치진국 1
다진 마늘 1
생강즙 0.3
청주 1
후춧가루 약간
참기름 2
통깨 1

대체 식재료
콩나물▶숙주
참치진국▶간장

❶ 주꾸미는 밀가루와 굵은소금을 뿌려 바락바락 문질러 씻고 여러 번 헹궈 팔팔 끓는 물에 굵은소금 0.5를 넣어 살짝 데쳐 먹기 좋게 자르고,

❷ 고추장 1, 고춧가루 3, 설탕 1, 간장 2, 참치진국 1, 다진 마늘 1, 생강즙 0.3, 청주 1, 후춧가루 약간을 한데 섞고,

❸ 콩나물은 다듬어 살짝 데쳐 체에 밭쳐 식히고,

❹ 양파는 굵직하게 채 썰고, 대파는 큼직하게 어슷 썰고,

❺ 팬을 달구어 식용유 2를 두르고 콩나물, 양파를 넣어 살짝 볶다가 양념장을 넣고 달달 볶다가,

❻ 주꾸미와 대파를 넣고 재빨리 볶아 양념과 재료가 고루 섞이면 참기름 2, 통깨 1을 넣어 고루 버무리면 끝.

Point

주꾸미와 콩나물, 국물 일부를 남겨 밥에 볶음밥용 재료나 김가루를 넣어 볶다가 참기름을 뿌려 먹으면 맛있어요. 김가루와 참기름을 넉넉히 넣어야 더 맛있어요.

뱅어포 구이

멸치에 밀려 자주 먹지는 않지만 간혹 생각이 나는 반찬인 뱅어포구이예요. 매콤하고 달콤한 고추장 소스를 바르는 타이밍이 중요해요. 자칫하면 탈 수 있거든요.

요리 시간
30분

주재료(4인분)
뱅어포 4장
식용유 약간

양념 재료
고춧가루 0.5
다진 마늘 0.5
설탕 0.5
고추장 3
간장 1
청주 2
물엿 2
참기름 1
통깨 1

❶ 고춧가루 0.5, 다진 마늘 0.5, 설탕 0.5, 고추장 3, 간장 1, 청주 2, 물엿 2, 참기름 1, 통깨 1을 한데 넣어 섞고,

2등분이나 4등분하여 구우면 편해요

❷ 팬을 달구어 식용유를 약간 두르고 뱅어포를 넣어 앞뒤로 구워 식히고,

❸ 뱅어포에 붓으로 양념장을 고루 펴 바르고,

양념장의 날냄새가 나지 않을 정도로만 살짝 구우세요

❹ 팬을 약하게 달구어 식용유를 약간 두르고 고추장 소스를 바른 뱅어포를 넣어 타지 않게 살짝 구워 먹기 좋은 크기로 자르면 끝.

쥐포볶음

구워서 간식으로 먹으면 가장 좋은 쥐포이지만 혹시라도 남는 쥐포가 있다면 이렇게 반찬으로 만드세요. 오래 두고 먹어도 말랑말랑하고 맛있어서 아이들이 잘 먹어요.

요리 시간
20분

주재료(7~8인분)
쥐포(손바닥만한 것) 7장

양념 재료
고추장 1
토마토케첩 1
간장 1
물엿 3
청주 1
물 1/3컵
다진 마늘 1
포도씨오일 2
생강즙 약간
마요네즈 1
통깨 1

대체 식재료
포도씨오일▶식용유

❶ 쥐포는 흐르는 물에 씻어 살짝 불려 먹기 좋게 자르고,

비린 맛을 없애려고 청주와 생강즙을 넣었어요

❷ 팬에 고추장 1, 토마토케첩 1, 간장 1, 물엿 3, 청주 1, 물 1/3컵, 다진 마늘 1, 포도씨오일 2, 생강즙 약간을 섞어 끓여,

❸ 바글바글 끓으면 쥐포를 넣고 양념장이 촉촉하게 졸아들 때까지 볶다가,

마요네즈를 넣으면 쥐포가 딱딱해지지 않아요

❹ 마요네즈 1을 넣어 섞고 통깨 1을 뿌리면 끝.

해물볶음 연두부

한 끼 반찬으로 먹어도 되고 가벼운 식사로도 먹기 좋은 두부 요리예요. 손님상에 내도 색다른 요리라며 칭찬받을 만한 별미예요.

요리 시간
25분

주재료(1~2인분)
연두부 1팩
여러 가지 해물(새우, 오징어, 조갯살 등) 1컵
양파 1/4개
홍고추 1/2개
대파 1/4대
식용유 1

양념 재료
고춧가루 0.5
다진 마늘 0.5
간장 2
물엿 1
참기름 1
통깨 0.5

녹말물 재료
녹말가루 0.3
물 2

❶ 연두부는 네 모서리에 가위집을 내어 모양 그대로 빼내어 그릇에 담은 뒤 여러 가지 해물을 준비하고, 양파는 채 썰고, 홍고추와 대파는 송송 썰고,

❷ 고춧가루 0.5, 다진 마늘 0.5, 간장 2, 물엿 1, 참기름 1, 통깨 0.5를 한데 섞고,

❸ 팬을 달구어 식용유 1을 두르고 양파를 넣어 볶다가 해물을 넣어 볶다가 해물이 살짝 익으면,

마트 냉동식품 코너에서 모듬 해물을 판매해요

❹ 양념장을 넣고 볶다가 홍고추와 대파를 넣어 볶아 약한 불로 줄이고 녹말가루 0.3, 물 2를 섞어 조금씩 넣고 농도를 맞춰서 연두부에 소복하게 올리면 끝.

어묵 매운볶음

종종 생각이 나 한번씩 만들게 되는 친근한 반찬이에요.
따끈한 밥에 매콤하게 볶은 어묵을 먹으면 정말 꿀맛이에요.

요리 시간
20분

주재료(3~4인분)
사각어묵 4장(250g)
양파 1/2개
청양고추 1개
대파 1/5대
식용유 약간

양념 재료
고춧가루 1
다진 마늘 1
간장 3
물엿 2
참기름 0.5
통깨 0.5

어묵은 노릇노릇하게 달달 볶아야 맛있어요

❶ 따끈한 물에 사각어묵을 살짝 데쳐 먹기 좋게 썰고, 양파는 굵직하게 채 썰고, 청양고추와 대파는 어슷하게 썰고,

❷ 고춧가루 1, 다진 마늘 1, 간장 3, 물엿 2를 한데 섞고,

❸ 팬을 달구어 식용유를 약간 두르고 사각어묵과 양파를 넣어 달달 볶다가,

❹ 양념을 넣어 잘 섞이도록 볶다가 청양고추와 대파를 넣고 참기름 0.5, 통깨 0.5를 넣어 버무리면 끝.

어묵 꽈리고추 볶음

꽈리고추는 철이 아니면 값이 껑충 뛰어 제철에 많이 먹어두어야 해요. 만만하고 쉬운 반찬으로는 어묵볶음을 꼽을 수 있어요. 아이들은 어묵을 골라 먹고 어른들은 꽈리고추를 먹지요.

요리 시간
20분

주재료(3~4인분)
꽈리고추 2줌(100g)
사각어묵 2장(100g)
식용유 약간

양념 재료
다진 마늘 1
맛술 1
간장 1
아가베시럽 1
후춧가루 적당량
참기름 0.5
통깨 0.5

대체 식재료
아가베시럽▶물엿

① 꽈리고추는 손대중으로 2줌 정도 준비하여 간이 잘 배도록 포크로 콕콕 찍어 구멍을 내거나 반으로 자르고, 사각어묵은 꽈리고추와 어울리는 크기로 썰고,

② 팬을 달구어 식용유를 약간 두르고 다진 마늘 1을 넣어 달달 볶아 마늘향을 내고,

③ 마늘이 잘 볶아지면 꽈리고추와 사각어묵을 넣어 센 불로 2~3분 정도 볶다가 불을 줄이고,

④ 맛술 1, 간장 1, 아가베시럽 1, 후춧가루 적당량, 참기름 0.5, 통깨 0.5를 넣고 양념이 어우러지게 볶으면 끝.

어묵 파프리카 볶음

상에 자주 올리기도 하고 집 밖에서도 자주 맛보게 되는 어묵볶음인데요. 양념으로 식초를 넣어 더 개운하고 깔끔한 맛이 나요. 파프리카를 넣어 채소도 함께 섭취할 수 있어요.

요리 시간
20분

주재료(3~4인분)
사각어묵 2장
빨간 파프리카 1/3개
노란 파프리카 1/3개
양파 1/4개
식용유 약간

양념 재료
식초 2
설탕 2
간장 3
청주 4
물엿 1
후춧가루 적당량

대체 식재료
파프리카▶풋고추, 피망

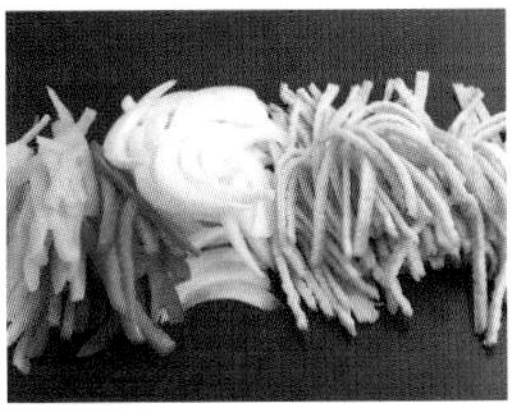

❶ 사각어묵은 가늘게 채 썰고, 빨간 파프리카와 노란 파프리카, 양파는 어묵과 일정한 두께로 채 썰고,

❷ 채 썬 어묵은 끓는 물에 넣어 한 번 휘휘 저어 건지고,

❸ 팬을 달구어 식용유를 약간 두르고 어묵과 파프리카, 양파를 넣어 충분히 볶아 그릇에 옮겨 담고,

❹ 어묵을 볶은 팬에 식초 2, 설탕 2, 간장 3, 청주 4, 물엿 1을 넣고 바글바글 끓이다가 어묵과 파프리카, 양파를 넣어 살짝 더 볶아 후춧가루를 뿌리면 끝.

골뱅이 콩나물 매운볶음

골뱅이 정말 맛있죠? 비싸서 자주는 못 먹지만, 콩나물을 넣고 낙지볶음처럼 볶으면 정말 맛있어요. 양념은 자극적이지 않고 덜 달게 조리해야 맛있어요.

요리 시간
30분

주재료(2~3인분)
백고동살 300g
콩나물 3줌(150g)
굵은소금 약간
양파(중간 것) 1/2개
파프리카 1/2개
대파 1/3대

양념 재료
고추장 1
고춧가루 3
다진 마늘 1
청주 1
맛술 1
간장 2
설탕 0.5
참기름 1
통깨 1
후춧가루 약간

대체 식재료
백고동살▶골뱅이 통조림
파프리카▶피망

백고동은 오래 끓여도 살이 탱글탱글하고 질기지 않아요

❶ 백고동은 냄비에 완전히 잠기지 않을 정도의 물을 넣고 데쳐 살을 발라 한 입 크기로 썰고, 콩나물은 다듬어 씻어 굵은소금을 넣고 데치고, 양파와 파프리카는 굵직하게 채 썰고,

❷ 고추장 1, 고춧가루 3, 다진 마늘 1, 청주 1, 맛술 1, 간장 2, 설탕 0.5를 한데 섞고,

❸ 팬을 달구어 식용유를 두르고 양파와 파프리카를 넣고 달달 볶다가 양념장을 넣어 볶고 백고동과 콩나물을 넣어 양념과 고루 섞이도록 볶아,

❹ 대파를 송송 썰어 넣고 참기름 1, 통깨 1, 후춧가루 약간을 넣어 한 번 더 살짝 볶으면 끝.

남은 양념에 밥을 볶아도 맛있어요

꼬막 숙주볶음

꼬막은 11월부터 3월까지가 제철인데요. 꼬막철이 되면 다양하게 꼬막 요리를 해 먹어요. 꼬막과 숙주를 고춧가루 양념에 볶으면 여러 반찬이 필요 없어요.

요리 시간
30분

주재료(2~3인분)
꼬막 40개
숙주 150g
식용유 약간
후춧가루 약간

양념장 재료
간장 2
맛술 1
다진 마늘 0.5
다진 파 2
다진 홍고추 0.5
고춧가루 0.5
참기름 1
통깨 0.5

❶ 꼬막은 삶아 껍데기를 까서 살만 발라내고, 숙주는 씻어서 물기를 빼고, 간장 2, 맛술 1, 다진 마늘 0.5, 다진 파 2, 다진 홍고추 0.5, 고춧가루 0.5, 참기름 1, 통깨 0.5를 한데 넣어 섞고,

❷ 팬을 달구어 식용유를 약간 두르고 숙주를 넣어 재빨리 볶고,

❸ 양념장을 넣어 재빨리 볶다가,

❹ 꼬막살을 넣고 양념이 어우러지도록 볶다가 맛을 보아 후춧가루를 약간 뿌리면 끝.

꼬막 양념찜

꼬막전, 꼬막무침, 꼬막 된장찌개 등 꼬막 요리는 참 다양해요.
오늘은 꼬막 요리의 기본인 양념찜을 만들었어요.

요리 시간
20분

주재료(2인분)
꼬막 40개

양념 간장 재료
간장 3
맛술 1
설탕 약간
다진 마늘 0.5
다진 파 2
다진 홍고추 0.5
고춧가루 0.5
참기름 1
통깨 0.5

❶ 꼬막은 옅은 소금물에 담가 해감하여 굵은소금을 뿌려 껍데기를 박박 문질러 닦고,

❷ 냄비에 꼬막이 잠길 정도의 물을 넣고 끓여 팔팔 끓으면 꼬막을 넣고 휘휘 저어가며 삶다가 3분의 1 정도가 입을 열면 바로 불을 끄고,

꼬막에 이물질이 묻어 있으면 따끈한 물에 살살 헹구세요

❸ 삶은 꼬막은 체에 밭쳐 자연스럽게 식혀 껍데기를 따로 떼어내어 살을 발라내고 다시 껍데기에 꼬막 살을 담고,

❹ 간장 3, 맛술 1, 설탕 약간, 다진 마늘 0.5, 다진 파 2, 다진 홍고추 0.5, 고춧가루 0.5, 참기름 1, 통깨 0.5를 한데 섞어 꼬막에 조금씩 얹으면 끝.

물미역 초무침

저렴하고 맛있는 물미역이 시장에 나오면
초고추장에 찍어 먹고 무쳐도 먹어요.
바다 향이 은은하게 감돌고 초고추장이 입맛을
확 살게 하니 밥 없이도 마냥 집어 먹게 돼요.

요리 시간
20분

주재료(3~4인분)
물미역 300g
오이 1/2개

양념 재료
설탕 1
식초 4
고추장 2
다진 마늘 1
물엿 1
통깨 1
참치진국 0.3

대체 식재료
참치진국▶간장

데치자마자
찬물에 헹궈
온기를 없애요

❶ 물미역은 흐르는 찬물에 씻어 이물질을 제거하고 팔팔 끓는 물에 파랗게 데쳐 찬물에 여러 번 헹궈 차게 식히고,

❷ 데친 물미역은 물기를 꼭 짜서 먹기 좋게 썰고, 오이는 어슷하게 썰고,

손이 부들부들
떨릴 정도로
미역의 물기를
꼭 짜세요

❸ 설탕 1, 식초 4를 먼저 섞어 설탕이 녹으면 고추장 2, 다진 마늘 1, 물엿 1, 통깨 1을 섞고,

참치진국을
넣으면
감칠맛이 나요

❹ 물미역과 오이에 양념을 넣어 조물조물 무쳐 맛을 보아 싱거우면 참치진국 0.3을 넣어 간을 하면 끝.

미역 냉국

여름이면 생각나는 시원하고 맛있는 미역 냉국.
한 그릇 먹고 나면 한여름의 무더위를 잊게 하고
식초를 넣었기 때문에 입맛 없을 때 먹으면 좋아요.

4인분

요리 시간
20분

주재료
미역무침 적당량
(241쪽 참조)

국물 재료
얼음물 3컵
식초 4
설탕 2
소금 0.3
참치진국 1

대체 식재료
참치진국▶국간장

식초는
사과식초를
넣었어요

❶ 얼음물 3컵, 식초 4, 설탕 2, 소금 0.3, 참치진국 1을 한데 넣어 섞고,

진간장은 맛도 덜하고
색깔이 진해져
냉국이나 국에 넣기에는
적합하지 않아요

❷ 미역무침에 냉국 국물을 부으면 끝.

Point

냉국이나 초무침은 새콤하면서 달콤해야 하고, 소금도 적절하게 넣어야 식초와 설탕의 맛을 살려 주고 보완을 해줘요.

미역 오이무침

미역 오이무침을 기억해 두면 미역 냉국이 따라와요.
미역 오이무침을 무쳐 냉국 국물을 만들어 부으면 되거든요.
쉽고 간단한 방법을 알려드릴 테니 한 번에 두 가지 요리를 만들어 보세요.

요리 시간
20분

주재료(4인분)
불린 미역 2/3컵
오이 1/2개
통깨 적당량

양념 재료
식초 3
설탕 1.5
굵은소금 0.3
송송 썬 실파 1
송송 썬 홍고추 1

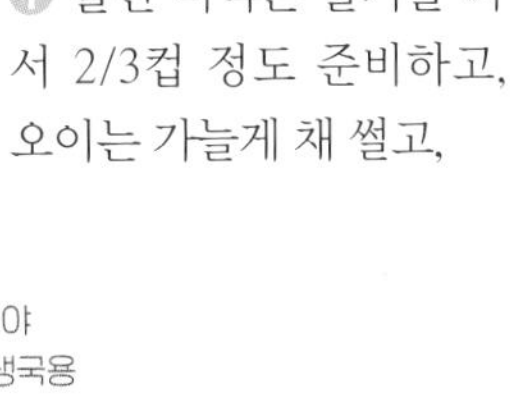

❶ 불린 미역은 물기를 짜서 2/3컵 정도 준비하고, 오이는 가늘게 채 썰고,

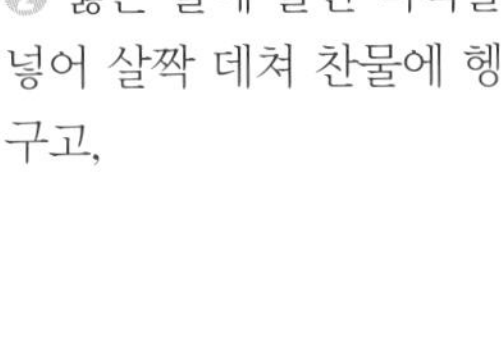

❷ 끓는 물에 불린 미역을 넣어 살짝 데쳐 찬물에 헹구고,

한 번 데쳐야 부드러워요. 냉국용 미역이라면 데치지 않아도 돼요

마늘을 넣으면 향이 과해 넣지 않았어요

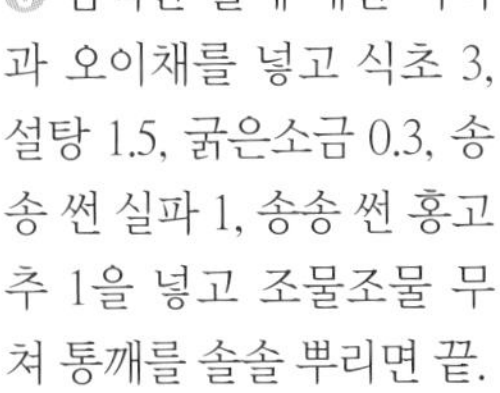

❸ 큼직한 볼에 데친 미역과 오이채를 넣고 식초 3, 설탕 1.5, 굵은소금 0.3, 송송 썬 실파 1, 송송 썬 홍고추 1을 넣고 조물조물 무쳐 통깨를 솔솔 뿌리면 끝.

고기와
달걀 반찬

김 달걀말이

달걀 반찬 많이 드시죠? 김 달걀말이는 조미 김을 마구 찢어 넣고 부치는 스타일이에요. 일본식 달걀말이처럼 달달한 맛을 내려고 설탕 대신 맛술을 넣었어요.

요리 시간
20분

주재료(2~3인분)
달걀 4개
채소(당근, 양파, 쪽파, 단호박 등) 적당량
조미 김 2장
식용유 적당량

양념 재료
소금 0.3
맛술 2
우유 2

❶ 채소는 당근, 양파, 쪽파, 단호박 등을 준비하여 잘게 다지고,

❷ 볼에 달걀을 깨어 넣고 다진 채소와 소금 0.3, 맛술 2, 우유 2를 넣고 젓가락으로 거품이 많이 일지 않도록 살살 섞어가며 고루 풀고,

❸ 팬을 약한 불로 달군 다음 달걀물에 조미 김을 대강 찢어 넣어 재빨리 섞어 팬에 달걀물을 3분의 1 정도만 넓게 펼쳐 붓고,

❹ 윗면이 반쯤 익으면 재빨리 말아 팬 가장자리로 밀어두고 다시 달걀물을 부어 부치는 과정을 서너 번 반복하여 온기가 있을 때 김발에 올려 모양을 잡고 한 김 식었을 때 적당하게 자르면 끝.

날치알 달걀말이

알밥에 넣어 먹고 남은 날치알이 있어 달걀말이에 넣었더니
톡톡, 오도독 씹히는 맛이 재미있는 반찬이 됐어요. 자투리 채소도 함께 넣으면
보기에도 좋고 맛도 좋아요. 채소를 먹지 않는 아이들도 날치알 먹는 재미에
즐거워하며 먹고요. 토마토케첩이나 머스터드를 찍어 먹어도 맛있어요.

요리 시간
20분

주재료(2~3인분)
날치알 4
잘게 다진 채소(단호박, 피망, 파프리카 등) 1줌
잘게 다진 양파 1줌
송송 썬 쪽파 1줌
달걀 3개
소금·후춧가루 적당량씩
식용유 적당량

날치알 양념 재료
레몬즙 1
맛술 1

대체 식재료
쪽파▶대파

비린내를 없애기 위해 레몬즙과 맛술을 넣어요

❶ 날치알은 고운체에 밭쳐 레몬즙 1, 맛술 1을 뿌리고 비벼 국물을 숟가락으로 꾹 눌러 짜고,

❷ 잘게 다진 채소와 잘게 다진 양파, 송송 썬 쪽파를 준비하고,

❸ 볼에 달걀을 깨어 넣고 날치알, 채소, 양파, 쪽파를 넣은 다음 소금과 후춧가루로 간을 하여 고루 섞고,

❹ 팬을 충분히 달구어 식용유를 두르고 달걀물을 3분의 1이나 2분의 1 정도 부어 달걀이 반 이상 익으면 돌돌 끝까지 말아 팬의 가장자리로 밀어 놓고,

❺ 식용유를 또 두르고 키친타월로 톡톡 닦아 약간의 기름만 남기고 남은 달걀물을 붓고 돌돌 말다가, 다 말면 팬에서 한두 번 정도 돌돌 굴려가며 노릇하게 부쳐,

❻ 따끈할 때 김발에 말아 모양을 잡아 한 김 식으면 적당하게 썰면 끝.

Point

달걀말이는 따끈할 때 김발에 말아 모양을 잡아 한 김 식혀 썰어야 잘 썰려요.

소시지 달걀말이

요리 시간
20분

주재료(2~3인분)
달걀 4개
프랑크 소시지 3개

달걀 양념 재료
소금 0.3
우유 2
맛술 1

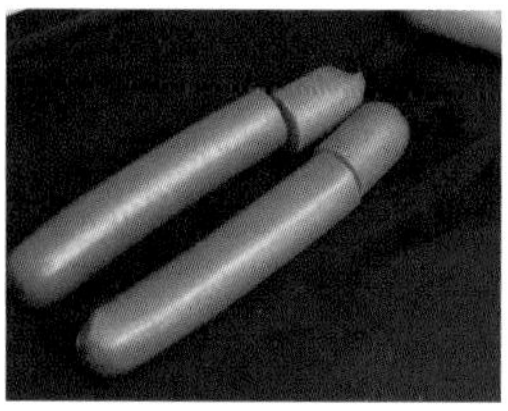

❶ 소시지는 끓는 물에 넣어 살짝 데쳐서 끝 부분을 자르고,

데치면
탱글탱글한
식감이 살아요

❷ 달걀은 소금 0.3, 우유 2, 맛술 1을 넣고 거품 없이 고루 섞고,

❸ 팬을 약한 불로 충분히 달구어 달걀물을 부어 윗면이 반쯤 익으면 소시지를 얹고 돌돌 말아 다시 달걀물을 부어 익혀 마는 과정을 반복하여,

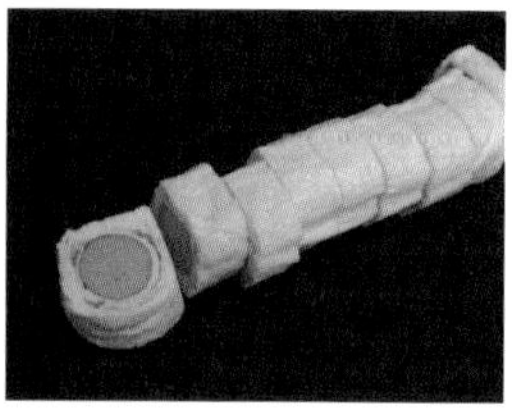

❹ 한 김 식혀 먹기 좋게 썰면 끝.

참치 채소 달걀말이

방학이 되면 아이들 반찬에 더 신경을 쓰게 돼요. 달걀말이에 참치를 넣고 부쳐 춤추는 가다랑어포와 특별한 소스를 뿌려 아이들이 더 좋아하는 스타일로 만들었어요.

요리 시간
25분

주재료(2~3인분)
다진 채소(양파, 당근, 대파 등) 2/3컵
달걀 3개
참치 통조림 1/2통(약 70g)
마요네즈·돈가스 소스 적당량씩
가다랑어포 적당량

양념 재료
우유 2
맛술 1
설탕 약간
소금 0.3
후춧가루 약간

양파와 대파가 들어가야 퍽퍽하지 않아요

❶ 볼에 다진 채소를 넣고, 참치는 통조림을 따서 기름을 쪽 빼서 넣고 달걀은 깨어 넣고,

❷ 우유 2, 맛술 1, 설탕 약간, 소금 0.3, 후춧가루 약간을 넣어 약간 삼삼하게 간하고 멍울지지 않도록 곱게 풀고,

채소와 참치를 너무 많이 넣으면 모양 잡기가 어려워요

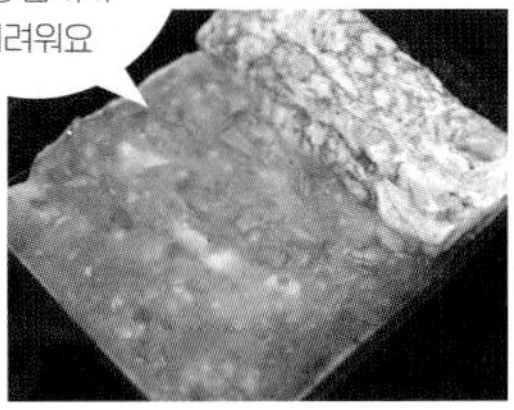

❸ 팬을 달구어 식용유를 두르고 키친타월로 닦아낸 다음 달걀물을 조금만 부어 3분의 2쯤 익으면 돌돌 말고 다시 달걀물을 부어 돌돌 말아,

❹ 달걀말이를 한 김 식혀 먹기 좋게 썰어 마요네즈, 돈가스 소스를 뿌리고 가다랑어포를 뿌리면 끝.

마지막 달걀물은 건더기보다 달걀물이 더 많도록 부치세요

카레 치즈 달걀말이

요리 시간
20분

주재료(2인분)
달걀 3개
쪽파 5대
피자치즈 1컵
식용유 적당량

카레 양념 재료
카레가루 1
청주 1

❶ 카레가루 1, 청주 1을 섞어 카레 양념을 만들고,

청주는
달걀의 비린내를
잡아줘요

❷ 달걀에 쪽파를 송송 썰어 넣고 카레 양념을 넣어 거품기로 고루 섞고,

❸ 팬을 충분히 달구어 식용유를 두르고 달걀물을 3분의 1만 부어 윗면이 반쯤 익으면 피자치즈를 고루 뿌려 돌돌 말고,

❹ 나머지 달걀물을 붓고 피자치즈를 뿌리는 과정을 서너 번 반복하여 돌돌 말아 한 김 식혀 먹기 좋게 자르면 끝.

하트 달걀말이

달걀말이는 자주 먹으면 질리지만
어쩌다 먹으면 반가운 반찬 중에
하나인데요. 늘 먹는 달걀말이에 약간의
변화를 주었어요. 만드는 법이 정말
쉬우니 용기를 내어 만들어 보세요.

요리 시간
20분

주재료(2인분)
달걀 3개
쪽파 7대
김 1장

양념 재료
맛술 1
소금 0.3

대체 식재료
쪽파▶대파

① 볼에 달걀을 깨어 넣고 쪽파를 다듬어 씻어 송송 썰어 넣고 맛술 1, 소금 0.3을 넣어 젓가락으로 곱게 풀고,

② 팬을 중간 불 이하로 달구고 식용유를 적당히 둘러 팬 전체를 코팅하고 달걀물을 3분의 1 정도만 부어 윗면이 반쯤 익으면 김을 올리고,

③ 나머지 달걀물을 부어 돌돌 말아 다 말면 달걀말이를 뒤집어 뒤집개로 적당히 눌러가며 모양을 잡아 한 김 식혀,

④ 달걀말이를 김밥 썰듯 썰고 사진처럼 어슷하게 반을 잘라 한쪽을 뒤집어 짝을 맞추어 그릇에 담으면 끝.

오믈렛 하면 굉장한 메뉴처럼 느껴지지만 달걀을 이용한 부침 요리라고 생각하면 편해요. 오믈렛은 좋아하는 재료를 곁들이면 되는데요. 오늘은 두부와 쪽파를 잔뜩 넣고 만들었어요.

달걀 두부 오믈렛

요리 시간
20분

주재료(2~3인분)
달걀 3개
두부 1/2모(150g)
쪽파 7대
식용유 1

양념 재료
참치한스푼 1
후춧가루 약간

대체 식재료
참치한스푼
▶새우젓 국물, 소금

참치한스푼은 참치살로 만든 깊고 진한 맛이 나는 참치 간장이에요

① 두부는 작은 깍두기 모양으로 썰고, 쪽파는 송송 썰고,

② 볼에 달걀을 깨어 넣고 참치한스푼 1, 후춧가루를 약간 넣어 잘 풀고,

③ 달걀물에 두부와 쪽파를 넣어 살살 섞고,

거품이 많이 나지 않게 요령껏 섞으세요

속이 덜 익은 듯하게 부쳐야 부드럽고 촉촉해요

④ 팬을 충분히 달구어 식용유 1을 두르고 달걀물을 반만 부어 중간 불에서 타지 않게 익혀 노릇하게 부쳐지면 반으로 접어 마저 부치면 끝.

푸딩 달걀찜

마땅한 반찬이 없으면 뚝배기 달걀찜부터 해서 달걀말이, 일본식 달걀찜까지 달걀 요리를 정말 자주 상에 올려요. 오늘은 보들보들 푸딩 같은 일본풍 달걀찜을 만들었어요. 절대 어렵지 않으니 따라해 보세요.

요리 시간
25분

주재료(3인분)
달걀 3개
다시마 육수 1컵
맛술 1
소금 약간

장식 재료
날치알 1
쪽파 약간

대체 식재료
다시마 육수
▶참치진국 0.5+물 1컵

김이 오른 찜통이 아닌 처음부터 넣고 찌세요

❶ 달걀, 다시마 육수 1컵, 맛술 1, 소금 약간을 한데 섞고,

❷ 달걀물은 체에 내리고,

❸ 그릇에 달걀물을 70~80% 정도만 거품 없이 담아 찔 때 증기 자국이 달걀 표면에 떨어지지 않도록 랩으로 꼼꼼하게 싸고,

❹ 찜기에 물을 적당히 넣고 달걀물을 담은 그릇을 넣어 뚜껑을 덮고 중간 불로 12~15분 정도 쪄서 랩을 벗겨 날치알과 송송 썬 쪽파를 얹으면 끝.

육수 대신 물을 넣으면 맛이 없어요

이렇게 해야 푸딩 같은 달걀찜을 만들 수 있어요

닭 가슴살 양파볶음

닭 가슴살이 예전에는 인기가 없었는데 요즘 인기라고 하네요.
닭 가슴살로 장조림도 해 먹고 오븐에 구워 샐러드와 곁들이기도 하고
밥반찬으로 볶아 먹기도 해요. 닭과 양파, 양념만 있으면 뚝딱 만들 수 있어요.

요리 시간
20분

주재료(2~3인분)
닭 가슴살 2조각
양파(중간 것) 1/2개
대파 1/3대
식용유 1
통깨 1

닭 가슴살 밑간 재료
청주 1
소금·후춧가루 적당량씩
참기름 0.5

양념장 재료
고춧가루 1
다진 마늘 1
간장 1
물엿 2
고추장 2

❶ 닭 가슴살은 한입 크기로 먹기 좋게 썰고, 양파는 도톰하게 채 썰고, 대파는 어슷하게 썰고,

❷ 닭 가슴살은 청주 1, 소금과 후춧가루 적당량씩, 참기름 0.5에 조물조물 밑간하고,

❸ 고춧가루 1, 다진 마늘 1, 간장 1, 물엿 2, 고추장 2를 한데 섞고,

❹ 팬을 달구어 식용유 1을 두르고 닭 가슴살을 넣고 달달 볶다가 양파를 넣어 볶고, 양념장을 넣어 볶다가 닭 가슴살이 익고 재료와 양념이 어우러지면 대파를 넣어 버무리고 통깨를 솔솔 뿌리면 끝.

닭 가슴살 오이무침

요즘에는 닭 가슴살도 통조림으로 나와 몇 번 맛보았는데 아주 맛이 괜찮더라고요. 칼로리가 비교적 낮은 닭 가슴살과 오이를 삼삼하게 무쳤어요. 오이를 절여서 무치기 때문에 미리 만들어 두었다가 나중에 먹어도 돼요.

요리 시간
30분

주재료(2~3인분)
오이 1개
닭 가슴살 통조림 1통(130g)

오이 절임 재료
식초 4
설탕 2
소금 0.5

양념 재료
고춧가루 1
물엿 1
식초 1
통깨 0.5
참기름 0.5

대체 식재료
닭 가슴살 통조림▶닭 가슴살

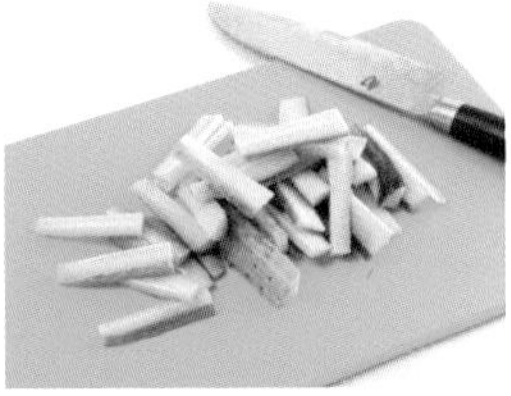

❶ 오이는 길쭉하고 약간 도톰한 크기로 자르고,

❷ 오이에 식초 4, 설탕 2, 소금 0.5를 뿌려 20분 동안 절여 물을 따라내고,

너무 꼭 짜지 말고 물기가 없도록 오이만 건져내세요

❸ 볼에 절인 오이와 닭 가슴살을 넣고,

통조림이 아닌 닭 가슴살을 넣는다면 소금이나 후춧가루를 넣어 밑간을 하세요

❹ 고춧가루 1, 물엿 1, 식초 1, 통깨 0.5, 참기름 0.5를 넣어 닭 가슴살이 풀어지지 않게 살살 무치면 끝.

닭 가슴살 완자

퍽퍽해서 그냥 먹기 힘든 닭 가슴살로 만든 아주 맛있는 반찬이에요. 닭 가슴살에 양파를 듬뿍 다져 넣어 부드럽고 촉촉해요. 드라이 허브를 넣고 완자 모양으로 부쳐 소스를 끓여 곁들이니 밥반찬으로만 먹기에 미안할 정도예요. 삼삼하게 만들어 간식으로 먹어도 좋고 모닝 롤에 끼워 미니 햄버거를 만들어도 좋아요.

요리 시간
30분

주재료(2~3인분)
닭 가슴살 3조각(300g)
양파(작은 것) 1개(100g)
쪽파 1줌
간장 1
설탕 0.5
식용유 적당량

닭 가슴살 밑간 재료
소금 0.3
후춧가루 적당량
맛술 1
다진 마늘 0.5
드라이 허브 0.3

소스 재료
간장 1
식초 1
물엿 2

① 닭 가슴살은 흰 힘줄 부분을 제거하여 채 썰고 다시 작게 깍둑썰기 하여 칼로 여러 번 자근자근 두드려 다지고,

② 양파는 잘게 다지고, 쪽파는 송송 썰고,

③ 볼에 다진 닭 가슴살을 넣고 소금 0.3, 후춧가루 적당량, 맛술 1, 다진 마늘 0.5, 드라이 허브 0.3을 넣어 조물조물 양념하고,

④ 이어서 양파와 쪽파를 넣고 간장 1, 설탕 0.5를 넣어 재료가 잘 섞이도록 차지게 치대어 둥글넓적하게 빚어,

⑤ 팬을 충분히 달구어 식용유를 두르고 닭 가슴살 완자를 넣어 앞뒤로 노릇하게 지져 그릇에 옮겨 담고,

⑥ 완자를 지진 팬에 간장 1, 식초 1, 물엿 2를 넣고 바글바글 끓여 닭 가슴살 완자에 끼얹으면 끝.

Point

닭 가슴살은 깨끗이 씻어 물기를 쪽 빼서 길게 붙어 있는 힘줄을 칼로 밀어내듯 제거하세요.

닭고기 김치찜

닭볶음탕도 먹고 싶고 김치찜도 먹고 싶어 둘을 동시에 맛볼 수 있도록 만든 닭고기 김치찜이에요. 반찬이라기보다는 일품 요리라 할 수 있지만 김치를 밥에 얹어 먹고 국물까지 밥에 비벼 먹을 수 있으니 밥반찬도 맞아요.

요리 시간
60분

주재료(4~5인분)
닭봉 20개(800g)
신 김치 1쪽
감자(중간 것) 3개
멸치 다시마 육수 2컵
대파 1대

김치 양념 재료
김치 국물 1/2컵
들기름 1
설탕 1
고춧가루 1

닭고기 양념 재료
다진 마늘 1
고추장 2
청주 3
꿀 1
후춧가루 적당량

대체 식재료
닭봉 20개▶닭(중간 닭) 1마리

들기름을 넣으면 김치가 부드러워져요

① 신 김치에 김치 국물 1/2컵, 들기름 1, 설탕 1, 고춧가루 1을 넣고 잠시 재워두고,

② 닭봉은 찬물에 서너 번 씻어 물기를 빼서 다진 마늘 1, 고추장 2, 청주 3, 꿀 1, 후춧가루 적당량에 양념하여 10분 정도 재우고, 감자는 큼직하게 썰어 닭봉과 함께 재우고,

김치찜은 뭉근하게 푹 끓여야 맛있어요

③ 냄비에 양념한 김치를 넣고 닭을 고루 펼쳐서 얹고 멸치 다시마 육수 2컵을 부어 처음에는 뚜껑을 열고 끓여 부르르 끓으면 중간 불 이하로 줄여 뚜껑을 덮고 40분~1시간 정도 끓이다가,

④ 맛을 보아 소금으로 간하여 대파를 어슷하게 썰어 넣고 대파의 숨이 죽으면 불을 끄면 끝.

간이 맞으면 소금은 생략하고 신맛이 강하면 설탕을 더 넣으세요

닭고기 매운볶음

요리 시간
20분

주재료(3~4인분)
닭 가슴살 4조각(400g)
청양고추 2개
마른 고추 1개
식용유 2

닭고기 밑간 재료
다진 마늘 1
청주 2
생강즙 약간
소금·후춧가루 약간씩

양념 재료
고추장 1
간장 2
물엿 3
설탕 1

대체 식재료
청양고추, 마른 고추▶풋고추

❶ 닭 가슴살은 먹기 좋게 잘라 다진 마늘 1, 청주 2, 생강즙 약간, 소금과 후춧가루 약간씩에 양념하여 잠시 재우고,

❷ 팬을 달구어 식용유 1을 두르고 밑간한 닭고기를 넣어 달달 볶아 그릇에 옮겨 담고,

고추는 취향껏 넣으세요

❸ 팬에 식용유 1을 더 두르고 청양고추와 마른 고추를 어슷하게 썰어 넣고 매운 향이 나게 볶다가 고추장 1, 간장 2, 물엿 3, 설탕 1을 넣고 끓여 바글바글 끓으면,

어묵이나 떡을 넣어 함께 볶아도 좋아요

❹ 닭고기를 넣어 양념과 버무리듯 살짝 볶으면 끝.

닭고기 캐슈너트 볶음

중국이나 태국 음식점에서
궁보기정이나 궁보계정이라는
어려운 이름으로 파는 요리에요.
매운 마른 고추를 넣어 만드는데
아이들도 같이 먹을 수 있도록
최소한의 재료만 넣어
가정식으로 만들었어요.

요리 시간
25분

주재료(2~3인분)
닭 안심 5조각
양파 1/2개
캐슈너트 1/2컵
식용유 2

닭 안심 밑간 재료
다진 마늘 0.5
청주 1
소금·후춧가루 약간씩
녹말가루 0.5

양념 재료
굴소스 2
청주 2
꿀 0.5
참기름 0.3
통후추 약간

대체 식재료
닭 안심▶닭 가슴살

녹말가루를 넣으면 닭고기가 부드러워져요

❶ 닭 안심은 굵은 힘줄을 제거하여 한입 크기로 썰어 다진 마늘 0.5, 청주 1, 소금과 후춧가루 약간씩, 녹말가루 0.5로 밑간을 하고, 양파는 닭 안심 크기로 썰고,

❷ 굴소스 2, 청주 2, 꿀 0.5, 참기름 0.3을 한데 넣어 섞고,

❸ 팬을 달구어 식용유 2를 두르고 닭 안심을 넣어 전체적으로 고루 익도록 재빨리 볶다가 양파를 넣어 볶고,

❹ 닭 안심이 완전히 익으면 캐슈너트와 양념을 넣어 고루 볶고 통후추를 갈아 넣으면 끝.

닭봉 고추냉이 양념조림

일본 드라마에 나온 닭고기 요리인데 데리야끼 소스에 고추냉이를 듬뿍 넣더라고요. 도대체 고추냉이를 넣은 닭고기 요리는 어떤 맛일지 궁금해서 만들어 보았어요. 생각보다 맵지 않고 독특한 맛이 나요.

요리 시간
30분

주재료(3~4인분)
닭봉 14개(500g)
식용유 1
통깨 적당량

닭 밑간 재료
청주 2
허브맛 소금 적당량

고추냉이 조림장 재료
다진 마늘 1
고추냉이 1
설탕 1
간장 3
맛술 2
청주 2
물엿 2
식초 2
생강즙 약간

대체 식재료
허브맛 소금
▶소금·후춧가루 적당량씩

칼집을 내서 자근자근 두드리면 양념이 잘 배고 고루 익어요

❶ 닭봉은 찬물에 깨끗이 씻어 물기를 쪽 빼서 양념이 고루 배도록 중간중간 칼집을 내어 청주 2, 허브맛 소금 적당량을 솔솔 뿌려 밑간을 하고,

고추냉이는 생와사비로 쓰세요

❷ 다진 마늘 1, 고추냉이 1, 설탕 1, 간장 3, 맛술 2, 청주 2, 물엿 2, 식초 2, 생강즙 약간을 한데 섞고,

❸ 팬을 충분히 달구어 식용유 1을 두르고 닭봉을 넣어 중간 불로 타지 않게 노릇노릇 구워 뚜껑을 덮어 푹 익히다가,

❹ 닭봉이 80% 정도 익으면 고추냉이 조림장을 넣고 뚜껑을 덮고 국물이 자작해질 때까지 더 조려 통깨를 뿌리면 끝.

고추장 삼겹살

홍천에 갈 때 자주 들르는 고깃집이 있는데 그 집의 고추장 삼겹살을 생각하면서 만들었어요. 양념 맛이 강하지 않고 맵지 않아 아이들도 잘 먹어요. 숯불에 구워 먹으면 더 맛있겠지만 프라이팬에 구워도 맛있어요.

요리 시간
30분

주재료(2~3인분)
삼겹살 500g

양념 재료
고추장 2
다진 마늘 0.5
생강즙 0.3
청주 3
맛술 1
꿀 3
간장 1

대체 식재료
생강즙▶생강가루

생강을 넣으면 돼지고기의 잡냄새가 사라져요

❶ 고추장 2, 다진 마늘 0.5, 생강즙 0.3, 청주 3, 맛술 1, 꿀 3, 간장 1을 한데 섞고,

❷ 삼겹살은 큼직하게 손바닥 반만한 크기로 썰고,

삼겹살 중에서도 조금 얇은 고기가 적당해요

❸ 삼겹살을 양념장에 조물조물 버무려 10분 정도 양념이 배도록 재웠다가,

키친타월로 팬을 닦아가며 여러 번에 나눠 구우세요

❹ 팬을 달구어 삼겹살을 넣고 한쪽면이 다 익으면 뒤집어서 뒷면도 노릇하게 구우면 끝.

돼지갈비 강정

새로운 요리를 만들고 싶어서 돼지갈비로 강정을 만들어 보았어요. 소스를 양념 치킨처럼 맛을 냈는데 돼지갈비 튀김과 아주 잘 어울려요. 돼지갈비로 찜을 만들다 지겨울 때 이따금 강정을 만들어 보세요.

요리 시간
50분

주재료(4~5인분)
돼지갈비(손질한 것) 700g
땅콩(부순 것) 1줌
녹말가루 10
튀김기름 2컵
식용유 약간

돼지갈비 밑간 재료
다진 마늘 1
다진 생강 0.5
청주 2
소금 0.5
후춧가루 0.5

소스 재료
송송 썬 청양고추 2개분
편으로 썬 마늘 5쪽분
청주 3
맛술 2
식초 1
간장 2
굴소스 1
물엿 2
딸기잼 2
토마토케첩 1

냉동 돼지갈비는 꼭 해동한 후 조리하세요

녹말가루를 입혀 두면 수분이 나와요

❶ 돼지갈비는 살코기로 준비하여 찬물에 담가 서너 번 정도 물을 갈아가며 핏물을 빼서 기름기를 떼어내고 살점만 발라내 한 입 크기로 잘라 큰 것은 칼집을 내어 준비하고,

❷ 돼지갈비에 다진 마늘 1, 다진 생강 0.5, 청주 2, 소금 0.5, 후춧가루 0.5를 넣고 조물조물 밑간하여 20분 정도 재운 다음 녹말가루 10을 고루 묻혀 잠시 두고,

❸ 튀김기름 2컵을 달구어 돼지갈비를 넣고 색만 살짝 돌도록 한번 튀긴 뒤 키친타월에 얹어 튀김에서 수분이 올라오면 한 번 더 바삭하게 튀기고,

❹ 팬을 약하게 달구어 식용유를 두르고 청양고추, 마늘을 볶다가 청주 3, 맛술 2, 식초 1, 간장 2, 굴소스 1, 물엿 2, 딸기잼 2, 토마토케첩 1을 넣어 끓이다 고기와 땅콩을 넣고 버무리면 끝.

돼지고기 고추장 볶음

돼지고기볶음은 매콤달콤하게 볶아 밥과 먹으면 밥도둑이 따로 없는 일품 반찬이에요. 순하고 착한 음식만 며칠 먹다가 매콤하고 자극적인 음식이 당겨 만들었어요.

요리 시간
30분

주재료(2~3인분)
돼지고기(불고깃감) 400g
양파(중간 것) 1개
청양고추 1개
대파 1대
식용유 1

돼지고기 양념 재료
고추장 3
고춧가루 1
간장 2
다진 마늘 1
청주 2
설탕 0.5
물엿 2
생강즙 약간
후춧가루 약간
참기름 1
통깨 0.5

돼지고기는 불고깃감이나 목삼겹살로 준비하세요

❶ 돼지고기는 고추장 3, 고춧가루 1, 간장 2, 다진 마늘 1, 청주 2, 설탕 0.5, 물엿 2, 생강즙 약간, 후춧가루 약간을 넣고 조물조물 버무려 양념을 하고,

❷ 양파는 굵직하게 채 썰고, 청양고추와 대파는 어슷하게 썰어 돼지고기에 넣어 살살 버무려 20분 정도 재우고,

❸ 팬을 달구어 식용유 1을 두르고 양념한 돼지고기를 넣어 지글지글 볶아,

❹ 돼지고기가 익으면 참기름 1, 통깨 0.5를 뿌리면 끝.

참기름과 통깨는 취향껏 넣으세요

돼지고기 고추장 케첩조림

자주 먹는 돼지고기를 더 맛있게 먹는 방법이에요.
집에 늘 있는 양념으로 쉽게 만들 수 있어 더욱 좋아요.
식어도 맛있고 도시락 반찬으로도 적당해요.

요리 시간
30분

주재료(2~3인분)
돼지고기 목살 400g
녹말가루 3
식용유 적당량
견과류 적당량

돼지고기 밑간 재료
청주 1
생강즙 0.3
소금·후춧가루 약간씩

고추장 케첩 소스 재료
고추장 1
토마토케첩 1
간장 1
맛술 1
다진 마늘 0.5
식초 2
물엿 3
물 3

생강즙은 돼지고기의 잡냄새를 없애요

❶ 돼지고기 목살의 큰 기름은 떼어내고 한입 크기로 썰어 청주 1, 생강즙 0.3, 소금과 후춧가루 약간씩에 잠시 재우고,

❷ 밑간한 돼지고기에 녹말가루 3을 고루 묻히고,

한 면이 잘 구워지면 뒤집어 구우세요

❸ 팬을 충분히 달구어 식용유를 넉넉히 두르고 돼지고기를 넣어 중간 불로 타지 않도록 노릇노릇하게 구워,

땅콩, 호두, 잣 등이 어울려요

❹ 팬에 고추장 1, 토마토케첩 1, 간장 1, 맛술 1, 다진 마늘 0.5, 식초 2, 물엿 3, 물 3을 넣고 끓여 돼지고기를 넣고 양념이 잘 배도록 살짝 조려 견과류를 부수어 뿌리면 끝.

돼지고기 장조림

장조림을 쇠고기로만 만드셨나요? 저는 쇠고기 장조림, 돼지고기 장조림, 닭 가슴살 장조림 등 다양하게 해 먹어요. 특히 돼지고기 장조림은 고기가 연하며 맛이 부드럽고 가격은 저렴하니 한번 만들어 보세요. 주말에 만들어 두면 일주일 밑반찬 걱정이 사라져요.

요리 시간
40분

주재료(7~8인분)
돼지고기 안심 500g
꽈리고추 40개

돼지고기 삶는 물 재료
물 3컵
양파 1/4개
마늘 5쪽
통후추 0.3
월계수 잎 2장

조림장 재료
물 3컵
간장 7
굴소스 2
청주 3
설탕 1
생강즙 0.3
물엿 1

월계수 잎 대신 로즈메리를 넣었어요

돼지고기 삶은 물은 버리세요

발사믹 식초를 1~2숟가락 정도 넣으면 더 먹음직스러워요

❶ 돼지고기는 안심으로 준비하여 5cm 길이로 잘라 냄비에 물 3컵, 양파 1/4개, 마늘 5쪽, 통후추 0.3, 월계수 잎 2장을 넣고 팔팔 끓으면 돼지고기를 넣어 15~20분 정도 삶아,

❷ 돼지고기는 체에 건져 한 김 식으면 결대로 먹기 좋게 찢고,

❸ 꽈리고추는 꼭지를 떼어내고 물에 씻어 물기를 빼고,

❹ 냄비에 물 3컵, 간장 7, 굴소스 2, 청주 3, 설탕 1, 생강즙 0.3을 넣고 끓여 돼지고기를 넣어 조리다가, 꽈리고추를 넣고 국물이 자작하게 줄고 재료에 간이 배어들면 물엿 1을 넣으면 끝.

항정살 조림

블로그 이웃 바이올렛님이 메모에 올린 돼지고기 항정살 요리예요.
따라서 만들어 본다는 것이 재료도 다 갖추지 못한 채 만들다 보니 제 마음대로 만들고 있더라고요. 약간 짭조름하여 특별한 밥반찬으로 정말 좋아요.

요리 시간
30분

주재료(4인분)
돼지고기 항정살 1근(600g)
대파 2대

돼지고기 밑간 재료
다진 마늘 1
청주 3
생강즙 0.3
후춧가루 적당량
참기름 1

조림장 재료
간장 4
참치진국 2
맛술 4
청주 2
설탕 2
다진 마늘 1
후춧가루 적당량

대체 식재료
돼지고기 항정살
▶돼지고기 등심덧살, 목등심
참치진국 2▶굴소스 1

❶ 돼지고기에 다진 마늘 1, 청주 3, 생강즙 0.3, 후춧가루 적당량, 참기름 1을 넣어 조물조물 밑간을 하고,

❷ 대파는 다듬어 씻어 가늘게 채 썰어 찬물에 몇 번 헹군 다음 다시 찬물에 담가 아린 맛을 빼서 체에 밭쳐 물기를 빼고,

❸ 팬을 달구어 돼지고기를 넣고 구워 70~80% 정도 익으면 그릇에 옮겨 담고 돼지고기를 구운 팬에 간장 4, 참치진국 2, 맛술 4, 청주 2, 설탕 2, 다진 마늘 1, 후춧가루 적당량을 넣고 바글바글 끓여,

❹ 돼지고기를 넣어 큼직한 고기는 가위로 먹기 좋게 잘라가면서 윤기 있게 조리고 그릇에 대파채를 담고 조린 돼지고기를 소복하게 올리면 끝.

제육 불고기 숙주볶음

어릴 때 밥상에 놓인 최고의 음식은 제육볶음이었어요. 엄마가 돼지고기를 빨갛게 양념하여 한 냄비 볶아놓으면 식구들 모두 행복해했지요. 오늘 소개하는 레시피는 양념 돼지고기만 있으면 후다닥 만들 수 있어요.

요리 시간
20분

주재료(2인분)
돼지고기(양념한 것) 200g
숙주 3줌(150g)
양파 1/4개
식용유 약간

양념 재료
다진 마늘 0.3
소금·후춧가루 적당량씩
참기름 0.5
통깨 0.5
송송 썬 쪽파 2

① 양념한 돼지고기 200g을 준비하고,

② 숙주는 씻어 물기를 빼고, 양파는 굵직하게 채 썰고,

③ 팬을 중간 불로 달구어 식용유를 약간 두르고 양념한 돼지고기를 넣고 볶다가 반쯤 익으면 양파를 넣어 볶고,

④ 돼지고기가 완전히 익으면 숙주를 넣고 불을 세게 하여 재빨리 볶아 다진 마늘 0.3, 소금과 후춧가루를 적당량씩 넣고 참기름 0.5, 통깨 0.5, 송송 썬 쪽파 2를 넣으면 끝.

돼지고기 양념은 262쪽을 참조하세요

양념 돼지고기에 두부 1모를 넣고 고추장찌개를 끓여도 맛있어요

제육 볶음탕

블로그 이웃이 국물이 자작하고 당면이 들어간 쉬운 레시피를 소개해 달라고 해서 만들어 본 제육볶음탕이에요. 따끈한 밥 한 공기만 있으면 푸짐하게 한 끼를 먹을 수 있어요.

요리 시간
30분

주재료(4인분)
돼지고기(불고깃감) 500g
당면 1줌(70g)
양파 1개(150g)
대파 1대
식용유 약간
물 1컵+1/2컵
소금·후춧가루 약간씩

양념 재료
청주 4
맛술 2
다진 마늘 2
생강즙 1
후춧가루 0.3
설탕 1
물엿 2
간장 4
굴소스 3
참기름 1
통깨 0.5

대체 식재료
물▶다시마 육수, 연하게 우린 멸치 다시마 육수

① 당면은 미지근한 물에 30분 정도 불리고,

② 돼지고기는 불고깃감으로 준비하여 키친타월로 눌러 핏물을 빼서 청주 4, 맛술 2, 다진 마늘 2, 생강즙 1, 후춧가루 0.3, 설탕 1, 물엿 2를 넣어 양념한 다음 간장 4, 굴소스 3, 참기름 1, 통깨 0.5를 넣고,

③ 돼지고기에 양념이 배면 양파는 굵직하게 채 썰어 넣고 대파는 어슷하게 썰어 넣어 함께 재우고,

홍고추를 썰어 넣으면 더 먹음직스러워요

④ 넓은 팬에 식용유를 약간 두르고 돼지고기를 넣고 익을 때까지 달달 볶다가 물 1컵+1/2컵을 넣어 바글바글 끓여 불린 당면을 넣고 당면이 투명하게 익으면 소금, 후춧가루로 간을 하면 끝.

메추리알 쇠고기 장조림

이 레시피는 마더스고양이 정미 씨의 쇠고기 장조림을 참고해서 만들었어요. 쇠고기를 삶을 때 고기가 더 연하고 맛있으라고 설탕이나 아가베시럽을 넣고 삶는 방법이 독특했어요. 삼삼하게 만들어 국물까지 맛있게 먹을 수 있어요.

요리 시간
1시간 10분

주재료(3~4인분)
쇠고기(장조림용) 200g
메추리알 50개
청양고추 1개

쇠고기 삶는 물 재료
물 4컵
아가베시럽 2
통후추 0.3
양파 1/4개
대파(흰 부분) 1대

양념 재료
간장 5
청주 2
아가베시럽 1

대체 식재료
아가베시럽▶꿀

① 쇠고기는 장조림용으로 덩어리째 준비해 찬물에 10분 정도 담가 핏물을 빼고,

② 냄비에 물 4컵, 아가베시럽 2, 통후추 0.3, 양파 1/4개, 대파 1대를 넣고 거품을 걷어내며 1시간 정도 삶고,

③ 메추리알은 삶아서 껍데기를 까고,

④ 쇠고기는 건져 결대로 먹기 좋게 찢고, 육수는 면포에 받쳐 걸러 두고,

⑤ 걸러낸 육수에 간장 5, 청주 2를 넣어 끓이다가 청양고추를 반으로 잘라 넣고 메추리알을 넣고 바글바글 끓이다가,

⑥ 쇠고기를 넣어 2~3분 정도 더 끓여 아가베시럽 1을 넣으면 끝.

Point

쇠고기를 삶을 때 처음에는 뚜껑을 열고 삶다가 중간에 뚜껑을 덮고 삶으면 육수가 많이 졸지 않아요. 육수의 양이 처음의 반 정도 되도록 삶으면 돼요.

PART 4

빛나는 저장식, 김치와 장아찌 그리고 피클

김치를 먹는 사람이 점점 줄어들고 있다고 해도
우리 밥상에 김치는 꼭 있어야 합니다.
누구나 잘 먹고 집에서도 쉽게 담글 수 있는 김치와
가끔 맛보면 입맛을 살리는 장아찌,
깔끔한 맛에 이끌리게 되는 피클 레시피를 공개합니다.

부추김치

부추를 다듬기 귀찮아 자주 담가 먹지는 않는데요.
오이소박이 담글 부추 한 단을 사서 남은 부추가 제법 되면 김치를 담그고
양이 적다 싶으면 부추를 잔뜩 넣은 부침개를 부쳐 먹어요.

요리 시간
1시간 20분

주재료(10접시)
부추 1단(약 600g)
까나리액젓 1/2컵

찹쌀풀 재료
찹쌀가루 1
물 1컵

양념 재료
고춧가루 10
다진 마늘 1
다진 생강 0.3
매실청 5

대체 식재료
매실청 5▶설탕 2+물엿 3

❶ 부추는 다듬어 물에 헹궈 물기를 살짝 빼서 반으로 자르고,

부추나 파김치는 절일 때 소금 대신 액젓으로 절여요

❷ 부추에 까나리액젓 1/2컵을 부어 중간에 한두 번 위치를 바꿔가며 1시간 정도 절여 까나리액젓은 따로 따라내고,

찹쌀풀은 1컵 정도 넣어요

❸ 냄비에 찹쌀가루 1과 물 1컵을 섞어 잘 풀고 불에 올려 멍울지거나 바닥에 눌어붙지 않도록 주걱으로 저어가며 찹쌀풀을 쑤어 완전히 식혀 고춧가루 10, 다진 마늘 1, 다진 생강 0.3, 매실청 5를 넣고,

살살 버무리지 않으면 풋내가 나요

❹ 양념에 부추를 절일 때 사용한 까나리액젓을 넣어 섞은 다음 부추에 조금씩 나눠 넣고 살살 버무리면 끝.

섞박지

무를 큼직하게 썰어 담그는 섞박지는 설렁탕이나 순대국과 먹으면 맛을 확 살려줘요. 그렇지만 한꺼번에 너무 많은 양을 담그지는 말고 열흘이나 보름 치만 담가 그때그때 드세요.

요리 시간
1시간 10분

주재료(10접시)
무 1개(1.5kg)
쪽파 10대

절임 재료
굵은소금 2
설탕 2
사이다 1컵

찹쌀풀 재료
찹쌀가루 1
물 2/3컵

양념 재료
홍고추 2개
마늘 7쪽
생강 1톨
양파(작은 것) 1/2개
새우젓 2
요구르트(작은 것) 1통(60g)
까나리액젓 2
고춧가루 5
설탕 1

대체 식재료
요구르트 1통▶우유 4숟가락

❶ 무는 반달 모양으로 큼직하게 썰어 굵은소금 2, 설탕 2, 사이다 1컵에 중간에 한두 번 위치를 바꿔가며 1시간 정도 절여 물기를 쪽 빼고,

❷ 무가 절여지는 동안 찹쌀가루 1, 물 2/3컵을 잘 섞어 멍울지지 않도록 저어가며 뭉근하게 끓여 충분히 식히고,

❸ 홍고추 2개, 마늘 7쪽, 생강 1톨, 양파 1/2개, 새우젓 2를 믹서에 갈아 요구르트 1통을 넣어 섞은 다음 볼에 옮겨 담고 까나리액젓 2, 고춧가루 5, 설탕 1을 넣어 잘 섞고,

❹ 양념에 무를 넣고 쪽파는 듬성듬성 썰어 넣고 버무려 맛을 보아 까나리액젓으로 간을 하고 실온에서 익혔다가 냉장고에 보관하면 끝.

고깃집 동치미

사이다를 넣어 고깃집에서 나오는 맛이 느껴지는 즉석 동치미예요. 쉬우니 따라 해보세요. 단, 동치미는 실온에서 익혀 냉장고에 넣어야 맛있어요.

요리 시간
30분

주재료(10인분)
무 1/3개(450g)
쪽파 5대
청양고추 1개
마늘 4쪽
생강 1톨
사이다 6컵

무절임 재료
굵은소금 1.5

쪽파는 모양이 예쁘지 않게 나오니 대충 묶으세요

❶ 무는 손가락 두 마디 길이로 썰어 굵은소금 1.5를 뿌려 20분 정도 절이고,

❷ 쪽파는 다듬어 씻어 하나씩 묶고, 청양고추는 반을 갈라 씨를 빼고, 마늘과 생강은 편으로 썰고,

❸ 무가 나른하게 절여지면 절인 물을 버리지 말고 쪽파, 청양고추, 마늘, 생강을 넣고,

❹ 사이다 6컵을 부어 밀폐용기에 담아 실온에 만 하루 정도 익혀 냉장고에 넣으면 끝.

단맛이 싫으면 물 1컵을 더 넣고 소금 간하세요

총각김치

김치가 정말 어려운 것 같지만 한두 가지 담가보면서 요령을 터득하고 익숙해지면 어렵지 않아요. 김칫거리를 다듬어 절이고 풀을 쑤어 양념을 만들어 버무리면 되거든요. 총각김치도 별거 아니에요.

요리 시간
2시간

주재료(김치통 1개 분량)
알타리무 2단(3kg)
굵은소금 1컵+1/2컵

찹쌀풀 재료
찹쌀가루 3
물 2컵

양념 재료
찹쌀풀 2컵
양파(간 것) 1/2개분
고춧가루 2컵
매실청 7
다진 마늘 4
다진 생강 0.5
다진 새우젓 3
멸치액젓 8

대체 식재료
멸치액젓▶까나리액젓
매실청 7▶설탕 3

❶ 알타리무는 수세미로 문질러 씻어 흙이 많은 곳을 칼로 다듬고 지저분한 잎을 잘라내어 물에 헹궈 물기가 남아 있을 때 굵은소금 1컵+1/2컵을 뿌려 한두 시간 정도 절이고,

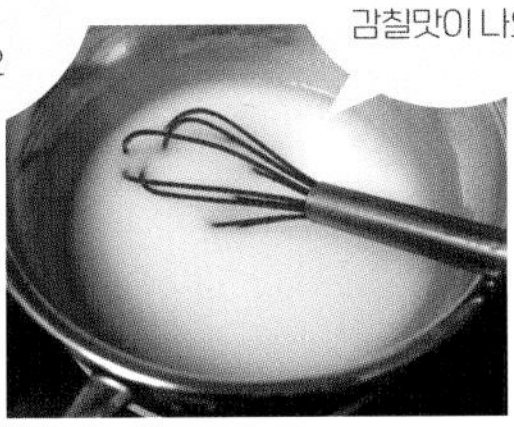

❷ 냄비에 물 2컵과 찹쌀가루 3을 넣고 고루 섞어 중간 불로 뭉근하게 풀을 쑤어 완전히 식히고,

❸ 볼에 식힌 찹쌀풀 2컵을 담고 양파 간 것 1/2개분, 고춧가루 2컵, 매실청 7, 다진 마늘 4, 다진 생강 0.5, 다진 새우젓 3, 멸치액젓 8을 넣어 골고루 섞어 고춧가루를 살짝 불리고,

❹ 알타리무에 양념을 넣고 살살 버무려 김치통에 무를 엇갈려 담아 실온에서 이틀 정도 익혔다가 냉장 보관하면 끝.

무장아찌

김치를 담그고 나서 남는 무로 만드는 간단한 무장아찌인데요. 상에 내면 입맛을 살리는 반찬이에요. 양파를 한 개 정도 같이 넣으면 더 맛있어요.

요리 시간
20분

주재료(작은 김치통 1개 분량)
무 1/2개(500g)
양파(큰 것) 1개
청양고추 2개
홍고추 1개

절임물 재료
물 1컵
설탕 2/3컵
식초 2/3컵
국간장 1/2컵
청주 1/4컵

대체 식재료
청양고추▶풋고추

부침개와 함께 먹으면 맛있어요

❶ 무와 양파는 나박하게 썰고, 청양고추와 홍고추는 어슷하게 썰고,

❷ 절임물 재료인 물 1컵, 설탕 2/3컵, 식초 2/3컵, 국간장 1/2컵, 청주 1/4컵은 팔팔 끓이고,

❸ 볼에 준비한 재료를 모두 넣고 팔팔 끓인 절임물을 뜨거울 때 부어 온기가 사라지면,

❹ 용기에 담아 실온에 반나절 정도 두었다가 냉장고에 넣어 다음 날부터 먹으면 끝.

통마늘 장아찌

다른 장아찌 담그면서 조금 담가 두었던 마늘장아찌가 있는데 오래 저장해 두고 먹어도 참 맛있네요. 간장 맛이 강하지 않은 깔끔한 맛의 장아찌예요.

요리 시간
30분(익히는 시간 제외)

주재료
통마늘 40통(1kg, 큰 것은 20통)

1차 절임물 재료
물 3컵
식초 3컵
청주 1/2컵

2차 절임물 재료
1차 절임물 4컵
물 1/2컵
간장 1/4컵
까나리액젓 2
설탕 1컵
굵은소금 3

대체 식재료
청주▶소주

❶ 마늘은 지저분한 껍질을 벗겨내고 속껍질을 두세 겹 정도만 남겨 위쪽은 짧게 잘라 뜨거운 물로 소독한 병에 담고,

마늘이 크면 20통 정도만 사용하세요

한번 절이고 다시 절임물을 부어야 간도 잘 배고 아린 맛도 줄어요

❷ 1차 절임물 재료인 물 3컵, 식초 3컵, 청주 1/2컵을 섞어 마늘 용기에 담고 10일 정도 삭히고,

❸ 마늘과 절임물을 분리하여 마늘은 용기에 담고 절임물은 4컵을 준비하고,

한참 끓이면 간이 세질 수 있으니 바르르 한 번만 끓이세요

❹ 1차 절임물 4컵, 물 1/2컵, 간장 1/4컵, 까나리액젓 2, 설탕 1컵, 굵은소금 3을 한데 넣고 바르르 끓여 완전히 식혀 마늘 용기에 부어 20~30일 정도 익혀 냉장고에 넣으면 끝.

오이 물김치

시원한 맛에 여름이면 꼭 담그게 되는데 부추를 넣지 않고 고추와 양파로 소를 조금씩만 넣어 만들었어요. 실온에서 하루 정도 숙성시켰다가 냉장고에 넣어 시원해지면 먹는데 사나흘 지나 먹는 게 가장 맛있어요.

요리 시간
1시간 30분

주재료(일주일 치)
오이 10개
굵은소금 약간

절임물 재료
굵은소금 5
물 8컵

찹쌀풀 재료
물 1컵
찹쌀가루 1.5

소 양념 재료
양파 1/2개
홍고추 1개
다진 마늘 1
다진 생강 0.3
까나리액젓 8
매실청 6

김치 국물 재료
물 8컵
굵은소금 2
찹쌀풀 1컵

대체 식재료
매실청 6▶설탕 2

❶ 오이는 조선오이로 구입해 우둘투둘한 부분을 굵은소금으로 살살 문질러가며 씻어 꼭지를 자르고,

❷ 반으로 잘라 끝 쪽을 1cm 정도만 남기고 열십자로 칼집을 넣어 4등분하여 큰 볼에 담고,

❸ 냄비에 물 8컵, 굵은소금 5를 넣고 끓여 소금이 다 녹고 물이 팔팔 끓으면 오이에 부어 두어 번 위아래를 바꿔가며 1시간 정도 절여 체에 밭쳐 물기를 빼고,

❹ 냄비에 물 1컵과 찹쌀가루 1.5를 고루 섞어 불에 올려 멍울지거나 바닥에 눌어붙지 않도록 주걱으로 저어가며 풀을 쑤어 완전히 식히고,

❺ 양파와 홍고추는 짤막하게 채 썰어 다진 마늘 1, 다진 생강 0.3, 까나리액젓 8, 매실청 6과 섞어 오이와 함께 김치통에 담고,

❻ 물 8컵과 굵은소금 2를 잘 푼 다음 찹쌀풀 1컵을 체에 풀어 넣고 멍울 없이 풀어 김치통에 부으면 끝.

Point

오이를 절일 때에는 뜨거운 소금물로 절여야 오이가 아삭아삭하고 오래 보관할 수 있어요.

오이소박이

오이김치의 맛은 오이가 좌우하므로 생으로 먹을 때 맛있는 오이가 김치를 담가도 맛있어요. 아삭아삭하게 익은 오이소박이는 오이를 쭉쭉 찢어 먹는 맛이 아주 좋아요. 설탕 대신 매실청을 넣으면 은은한 단맛이 나서 더 맛있어요.

요리 시간
1시간 30분

주재료(일주일 치)
오이 10개
부추(자른 것) 8줌(200g)
양파 1/4개

절임물 재료
굵은소금 5
물 8컵

찹쌀풀 재료
찹쌀가루 2
물 1컵+1/2컵

양념 재료
까나리액젓 8
새우젓 3
고춧가루 8
다진 마늘 2
다진 생강 0.3
매실청 6

① 오이는 조선오이로 구입해 우둘투둘한 부분을 굵은소금으로 살살 문질러 가며 씻어 꼭지 부분을 다듬어 반으로 잘라 끝 쪽에 1cm 정도만 남기고 열십자로 칼집을 넣어 4등분하여 큰 볼에 담고,

② 냄비에 물 8컵, 굵은소금 5를 넣어 소금이 다 녹고 물이 팔팔 끓을 때까지 끓여 오이에 붓고,

③ 두어 번 정도 위아래를 바꿔 가며 1시간 정도 절여 체에 밭쳐 물기를 빼고,

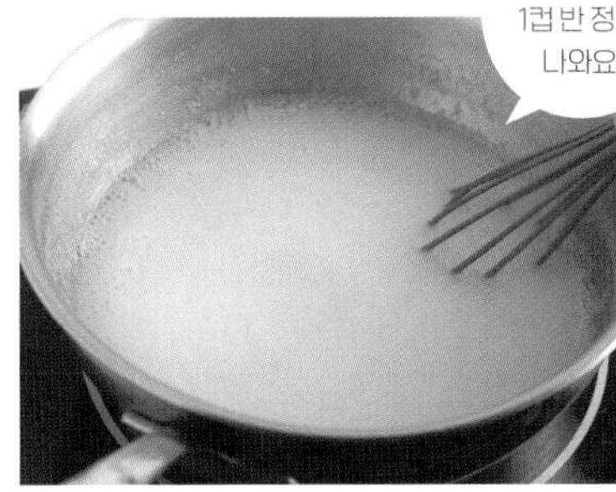

④ 냄비에 물 1컵+1/2컵과 찹쌀가루 2를 고루 섞어 불에 올려 멍울지거나 바닥에 눌어붙지 않도록 주걱으로 저어가며 풀을 쑤어 완전히 식히고,

⑤ 볼에 식힌 찹쌀풀과 부추를 담고, 양파는 잘게 잘라 넣고 까나리액젓 8, 새우젓 3, 고춧가루 8, 다진 마늘 2, 다진 생강 0.3, 매실청 6을 넣어 고루 섞고,

⑥ 물기를 뺀 오이에 소를 넣어 김치통에 차곡차곡 담아 냉장고에 넣으면 끝.

익히지 않은
소박이는 시원한
맛으로 먹어요

Point

익히지 않고 바로 냉장고에 넣으면 2~3주가 지나도 무르지 않고 아삭아삭해요. 익은 김치를 좋아하면 실온에 하루 정도 숙성했다가 냉장 보관하세요.

오이지

하고 나면 별일 아닌데 숙성되어야 맛이 나니 기다림이 좀 필요한 오이장아찌예요. 오이지를 담가 두었다가 제가 좋아하는 열 가지 반찬 중 하나로 꼽히는 오이지무침을 만들어 먹어요.

요리 시간
40분

주재료
오이 30개
굵은소금 적당량

절임물 재료
물 20컵
굵은소금(천일염) 2컵

❶ 오이는 굵은소금을 뿌려 문질러 씻어 체에 밭쳐 물기를 빼서 용기에 차곡차곡 담고,

❷ 냄비에 물 20컵, 굵은소금 2컵을 넣고 팔팔 끓여 뜨거울 때 오이 용기에 붓고, 서늘한 곳에서 3일 정도 보관했다가 국물만 따라서 팔팔 끓이고, 완전히 식힌 절임물을 오이지에 다시 부어 5~7일 지나 김치냉장고에 넣으면 끝.

special cook 오이지무침

오이지 3개는 모양대로 썰고, 양파 1/4개는 채 썰고, 청양고추 1/2개와 홍고추 1/3개, 실파 3대는 송송 썰어 고춧가루 1, 다진 마늘 0.5, 설탕 1, 참기름 1, 통깨 1을 넣어 오이와 양파에 조물조물 무치면 끝.

오이 파프리카 피클

요리 시간
20분

주재료(10인분)
오이 3개
빨간 파프리카 1개
노란 파프리카 1개
레몬 1/4개

단촛물 재료
물 2컵
식초 1컵
설탕 1컵
굵은소금 1.5
피클링스파이스 0.5

레몬은 꼭 넣지 않아도 돼요

❶ 오이는 막대기 모양으로 길쭉하게 썰고, 파프리카도 비슷한 크기로 썰고, 레몬은 동그랗게 껍질째 썰어 볼에 담고,

❷ 단촛물 재료인 물 2컵, 식초 1컵, 설탕 1컵, 굵은소금 1.5, 피클링스파이스 0.5를 한데 섞어 바글바글 끓이고,

❸ 팔팔 끓인 단촛물을 뜨거울 때 오이와 파프리카에 붓고,

❹ 유리용기에 옮겨 담고 중간에 한두 번 뒤적여 가며 식혀 냉장고에 넣어 두었다가 다음 날부터 먹으면 끝.

새송이 버섯 장아찌

요리 시간
20분

주재료(일주일치 밑반찬)
새송이버섯(큰 것) 8~10개(약 700g)
양파 1/4개
청양고추·홍고추 1개씩

육수 재료
물 4컵
국물 멸치 7마리
다시마(10×10cm) 2장
마른 새우 1줌
통후추 0.5

조림장 재료
멸치 다시마 육수 2컵
간장 1컵
청주 1/4컵
맛술 1/4컵
꿀 3

대체 식재료
청양고추▶풋고추

마른 새우는 없으면 빼세요

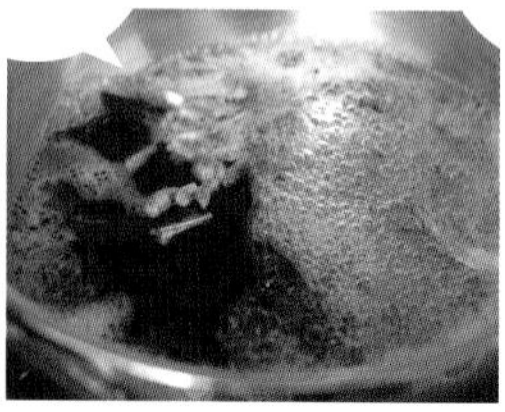

❶ 냄비에 육수 재료인 물 4컵, 국물 멸치 7마리, 다시마 2장, 마른 새우 1줌, 통후추 0.5를 넣어 팔팔 끓이고,

고추는 취향껏 넣으세요

❷ 육수를 끓이는 동안 새송이버섯은 밑동을 잘라내고 4등분하여 볼에 담고, 양파는 굵직하게 채 썰고, 청양고추와 홍고추는 어슷하게 썰고,

❸ 조림장 재료인 멸치 다시마 육수 2컵, 간장 1컵, 청주 1/4컵, 맛술 1/4컵, 꿀 3을 섞어 거품이 생길 때까지 바글바글 끓여 뜨거울 때 버섯에 붓고,

❹ 한 김 식혀 용기에 옮겨 담고 새송이버섯을 위아래로 뒤적여 주면 끝.

삼삼하게 다음 날부터 먹을 수 있어요

표고버섯 장아찌

마른 표고버섯이 많아 〈1 Dish 저칼로리 식사법〉에 나온 레시피를 따라 해보았는데 맛이 대박이에요. 한정식집에서 조금씩만 나올 것 같은 밥반찬이에요.

요리 시간
30분(불리는 시간 제외)

주재료(20인분)
마른 표고버섯 20개(100g)
설탕 1~2
참기름·통깨·송송 썬 실파 약간씩

간장물 재료
물 1컵
다시마(10×10cm) 1장
청양고추 2개
간장 1컵
물 1컵
설탕 1/3컵
물엿 2/3컵

대체 식재료
물엿▶올리고당

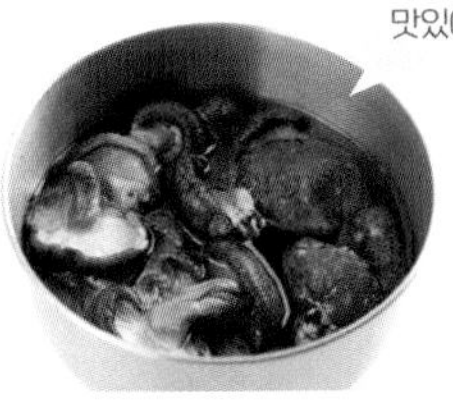

❶ 마른 표고버섯은 버섯이 잠길 정도의 미지근한 물에 담가 설탕 1~2를 녹여 4~5시간 정도 충분히 불려 용기에 담고,

❷ 냄비에 물 1컵, 다시마 1장을 넣고 끓여 팔팔 끓으면 다시마는 건져 내고,

❸ 다시마물에 청양고추 2개를 반으로 잘라 넣고, 간장 1컵, 물 1컵, 설탕 1/3컵, 물엿 2/3컵을 넣어 바글바글 끓여 식히고,

❹ 표고버섯에 식힌 간장물을 부어 중간에 한두 번 위아래를 바꾸고 실온에서 만 하루 숙성시켰다가 냉장고에 넣어 두었다가 표고버섯의 간장을 꼭 짜서 참기름, 통깨, 송송 썬 실파를 넣고 무치면 끝.

연근 우엉 장아찌

예전에 잡지 촬영을 하던 쿠킹 스튜디오 실장님이 상에 올린 것을 맛보고 제 입맛대로 만들었어요. 대충 만들어도 맛이 괜찮은 밥반찬이에요.

요리 시간
30분

주재료(일주일치 밑반찬)
연근과 우엉(썬 것) 4컵
굵은소금 약간
양파 1/4개
풋고추 2개

절임 간장 재료
멸치 다시마 육수 1컵
간장 1/2컵
맛술 2
설탕 1
식초 4
물엿 1
생강즙 약간

대체 식재료
풋고추▶청양고추

우엉은 잘 익지 않으니 조금 작게 썰어 넣으세요

❶ 연근와 우엉은 엄지손톱만 한 크기로 잘라 끓는 물에 굵은소금을 약간 넣어 3~4분 정도 데쳐 체에 밭쳐 식히고,

❷ 냄비에 멸치 다시마 육수 1컵, 간장 1/2컵, 맛술 2, 설탕 1, 식초 4, 물엿 1, 생강즙 약간을 넣고 바글바글 끓여 식히고,

❸ 유리용기에 연근과 우엉을 담고 양파와 풋고추를 적당한 크기로 썰어 넣고 식힌 절임 간장을 붓고,

❹ 실온에 12시간 정도 두었다가 냉장고에 넣으면 끝.

연근 유자피클

연근만으로 피클을 담그면 밋밋할 것 같아 유자청을 같이 넣었는데 유자향이 은은하게 나면서 새콤달콤한 별미 반찬이 되었어요.

요리 시간
30분

주재료(일주일치 밑반찬)
연근(큰 것) 1개(300g)
유자청 3~4

연근 데치는 물 재료
물 4컵
식초 3
굵은소금 0.5

단촛물 재료
물 2/3컵
식초 2/3컵
설탕 1/2컵
굵은소금 1

❶ 연근은 껍질을 벗겨 0.5cm 간격으로 일정하게 자르고,

❷ 냄비에 물 4컵, 식초 3, 굵은소금 0.5를 넣고 끓여 팔팔 끓으면 연근을 넣고 1분 정도 데쳐 찬물에 헹궈 물기를 쪽 빼고,

❸ 냄비에 물 2/3컵, 식초 2/3컵, 설탕 1/2컵, 굵은소금 1을 넣고 설탕과 소금이 녹도록 팔팔 끓여 유자청을 취향대로 3~4 정도 넣고 식혀,

❹ 연근을 유리용기에 차곡차곡 담고 단촛물을 부어 뚜껑을 덮고 실온에 하루 정도 두었다가 냉장고에 넣으면 끝.

PART 5

마음도 가벼운 한 끼 샐러드

더운 여름철, 입맛 없을 때 찾게 되는 샐러드.
건강에 이로운 채소를 많이 섭취할 수 있고 간단하게 만들 수 있으니
참으로 고마운 요리입니다. 샐러드 한 그릇을 따라 만들려고 했더니
생소한 서양의 식재료가 난무하여 장 볼 걱정에 식욕이 사라졌던 경험이 있으신가요?
여기서 소개하는 샐러드는 따로 장을 볼 필요가 없습니다.
집에 흔히 있는 재료로 우리 입맛에 잘 맞으면서도
가벼운 끼니가 되는 샐러드를 만들었습니다.

가지구이 샐러드

찐 가지는 물컹해서 별로라면 씹는 맛이 다른 구운 가지를 드세요.
가지를 구워 한식 드레싱을 듬뿍 적셔 먹으면 가지 싫어하는 분들도
맛있게 드실 거예요.

요리 시간
20분

주재료(2~3인분)
가지 2개
식용유 적당량
소금·후춧가루 적당량씩

드레싱 재료
설탕 1
식초 1
간장 2
다진 마늘 0.5
송송 썬 쪽파 2
통깨 0.5
참기름 1
후춧가루 약간

❶ 드레싱 재료인 설탕 1, 식초 1, 간장 2, 다진 마늘 0.5, 송송 썬 쪽파 2, 통깨 0.5, 참기름 1, 후춧가루 약간을 한데 섞고,

❷ 가지는 물에 씻어 껍질째 어슷하게 썰고,

그릴 자국이 있는
팬에 구우면
더 먹음직스러워요

❸ 팬을 충분히 달궈 식용유를 두르고 가지를 올려 한 면이 노릇하게 다 익으면 뒤집어 구우며 중간에 소금과 후춧가루를 약간씩 뿌리고,

❹ 다 익은 가지를 접시에 담고 먹기 직전에 드레싱을 뿌리면 끝.

감자 달걀 샐러드

요리 시간
40분

주재료(3~4인분)
감자(중간 것) 3개(300g)
삶은 달걀 1개
오이 1/2개
당근 1/5개
양파 1/4개

감자 삶는 물 재료
물 1컵
굵은소금 0.3

양념 재료
마요네즈 4
식초 1
물엿 1

❶ 감자는 껍질을 벗겨 큼직하게 깍둑썰기를 하여 물 1컵, 굵은소금 0.3을 넣어 뚜껑을 열고 물이 감자 속으로 흡수되어 감자가 포실포실 익을 때까지 삶아 식히고,

달걀은 노른자가 익도록 완숙으로 삶아요

❷ 삶은 달걀의 흰자는 굵게 채 썰고, 노른자는 그대로 준비하고, 오이와 당근은 작은 깍두기 모양으로 썰고,

이렇게 잘게 다져야 씹는 맛이 좋아요

❸ 양파는 잘게 다지고,

입맛에 따라 간을 하세요

❹ 감자에 오이와 당근, 달걀흰자를 넣고, 달걀노른자는 으깨어 넣고, 마요네즈 4, 식초 1, 물엿 1을 넣고 고루 버무리면 끝.

떡 샐러드

가벼운 요기가 가능한 이 떡 샐러드는 드레싱이 정말 맛있어요.
샐러드 채소에 떡국떡을 구워 올리고 드레싱을 곁들이면 요리가 끝나요.

요리 시간
20분

주재료(1접시)
가래떡 2줄(200g)
오이 1/3개
베이비 채소 3줌

드레싱 재료
스위트 칠리소스 3
레몬즙 3
간장 1
다진 마늘 0.5
송송 썬 청양고추 1/2개분
소금·후춧가루 약간씩

❶ 스위트 칠리소스 3, 레몬즙 3, 간장 1, 다진 마늘 0.5, 송송 썬 청양고추 1/2개분, 소금과 후춧가루 약간씩을 한데 섞어 미리 냉장고에 넣어두고,

❷ 가래떡은 먹기 좋게 썰어 기름을 두르지 않은 팬에 넣어 약한 불에서 타지 않도록 노릇하게 앞뒤로 굽고,

❸ 오이는 굵게 채 썰고, 베이비 채소는 찬물에 헹궈 물기를 빼서 차게 준비하여 접시에 담고,

❹ 샐러드 채소 위에 떡을 담고 드레싱을 곁들이면 끝.

브로콜리 아몬드 샐러드

브로콜리 좋아하세요? 저는 브로콜리를 싫어하지는 않지만 자주 먹지 않았는데요. 장 볼 때마다 브로콜리를 사게 만드는 샐러드 레시피를 찾아냈어요.

요리 시간
20분

주재료(1~2인분)
브로콜리(작은 것) 1송이(100g)
굵은소금 0.5
아몬드 20개

브로콜리 양념 재료
설탕 0.5
소금 적당량

드레싱 재료
마요네즈 2
플레인 요구르트 3
레몬즙 0.5

대체 식재료
아몬드▶땅콩, 호두

❶ 브로콜리는 먹기 좋게 가닥가닥 손질하여 끓는 물에 굵은소금 0.5를 넣고 살짝 데쳐 찬물에 헹궈 물기를 꾹 짜고,

브로콜리는 조리하기 직전에 물기를 꼭 짜세요

❷ 데친 브로콜리에 설탕 0.5, 소금 적당량을 넣어 간을 하고,

❸ 아몬드는 칼로 잘게 다지듯 썰고,

바삭하게 볶은 아몬드를 넣어요

❹ 밑간한 브로콜리에 마요네즈 2, 플레인 요구르트 3, 레몬즙 0.5와 아몬드를 넣고 가볍게 버무리면 끝.

사과 중에 제일 좋아하는 아오리로 풋풋한 샐러드를 만들어 먹어요. 빠지면 섭섭한 과일인 바나나를 넣고 견과류와 마른 과일까지 넣으면 씹는 맛도 좋아요. 다만 물이 쉽게 생기니 만들어 바로 드세요.

사과 바나나 샐러드

요리 시간
15분

주재료(1접시)
사과(아오리) 1개
바나나 1개
견과류·마른 과일 취향껏

드레싱 재료
플레인 요구르트 1통(100g)
꿀 1
소금 적당량
바질가루 0.3
씨겨자 0.3

대체 식재료
바질가루▶파슬리가루

몽키 바나나 3개를 썼어요

견과류는 마른 팬에 볶아 식혀 넣으세요

❶ 사과는 껍질째 깨끗이 씻어 씨를 도려내어 큼직하게 자르고, 바나나는 껍질을 벗겨 사과와 비슷한 크기로 자르고,

❷ 접시에 사과와 바나나를 넣고 견과류, 마른 과일을 취향껏 넣고,

❸ 플레인 요구르트 1통, 꿀 1, 소금 적당량, 바질가루 0.3, 씨겨자 0.3을 넣어 먹기 직전에 숟가락으로 살살 버무리면 끝.

새송이 버섯구이 샐러드

새송이버섯은 모양 그대로 구워 샐러드 채소와 함께 담고
잘 어울리는 드레싱을 곁들이면 풍성한 먹거리가 돼요.
밥을 곁들여도 좋고 빵과 함께 먹어도 맛있어요.

요리 시간
25분

주재료(2인분)
새송이버섯 4개
베이비 채소 2줌
올리브오일·소금·후춧가루 적당량씩

드레싱 재료
다진 양파 2
송송 썬 쪽파 1
설탕 0.5
식초 1
간장 1
굴소스 0.5
통깨 0.5
참기름 0.5
후춧가루 약간

대체 식재료
쪽파▶대파

새콤달콤 감칠맛이 나는 드레싱이에요

❶ 다진 양파 2, 송송 썬 쪽파 1, 설탕 0.5, 식초 1, 간장 1, 굴소스 0.5, 통깨 0.5, 참기름 0.5, 후춧가루 약간을 한데 섞고,

❷ 새송이버섯은 씻어 밑동을 잘라내고 길이로 도톰하게 썰고,

❸ 팬을 달구어 올리브오일을 두르고 새송이버섯을 넣어 앞뒤로 노릇하게 구워 소금과 후춧가루를 약간씩 뿌려 접시에 담고,

❹ 베이비 채소는 찬물에 헹궈 물기를 쪽 빼서 새송이버섯 옆에 담고 먹기 직전에 드레싱을 뿌리면 끝.

시금치 핫 샐러드

이 레시피는 한 잡지에 김형석 셰프님이 소개한 따끈한 샐러드인데요. 비슷한 요리를 쿠킹 클래스에서 배운 적이 있어서 두 가지 레시피를 접목하여 만들었어요.

요리 시간
20분

주재료(2인분)
시금치(어린잎) 3줌(150g)
파르메산 치즈가루 적당량

드레싱 재료
베이컨 4장(80g)
양파 1/2개(100g)
올리브오일 2
발사믹 식초 1/4컵
소금·후춧가루 약간씩

❶ 시금치는 어린잎으로 골라 뿌리를 다듬고 물에 씻어 물기를 빼고,

저는 섬초를 사용했지만 어린잎으로 만들어야 부드러워요

❷ 베이컨은 듬성듬성 썰고, 양파는 잘게 썰고,

양파가 갈색이 돌 때까지 볶아요

❸ 팬을 달구어 올리브오일 2를 두르고 베이컨과 다진 양파를 넣어 타지 않게 달달 볶다가 발사믹 식초 1/4컵을 넣어 1분 정도 졸이듯 볶다가,

남은 열로 시금치를 살짝 버무리세요

❹ 맛을 보아 소금과 후춧가루로 간을 하여 불을 끄고 시금치를 넣어 버무리고 접시에 담아 파르메산 치즈가루를 적당량 뿌리면 끝.

양배추 달걀 샐러드

요리 시간
25분

주재료(2인분)
양배추 5줌(200g)
단감 1개
굵은소금 0.3
삶은 달걀 2개

양념 재료
마요네즈 4

❶ 양배추는 씻어 물기를 쭉 빼서 듬성듬성 채 썰고, 단감은 껍질을 벗겨 반달 모양으로 썰고,

❷ 채 썬 양배추와 단감을 볼에 담고 굵은소금 0.3을 넣고 골고루 섞어 잠시 재우고,

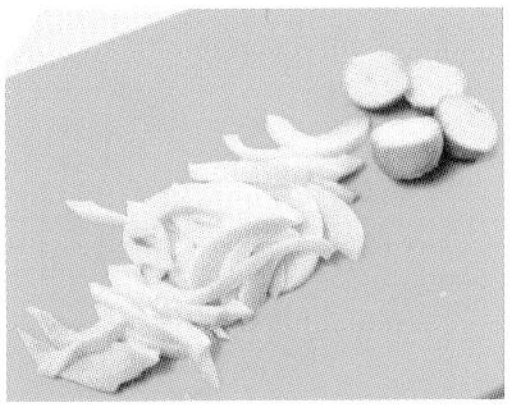

❸ 삶은 달걀은 흰자만 채 썰고,

❹ 양배추에 달걀흰자를 넣고 노른자는 손으로 으깨어 넣고, 마요네즈 4를 넣어 고루 버무리면 끝.

양배추 샐러드

양배추를 밥 대신 듬뿍 먹는 분도 계시던데요. 질리지 않고 맛있게 먹을 수 있는 양배추 샐러드를 추천할게요. 저녁밥 대신 양배추 샐러드 한 그릇으로 건강한 다이어트하세요.

요리 시간
20분

주재료(4~5인분)
양배추 취향껏

간장 드레싱 재료
간장 3
아가베시럽 3
식초 2
레몬즙 2
올리브오일 1
후춧가루 약간

요구르트 사우전드 아일랜드 드레싱 재료
플레인 요구르트 1통(100g)
토마토케첩 1
레몬즙 2
아가베시럽 1
다진 양파 2
다진 오이피클 2
후춧가루 약간

대체 식재료
아가베시럽▶꿀

눈송이처럼 보슬보슬하게 썰어야 맛있어요

❶ 양배추는 큰 것으로 준비하여 4등분하여 채칼로 곱게 채 썰어 찬물에 담갔다가 체에 밭쳐 자연스럽게 물기를 빼고,

❷ 간장 3, 아가베시럽 3, 식초 2, 레몬즙 2, 올리브오일 1, 후춧가루 약간을 한데 섞고,

짜면 물을 2~3숟가락 정도 넣으세요

❸ 플레인 요구르트 1통, 토마토케첩 1, 레몬즙 2, 아가베시럽 1, 다진 양파 2, 다진 오이피클 2, 후춧가루 약간을 섞고,

❹ 채 썬 양배추를 접시에 담고 취향에 맞는 드레싱을 먹기 직전에 적당량 끼얹으면 끝.

연근 샐러드

뿌리채소인 연근으로 샐러드도 만들어 먹어요. 이 레시피에는 초피액젓을 넣었는데요. 멸치액젓에 재피라는 약재를 넣어 만든 비린 맛이 나지 않는 액젓이에요.

요리 시간
30분

주재료(4인분)
연근(250g)
굵은소금 0.5
사과 껍질 1/4개분
풋고추 1/2개

드레싱 재료
아가베시럽 2
식초 2
초피액젓 1.5

대체 식재료
아가베시럽 2▶매실청 4
초피액젓▶까나리액젓, 피시 소스

바로 먹거나 냉장고에 하루 정도 넣어두었다가 먹어요

❶ 연근은 껍질을 벗겨 얄팍하게 썰고,

최대한 얇게 써세요

❷ 팔팔 끓는 물에 굵은소금 0.5를 넣고 연근을 넣어 1분 정도 데쳐 찬물에 씻어 물기를 빼고,

❸ 아가베시럽 2, 식초 2, 초피액젓 1.5를 한데 섞은 다음 잘게 썬 사과 껍질과 풋고추를 넣어 섞고,

❹ 드레싱에 연근을 넣고 고루 버무리면 끝.

오렌지 드레싱 샐러드

오렌지가 맛있는 계절이 되면 오렌지 과육이 그대로 씹히는 아삭한 샐러드를 만들어 먹어요. 껍질을 벗겨 오렌지 과육만으로 정성껏 만든 샐러드 드레싱과 아삭아삭한 양상추가 맛의 비결이에요.

요리 시간
20분

주재료(2인분)
오렌지 1개
양상추 적당량
베이비 채소 적당량

드레싱 재료
오렌지 1개
설탕 1
꿀 1
식초 1
레몬즙 1
소금 0.3
올리브오일 2

❶ 오렌지 1개는 껍질을 깨끗하게 씻어 양 끝을 자르고 사진처럼 껍질을 벗겨내어 오렌지 과육만 발라내고,

올리브오일은 마지막에 넣으세요

❷ 나머지 오렌지 1개는 칼로 잘게 다지거나 믹서에 과육이 씹히도록 갈아 설탕 1, 꿀 1, 식초 1, 레몬즙 1, 소금 0.3, 올리브오일 2를 넣어 골고루 섞고,

양상추는 손으로 뜯으세요

❸ 양상추와 베이비 채소는 찬물에 헹구고 물기를 빼서 냉장고에 넣어 차게 두고,

❹ 접시에 오렌지 과육을 돌려 담고, 양상추를 소복하게 올린 후 베이비 채소를 올려 드레싱을 곁들이면 끝.

오이 샐러드

영국인 요리사 제이미 올리버의 레시피라고 하는데 제 스타일로 새롭게 만들어 봤어요. 예뻐서 시선을 사로잡는 독특한 맛의 샐러드인데 조금씩 그때그때 만들어 드세요.

요리 시간
15분

주재료(2인분)
오이 1개
홍고추 1/3개

드레싱 재료
다진 생강 0.3
간장 1
레몬즙 1
꿀 1
올리브오일 1
참기름 0.3
소금·후춧가루 약간씩

대체 식재료
레몬즙▶라임즙

다진 생강을 넣은 독특한 드레싱이에요

❶ 다진 생강 0.3, 간장 1, 레몬즙 1, 꿀 1을 먼저 섞은 다음 올리브오일 1, 참기름 0.3을 넣어 섞고 맛을 보아 소금과 후춧가루를 약간씩 넣어 섞고,

❷ 오이는 필러로 길쭉하게 오이 모양을 살려 깎고, 홍고추는 잘게 썰고,

오이는 필러를 이용하여 반 정도 깎고 뒤집어 5분의 4 지점부터 다시 깎으면 예쁜 모양으로 자를 수 있어요

❸ 볼에 오이와 홍고추를 넣고 먹기 직전에 드레싱을 붓고 살살 버무리면 끝.

우엉 샐러드

우엉을 좋아하지만 해 먹는 요리는 너무 한정적이라 색다르게 만들어 봤어요. 데친 우엉에 고추냉이를 넣고 넉넉히 깨를 갈아 넣으니 독특한 맛이 나요.

요리 시간
30분

주재료(2인분)
우엉(손질한 것) 150g
굵은소금 0.5
당근 1/4개(50g)
양파 1/4개(50g)

드레싱 재료
소금 0.3
설탕 0.5
마요네즈 3
고추냉이 0.5
깨소금 2

❶ 우엉은 껍질째 깨끗이 씻어 껍질을 벗겨 5~6cm 길이로 채 썰고,

❷ 끓는 물에 굵은소금 0.5를 넣고 물이 팔팔 끓으면 채 썬 우엉을 넣어 2분 정도 데쳐 체에 밭쳐 식히고,

❸ 당근과 양파는 채 썰어 데친 우엉과 함께 볼에 담고,

❹ 소금 0.3, 설탕 0.5, 마요네즈 3, 고추냉이 0.5, 깨소금 2를 넣어 고루 버무리면 끝.

콩나물 맛살 샐러드

대학원 다닐 때 학교 교직원 식당에서 맛본 샐러드예요.
여러 가지 재료를 맛있게 먹을 수 있는 색다른 요리예요.

요리 시간
30분

주재료(2인분)
콩나물 1봉(250g)
당근 1/4개
맛살 4줄
사과 1/2개

드레싱 재료
땅콩 2
통깨 2
마요네즈 6
식초 6
설탕 2
꿀 2
우유 8
연겨자 1
소금 0.3

대체 식재료
꿀▶아가베시럽

오이를 채 썰어 넣어도 좋아요

❶ 콩나물은 다듬어 찜기에 찌고, 당근은 가늘게 채 썰어 콩나물과 함께 각각 찬물에 담갔다 꺼내고, 맛살은 먹기 좋게 찢고, 사과는 껍질째 채 썰고,

땅콩과 깨를 먼저 갈아야 해요

❷ 믹서에 먼저 땅콩 2, 통깨 2를 넣어 곱게 갈고, 이어서 마요네즈 6, 식초 6, 설탕 2, 꿀 2, 우유 8, 연겨자 1, 소금 0.3을 넣고 갈아 맛을 보아 소금이나 식초, 설탕을 더 넣고,

❸ 접시에 준비한 재료를 담고 먹기 직전에 드레싱을 뿌리면 끝.

카프레제

카프레제는 이탈리아 전채 요리의 하나로 토마토와 모차렐라 치즈, 바질 등으로 만들어요. 재료만 있으면 10분 만에 만들 수 있는데 보기에도 먹음직스러워 손님상에 즐겨 내요.

요리 시간
10분

주재료(2~3인분)
토마토(작은 것) 2개
생 모차렐라 치즈 100g
발사믹 크림 취향껏

드레싱 재료
설탕 0.5
소금 0.3
레몬즙 1
발사믹 식초 1
올리브오일 1
파슬리가루 0.3
통후추 약간

대체 식재료
파슬리가루▶드라이 바질

❶ 토마토는 꼭지를 잘라내고 동그랗게 모양을 살려 0.7~0.8cm 두께로 썰고, 생 모차렐라 치즈도 토마토 크기로 썰고,

생 바질을 잘게 다져 넣으면 훨씬 맛있어요

❷ 설탕 0.5, 소금 0.3, 레몬즙 1, 발사믹 식초 1, 올리브오일 1, 파슬리가루 0.3, 통후추를 갈아 한데 넣고 섞고,

❸ 접시에 토마토, 모차렐라 치즈 순으로 번갈아가며 어긋나게 담고,

❹ 먹기 직전에 드레싱을 뿌리고 발사믹 크림을 취향껏 뿌리면 끝.

드레싱은 듬뿍 뿌려 드세요

콩 드레싱 샐러드

요리 시간
30분(콩 불리는 시간 제외)

주재료(4인분)
양상추·베이비 채소·토마토 등 적당량씩

드레싱 재료
흰콩 1/3컵
물 1컵
플레인 요구르트 1통(100g)
꿀 3
식초 5
소금 0.5
올리브오일 0.5

대체 식재료
꿀▶아가베시럽
올리브오일▶포도씨오일

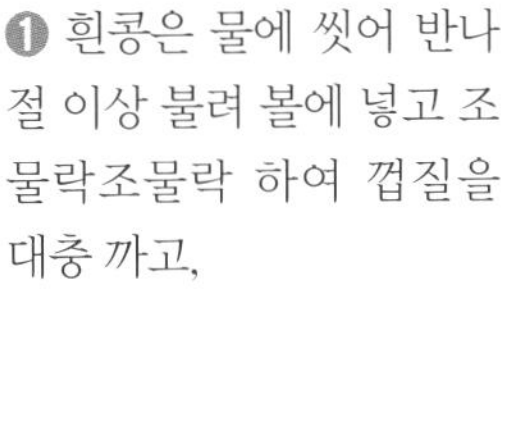

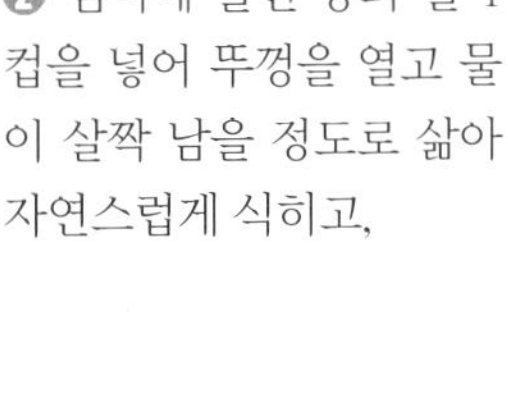

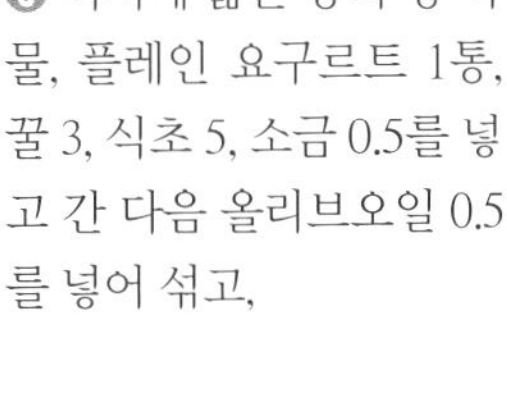

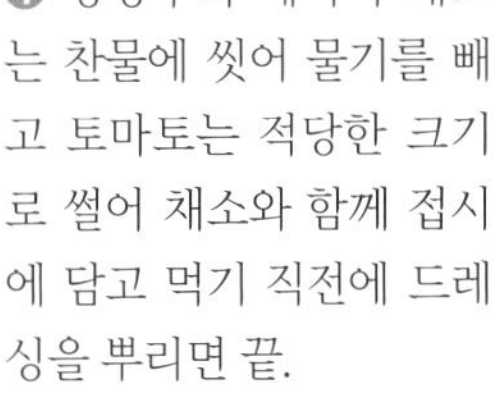

❶ 흰콩은 물에 씻어 반나절 이상 불려 볼에 넣고 조물락조물락 하여 껍질을 대충 까고,

❷ 냄비에 불린 콩과 물 1컵을 넣어 뚜껑을 열고 물이 살짝 남을 정도로 삶아 자연스럽게 식히고,

❸ 믹서에 삶은 콩과 콩 국물, 플레인 요구르트 1통, 꿀 3, 식초 5, 소금 0.5를 넣고 간 다음 올리브오일 0.5를 넣어 섞고,

❹ 양상추와 베이비 채소는 찬물에 씻어 물기를 빼고 토마토는 적당한 크기로 썰어 채소와 함께 접시에 담고 먹기 직전에 드레싱을 뿌리면 끝.

토마토 바질 샐러드

토마토와 생 바질만 있으면 5분 만에 만들 수 있어요.
바질은 대형마트나 백화점 식품매장, 온라인 숍에서 구입할 수 있어요.
요즘은 바질 씨를 쉽게 구할 수 있으니 재미 삼아 키워 먹어도 좋아요.

요리 시간
15분

주재료(2인분)
토마토(중간 것) 2개
바질 잎 5~6장

드레싱 재료
설탕 1
식초 2
레몬즙 1
소금 0.3
올리브오일 2
드라이 바질 0.3

대체 식재료
드라이 바질▶파슬리가루

드라이
바질이 없으면
빼도 돼요

❶ 설탕 1, 식초 2, 레몬즙 1, 소금 0.3, 올리브오일 2, 드라이 바질 0.3을 한데 넣어 섞고,

❷ 토마토는 큼직한 크기로 썰고, 바질 잎도 듬성듬성 썰고,

바질은 손으로
뜯으면 물러지니
칼로 써세요. 바질 잎도
없다면 생략하세요

❸ 볼에 큼직하게 썬 토마토와 바질을 넣고,

❹ 드레싱을 넣고 재빨리 버무리면 끝.

훈제연어 고추냉이 무침 샐러드

훈제연어를 좋아하지만 집에서 어떻게 해 먹을지
난감해하는 분을 위한 특별 샐러드예요.
고추냉이 드레싱에 훈제연어를 무쳐 개운한 맛이 나요.

요리 시간
20분

주재료(2~3인분)
훈제연어 1팩(160g)
양파(중간 것) 1/2개
블랙 올리브 7개
케이퍼 0.5
파슬리가루·통후추 약간씩

고추냉이 드레싱 재료
고추냉이 0.5
간장 1
레몬즙 1
꿀 0.5
올리브오일 2

대체 식재료
꿀▶물엿

❶ 훈제연어를 준비하고, 양파는 채 썰고, 블랙 올리브는 2~3등분하고, 케이퍼도 준비하고,

튜브에 담긴 고추냉이가 맛있어요

❷ 고추냉이 0.5, 간장 1, 레몬즙 1, 꿀 0.5, 올리브오일 2를 한데 섞고,

❸ 볼에 훈제연어, 양파, 블랙 올리브, 케이퍼를 담고 먹기 직전에 드레싱을 붓고,

미리 무쳐 두면 연어의 색이 탁하게 변해요

❹ 살살 무쳐 파슬리가루와 통후추를 갈아 넣으면 끝.

훈제연어 베이비 채소 샐러드

모임이 많을 때 훈제연어는 꼭 장바구니에 담아요. 간단하게 샐러드만 만들어 놓아도 식탁이 풍성해지니까요. 쉽고, 간단하고, 맛도 있고 폼 나는 샐러드예요.

요리 시간
20분

주재료(2인분)
훈제연어 1팩(160g)
베이비 채소 1팩
블랙 올리브 10개

드레싱 재료
마요네즈 2
스위트 칠리소스 2
레몬즙 1
후춧가루 약간

냉동 훈제연어는 미리 해동해 두세요

❶ 훈제연어는 슬라이스 된 것으로 준비하고,

❷ 베이비 채소는 찬물에 두세 번 헹궈 물기를 빼고,

❸ 마요네즈 2, 스위트 칠리소스 2, 레몬즙 1, 후춧가루 약간을 한데 섞고,

❹ 접시에 베이비 채소를 담고 블랙 올리브를 2~3 등분하여 군데군데 올리고 훈제연어를 하나씩 돌돌 말아 세우고 먹기 직전에 드레싱을 뿌리면 끝.

게맛살 요구르트 샐러드

게맛살과 양파, 플레인 요구르트만 있으면
쉽게 만들 수 있는 샐러드인데 맛도 아주 괜찮아요.
남은 게맛살을 처리하려고 만들게 됐어요.

요리 시간
20분

주재료(2인분)
게맛살 8줄(100g)
양파(중간 것) 1/3개(70g)
양상추 적당량

양념 재료
플레인 요구르트 1통(100g)
마요네즈 1
레몬즙 1
설탕 0.5
소금·후춧가루 적당량씩

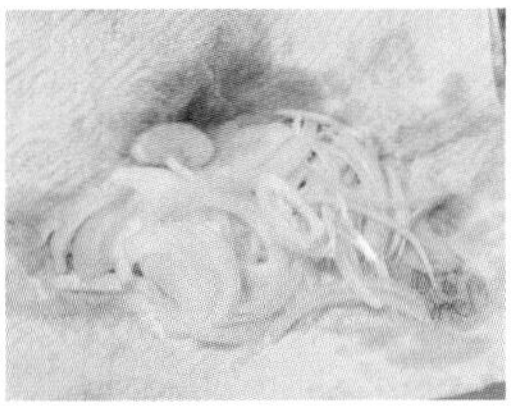

❶ 게맛살은 길쭉길쭉하게 찢고, 양파는 채 썰어 물에 두어 번 헹궈 찬물에 담가두고, 양상추는 씻어 물기를 빼서 굵게 채 썰고,

❷ 찬물에 담가둔 양파는 건져 키친타월로 물기를 톡톡 빼고,

❸ 접시에 게맛살과 양파를 넣고 플레인 요구르트 1통, 마요네즈 1, 레몬즙 1, 설탕 0.5, 소금과 후춧가루를 넣고,

❹ 젓가락으로 휘휘 저어가며 재빨리 버무리면 끝.

새우 맛살 사과 샐러드

날마다 어떤 새로운 요리를 만들어 볼까 고민인데요.
사과를 보다가 문득 떠오른 레시피예요. 정말 간단한데
모양도 훌륭해서 손님상에 내면 좋을 것 같아요.

요리 시간
25분

주재료(2인분)
새우(중하) 10마리
킹크랩 맛살(큰 것) 1개
다진 양파 3
다진 오이피클 1
사과 1개

양념 재료
마요네즈 4
머스터드 0.5
소금·후춧가루 약간씩

❶ 새우는 껍질을 벗겨 등쪽의 내장을 빼내어 깨끗하게 씻어 킹크랩 맛살과 함께 찜기에 쪄서 식힌 다음 적당한 크기로 썰고, 다진 양파 3도 준비하고,

❷ 볼에 새우살과 킹크랩 맛살, 다진 양파, 다진 오이피클을 담고 마요네즈 4, 머스터드 0.5, 소금과 후춧가루 약간씩을 함께 넣어 섞고,

❸ 사과는 깨끗이 씻어 껍질째 반달 모양으로 썰고,

❹ 먹기 직전에 사과 위에 새우 맛살 샐러드를 올려 접시에 담으면 끝.

미리 만들어
상에 내면
좋아요

새우 요구르트 샐러드

손님상에 샐러드 하나쯤 올리시죠? 조금 더 정성을 들여 폼 나는 샐러드를 내야 할 때 이 샐러드를 해요. 샐러드 채소에 해물이나 고기를 조금 얹고 플레인 요구르트나 과일 드레싱을 곁들이면 되거든요.

요리 시간
30분

주재료(2인분)
새우(중하) 15마리
올리브오일 약간
샐러드 채소(양상추, 베이비 채소 등) 적당량

새우 밑간 재료
소금 약간
후춧가루 적당량
드라이 허브 약간
올리브오일 2

드레싱 재료
플레인 요구르트 1통(100g)
마요네즈 1
청양고추(다진 것) 1개분
레몬즙 3
물엿 2
고추냉이 0.3
소금·후춧가루 적당량씩

대체 식재료
물엿▶꿀

❶ 새우는 껍질을 벗기고 머리를 떼어내어 등 쪽의 내장을 제거하고 씻어 물기를 톡톡 닦아 소금 약간, 후춧가루 적당량, 드라이 허브 약간, 올리브오일 2에 10분 정도 재우고,

❷ 팬을 달구어 올리브오일을 살짝 두르고 밑간한 새우를 넣어 재빨리 볶아 식히고,

고추냉이를 넣어도 돼요

❸ 플레인 요구르트 1통, 마요네즈 1, 다진 청양고추 1개, 레몬즙 3, 물엿 2, 고추냉이 0.3, 소금과 후춧가루 적당량을 한데 넣고 섞어 냉장고에 넣어두고,

❹ 샐러드 채소는 찬물에 씻어 물기를 빼서 차게 두었다가 접시에 담고 식힌 새우살을 올리고 먹기 직전에 드레싱을 뿌리면 끝.

자숙 문어 샐러드

보통 초고추장을 찍어 먹는 자숙 문어는 조금만 정성을 더하면 아주 근사한 음식으로 재탄생해요. 데친 문어 샐러드는 씹는 맛이 매우 좋은 깔끔한 샐러드예요.

요리 시간
20분

주재료(2~3인분)
자숙 문어(슬라이스한 것) 200g
베이비 채소·다진 파프리카 적당량씩
발사믹 크림 적당량

소스 재료
다진 양파 2
설탕 1
식초 1
레몬즙 1
소금 0.3
올리브오일 1
드라이 바질 0.3
통후추 약간

올리브오일은 취향껏 2~3숟가락 넣어도 돼요

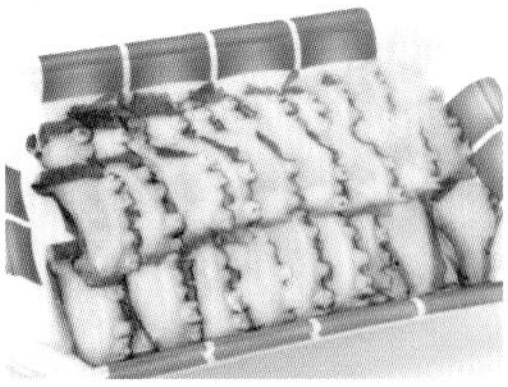

❶ 다진 양파 2, 설탕 1, 식초 1, 레몬즙 1, 소금 0.3, 올리브오일 1, 드라이 바질 0.3, 통후추를 갈아 넣어 섞고,

❷ 슬라이스한 자숙 문어도 준비하고, 베이비 채소는 물에 씻어 물기를 빼고, 파프리카는 다져서 약간만 준비하고,

❸ 접시에 발사믹 크림을 지그재그로 뿌려 베이비 채소를 얹고,

발사믹 크림은 발사믹 소스를 조린 것으로 마트에서 구할 수 있어요

❹ 자숙 문어를 모양내어 담고 드레싱과 다진 파프리카를 뿌리면 끝.

주꾸미 샐러드

샐러드에 주꾸미 같은 해산물을 넣으면 고급 레스토랑의 샐러드 못지않아요. 쫄깃하게 씹히는 주꾸미에 유자청을 넣은 향긋한 드레싱을 만들어 보세요.

요리 시간
30분

주재료(2인분)
주꾸미(큰 것) 2마리
베이비 채소·양상추 적당량씩
굵은소금 약간

드레싱 재료
유자청 3
마요네즈 3
씨겨자 1
레몬즙 1

주꾸미 양념 재료
올리브오일 1
후춧가루 약간

대체 식재료
씨겨자▶머스터드

❶ 유자청 3, 마요네즈 3, 씨겨자 1, 레몬즙 1을 한데 섞고,

유자청 건더기는 먹기 좋게 잘라 넣으세요

채소를 바로 먹을 게 아니라면 냉장고에 넣어 차게 두세요

❷ 베이비 채소와 양상추는 찬물에 헹궈 물기를 빼서 접시에 담고,

주꾸미 머리가 속까지 잘 익도록 푹 데치세요

❸ 끓는 물에 굵은소금을 약간 넣어 주꾸미를 데쳐 다리가 다 익으면 가위로 다리만 잘라내고 머리는 더 익히고,

❹ 주꾸미를 식혀 볼에 담고 올리브오일 1과 후춧가루 약간에 조물조물 버무려 채소에 얹고 먹기 직전에 드레싱을 끼얹으면 끝.

삶은 달걀 샐러드

다이어트할 때 포만감을 주는 닭 가슴살과 삶은 달걀, 적당량의 채소를 섭취하는 분 많으시죠? 맛도 좋고 칼로리 걱정을 줄인 다이어트 레시피를 소개할게요.

요리 시간
20분

주재료(1접시)
달걀 2개
굵은소금·식초 약간씩
방울토마토 5개
블랙 올리브 5개
베이비 채소 적당량

드레싱 재료
블랙 올리브 5개
플레인 요구르트 1통(100g)
마요네즈 1
레몬즙 2
꿀 1
소금·후춧가루 적당량씩

대체 식재료
꿀▶아가베시럽

❶ 냉장고에서 달걀을 꺼내 따끈한 물에 잠깐 담갔다가 냄비에 물을 넉넉히 붓고 굵은소금과 식초를 약간씩 넣어 중간 중간 숟가락으로 굴려가며 삶고,

❷ 블랙 올리브 5개는 듬성듬성 다지고, 플레인 요구르트 1통, 마요네즈 1, 레몬즙 2, 꿀 1, 소금과 후춧가루 적당량을 한데 섞어 냉장고에 차게 넣어두고,

❸ 삶은 달걀은 먹기 좋게 4등분하고, 방울토마토와 나머지 블랙 올리브는 반으로 썰어 접시에 담고,

❹ 베이비 채소는 찬물에 헹궈 물기를 빼고 삶은 달걀 위에 소복하게 올려 먹기 직전에 드레싱을 뿌리면 끝.

닭 가슴살 샐러드

10분에서 20분이면 뚝딱 만들 수 있는 샐러드예요. 닭 가슴살을 삶는 동안 양상추 등 샐러드 채소를 다듬고 드레싱 재료를 만들어 섞으면 요리 끝. 다이어트용 한 끼 식사로 적당해요.

요리 시간
20분

주재료(2인분)
닭 가슴살 1조각
샐러드 채소(양상추 등) 적당량
소금·후춧가루 적당량씩

닭 삶는 물 재료
굵은소금 0.5
청주 2
물 적당량

드레싱 재료
설탕 1
식초 2
레몬즙 1
다진 마늘 0.3
다진 양파 1
간장 1.5
올리브오일 2
후춧가루 적당량

닭 가슴살에 심줄 같은 것이 있으니 잘 손질하세요

❶ 냄비에 닭 가슴살이 잠길 정도의 물과 굵은소금 0.5, 청주 2를 넣고 물이 바글바글 끓을 때까지 닭 가슴살을 넣어 삶고,

❷ 샐러드 채소인 양상추, 파프리카, 새싹채소 등은 찬물에 씻어 물기를 빼서 접시에 담고,

❸ 설탕 1, 식초 2, 레몬즙 1, 다진 마늘 0.3, 다진 양파 1, 간장 1.5, 올리브오일 2, 후춧가루 적당량을 한데 섞고,

❹ 닭 가슴살은 꺼내 식혀 결대로 먹기 좋게 찢어 소금과 후춧가루로 양념하여 샐러드 채소 위에 소복하게 담고 먹기 직전에 드레싱을 끼얹으면 끝.

샐러드 중에 누구나 좋아하는 무난한 샐러드가 바로 케이준 치킨 샐러드일 거예요. 뜨거운 베이컨 드레싱을 뿌려 먹어도 맛있는데 오늘은 쉬운 레시피로 소개할게요.

케이준 치킨 샐러드

요리 시간
30분

주재료(2인분)
닭 가슴살(큰 것) 1조각
소금·후춧가루 약간씩
녹말가루 2
튀김가루 4
카레가루 1
물 5~6
튀김기름 적당량
샐러드 채소 적당량

허니 머스터드 소스 재료
마요네즈 3
머스터드 1, 꿀 1
다진 오이피클 1
다진 양파 1
레몬즙 0.5
파르메산 치즈가루 0.5
후춧가루 약간

샐러드 드레싱 재료
올리브오일 3
발사믹 식초 3
레몬즙 1
꿀 0.5
소금 0.3

❶ 마요네즈 3, 머스터드 1, 꿀 1, 다진 오이피클 1, 다진 양파 1, 레몬즙 0.5, 파르메산 치즈가루 0.5, 후춧가루 약간을 한데 섞고,

❷ 닭 가슴살은 손가락 마디만하게 잘라 소금과 후춧가루로 밑간한 다음 녹말가루 2를 묻히고 튀김가루 4, 카레가루 1, 물 5~6을 한데 섞어 닭 가슴살에 입혀 튀김기름에 튀겨 기름을 빼고,

❸ 샐러드 채소는 찬물에 헹궈 물기를 쏙 빼고,

❹ 올리브오일 3, 발사믹 식초 3, 레몬즙 1, 꿀 0.5, 소금 0.3을 한데 섞어 샐러드 채소와 버무려 접시에 담고 한쪽에 케이준 치킨과 허니 머스터드 소스를 곁들이면 끝.

삼겹살 샐러드

점심을 거하게 먹고 나서 저녁은 과일과 채소로 넉넉히 먹는 게 좋을 것 같아 시장을 봐 귀가한 날이 있었어요. 그런데 아이들이 엄마는 밥도 안 준다고 난리여서 끼니가 되는 샐러드를 만들게 됐어요. 아이들의 원성을 잠재운 의외의 샐러드예요.

요리 시간
30분

주재료(4인분)
돼지 삼겹살 500g
베이비 채소 적당량
발사믹 크림 적당량
파르메산 치즈가루 적당량

삼겹살 밑간 재료
소금·후춧가루·마늘가루 적당량씩

드레싱 재료
올리브오일 3
발사믹 식초 3
레몬즙 1
꿀 0.5
소금 0.3

대체 식재료
꿀▶아가베시럽

마늘가루는 꼭 넣지 않아도 돼요

❶ 돼지 삼겹살은 굽기 직전에 소금과 후춧가루, 마늘가루를 약간씩 뿌려 잠시 재웠다가 팬에 바싹하게 구워 키친타월에 얹어 기름기를 빼고,

❷ 베이비 채소는 물에 씻어 물기를 쏙 빼고,

샐러드 스피너를 이용했어요

❸ 올리브오일 3, 발사믹 식초 3, 레몬즙 1, 꿀 0.5, 소금 0.3을 한데 섞어 베이비 채소를 적당량 넣고 먹기 직전에 살살 버무리고.

치즈를 갈아 넣으면 더 맛있어요

❹ 접시에 베이비 채소를 소복하게 올리고 발사믹 크림을 지그재그로 뿌리고 그 위에 삼겹살 구운 것을 올리고 파르메산 치즈가루를 뿌리면 끝.

우리집 요리 Q&A

봄나물 살펴보기

어르신들은 봄이 되면 봄나물을 챙겨 먹어야 한다고 하시는데 정말 옳은 말씀이에요. 추운 겨울이 물러가면서 피로가 몰려올 때 비타민과 무기질이 풍부한 봄나물을 먹으면 몸에 생기를 얻을 수 있다고 하니까요.

냉이

뿌리째 맛보는 대표적인 전체식이에요. 성질은 차지도 따뜻하지도 않아 체질과 상관 없이 이롭다고 해요. 비타민과 무기질, 철분 등이 풍부하여 춘곤증을 예방해요.

고르는 법
냉이의 뿌리가 연할수록 맛이 좋으니 뿌리가 너무 굵지 않은 것으로 고르세요.

손질법
누런 잎은 떼어내고 뿌리 사이에 붙은 흙을 깨끗이 씻어 주세요.

요리
냉이 된장국, 냉이 바지락 된장 수제비

달래

매운맛이 나는 달래는 성질이 따뜻한 봄나물이에요. 숙면을 돕고 스트레스를 받을 때 분비되는 호르몬 분비와 조절에 관여하여 노화를 방지한다고 해요.

손질법
달래 머리는 통통한 것도 있고 아주 작은 것도 있는데요. 머리 쪽에 껍질이 있고 위쪽에 모래알처럼 까슬까슬한 것이 있어요. 껍질을 말끔히 벗겨내고 모래알 같은 것은 손톱으로 긁어내듯 까면 돼요. 손질한 달래는 깨끗하게 씻어 물기를 빼고 요리하세요.

요리
달래 오이무침, 달래 새우전, 달래 양념간장

원추리

근심을 잊게 하는 망우초가 바로 원추리예요. 냉이나 달래처럼 즐겨 먹는 봄나물은 아니지만 봄에 맛보면 식욕을 돋워요. 원추리는 새순을 먹는데 달착지근한 맛이 나요.

손질법

물에 서너 번 헹궈 깨끗하게 씻어 넉넉한 물에 굵은소금을 1숟가락 정도 넣고 휘휘 저어가며 1분 정도 데쳐 찬물에 몇 번 헹궈 10~20분 정도 찬물에 담갔다가 요리하세요.

요리

원추리나물무침, 원추리 된장국

두릅

귀하고 비싼 두릅은 봄나물의 왕이라 부르고 싶어요. 살짝 데쳐 초고추장에 찍어 먹으면 사라졌던 입맛이 찾아오거든요. 두릅은 땅두릅과 나무두릅이 있는데, 땅두릅은 땅에서 캐는 새순이고 나무두릅은 두릅나무과에 속하는 두릅나무, 오갈피나무, 음나무 등 나무 10여 종의 어린 순이에요.

손질법

위쪽을 살짝 잘라내고 비늘같이 생긴 잎을 떼어내세요. 큰 두릅의 가시는 조심하여 긁어내고 두터운 아래쪽에 칼집을 넣어 대강 씻어 굵은소금을 적당히 넣고 휘휘 저어 위아래를 뒤집어 가며 2분 정도 데쳐 바로 찬물에 헹궈 물기를 꼭 짜서 조리하세요. 너무 오래 데치면 물러져 맛이 떨어져요.

요리

두릅무침, 두릅튀김

쑥

쑥은 열 가지 병을 고치는 약으로 불렸어요. 성질이 따뜻하여 몸속의 추운 기운을 몰아내고 혈액순환 장애로 인한 통증을 완화시키는 것으로 알려져 있어요. 쑥은 봄철 논두렁이나 야산에서 자란 야생쑥이 좋은데 요즘은 논에서 쑥을 재배하기도 한다네요.

손질법

지저분한 잎을 떼어내고 다듬어 찬물에 서너 번 씻어 물기를 쭉 빼서 요리하세요. 두고 먹으려면 끓는 물에 살짝 데쳐 물기를 꼭 짜고 한 번에 사용할 만큼씩 나눠 둥글게 뭉쳐 냉동실용 밀폐용기에 넣어 냉동 보관하세요.

요리

쑥 부침개, 쑥 된장국

PART 6

평범한 재료로 멋지게 만든 별미 요리

손쉽게 만들지는 못하니 큰맘을 먹어야 하지만,
특별한 요리를 만들어야 할 때가 있습니다.
매일 먹는 친근한 음식 대신 비장의 요리도 있어야 하고
귀한 손님이 오셨을 때 내놓을 만한 폼 나는 요리도 필요하니
미리 준비하고 연습해 보세요.

고추 잡채

중국집에서는 고추 잡채가 주로 꽃빵과 함께 나오는데요.
오늘 만든 고추 잡채는 꽃빵에 싸서 먹어도 좋지만 그냥 반찬 삼아 먹거나 덮밥으로 먹어도 맛있어요. 여러 과정을 단순화하기 위해서 제법 쉽게 만들어 보았어요.

요리 시간
40분

주재료(3~4인분)
돼지고기(잡채용) 2줌(200g)
피망 1개
빨간 파프리카 1/2개
노란 파프리카 1/2개
양파(중간 것) 1/4개
식용유 2
꽃빵 5~6개

돼지고기 양념 재료
청주 1
다진 마늘 0.5
굴소스 1
녹말가루 1
달걀흰자 1개분
소금·후춧가루 적당량씩

양념 재료
다진 마늘 0.5
간장 2
맛술 2
고추기름 1
참기름 0.5
통후추 적당량

❶ 돼지고기는 청주 1, 다진 마늘 0.5, 굴소스 1, 녹말가루 1, 달걀흰자 1개, 소금과 후춧가루 적당량을 넣어 조물조물 양념하고,

❷ 피망, 빨간 파프리카, 노란 파프리카, 양파는 굵직하게 채 썰고,

❸ 팬을 달구어 식용유 2를 두르고 다진 마늘 0.5를 넣고 기름에 마늘 향이 나도록 타지 않게 볶다가 불을 세게 하여 양념한 돼지고기를 넣고 볶다가,

❹ 돼지고기가 다 익으면 피망과 파프리카를 넣고 볶다가 간장 2, 맛술 2, 고추기름 1을 넣고 볶다가 참기름 0.5를 두르고 맛을 보아 소금으로 간하고 통후추를 뿌려 그릇에 담고 꽃빵을 곁들이면 끝.

김치 묵무침

묵만 한 모 사 와서 늘 집에 있는 새콤하게 잘 익은 김치와 함께 내면 되는 간단한 요리예요. 김치를 안 먹는 아이들도 잘 먹고 칼로리는 낮으면서 포만감을 주어 저녁 밥상에 올리면 좋아요.

요리 시간
20분

주재료(2~3인분)
도토리묵 1모(400g)
신 김치 2장

묵 양념 재료
간장 1
참기름 1
통깨 0.3

김치 양념 재료
김(부순 것) 2장분
쪽파 1줌
고춧가루 0.5
참치진국 1
아가베시럽 1
참기름 1
통깨 0.5

대체 식재료
참치진국▶간장
아가베시럽▶물엿

❶ 도토리묵은 먹기 좋게 썰어 간장 1, 참기름 1, 통깨 0.3을 넣고 부서지지 않게 살살 무쳐 그릇에 담고,

❷ 신 김치는 송송 썰어 준비하고,

❸ 묵을 무친 볼에 신 김치와 김 부순 것 2장, 쪽파 1줌, 고춧가루 0.5, 참치진국 1, 아가베시럽 1, 참기름 1, 통깨 0.5를 넣고 조물조물 무쳐 묵 위에 소복이 올리면 끝.

연근 탕수

이름은 거창해도 연근만 있으면 쉽게 만들 수 있어요. 연근을 도톰하게 썰어 데친 다음 바삭하게 튀겨 소스만 끼얹으면 돼요. 식어도 맛있어요.

요리 시간
30분

주재료(3~4인분)
연근 1개(300g)
녹말가루 3

연근 삶는 물 재료
물 4컵
굵은소금 0.5

탕수 소스 재료
물 1/2컵
간장 2
식초 4
설탕 3
소금 약간

녹말물 재료
물 1
녹말가루 0.5

데친 연근은 질겨지니 절대 찬물에 넣지 말고 자연스레 식히세요

작은 튀김냄비에 튀기면 기름 1컵 정도의 적은 양으로도 바삭하게 튀길 수 있어요

❶ 연근은 껍질을 벗겨 1cm 정도 두께로 썰어 크기가 큰 것은 반으로 자르고,

❷ 냄비에 물 4컵, 굵은소금 0.5를 넣고 팔팔 끓으면 연근을 넣고 바글바글 끓을 때까지 데쳐 체에 밭쳐 자연스럽게 식히고,

❸ 비닐백에 녹말가루 3을 넣고 연근을 넣어 녹말가루를 고루 입혀, 튀김기름에 바삭하게 한 번만 튀겨 키친타월에 얹어 기름을 빼서 그릇에 담고,

❹ 물 1/2컵, 간장 2, 식초 4, 설탕 3, 소금 약간을 넣고 바글바글 끓이다가 불을 약하게 줄이고 물 1, 녹말가루 0.5를 섞어 조금씩 넣어가며 걸쭉하게 농도를 맞추어 연근에 끼얹으면 끝.

꽃게 강정

살을 발라 먹기 번거로운 꽃게를 바삭하게 튀기면 껍질과 다리까지 다 먹을 수 있어요. 바삭하게 튀겨 매콤한 소스를 곁들이면 정말 맛있고 특별한 요리가 돼요.

요리 시간
40분

주재료(3~4인분)
꽃게 1kg(3~4마리)
녹말가루 8
튀김기름 적당량

소스 재료
고추기름 1
식용유 1
다진 마늘 1
잘게 썬 홍고추 1
송송 썬 대파 2
청주 2
설탕 1
식초 3
간장 3
물엿 2
통후추 적당량

대체 식재료
홍고추▶청양고추

튀김용 꽃게는 너무 큰 것보다는 중간 크기가 적당해요

❶ 꽃게는 손질하여 4등분 한 다음 물기를 빼서 볼에 넣고 녹말가루 8를 넣어 골고루 가루옷을 입히고,

❷ 튀김기름을 달구어 꽃게를 넣고 한 번 튀긴 후 다시 한번 바삭하게 튀기고,

❸ 팬을 약하게 달구어 고추기름 1, 식용유 1을 두르고 다진 마늘 1을 타지 않게 볶아 마늘 향을 내고 송송 썬 홍고추 1, 송송 썬 대파 2를 넣어 볶다가 청주 2, 설탕 1, 식초 3, 간장 3, 물엿 2를 넣고 끓이다가,

❹ 튀긴 꽃게를 넣고 양념이 배도록 골고루 버무리고 마지막으로 통후추를 갈아 넣으면 끝.

아귀 수육

아귀로 무언가 거창한 요리를 하려니 번거롭고 귀찮다는 분들을 위한 요리예요. 아귀 자체의 맛으로 즐기는 수육으로 담백하게 삶아서 미나리와 함께 고추냉이 간장에 찍어 드세요.

요리 시간
30분

주재료(2~3인분)
아귀(손질한 것) 1kg
굵은소금 약간
콩나물 1봉
미나리(작은 것) 1단
마늘 5쪽

아귀 삶는 물 재료
물 1컵
된장 1
맛술 3

양념 재료
참기름 1
통깨 1

소금을 너무 많이 넣으면 짜니 조금만 넣으세요

❶ 아귀는 손질한 것으로 준비하여 깨끗하게 씻어 4~5cm 크기로 토막을 내어 굵은소금 약간을 뿌리고, 콩나물은 씻어 물기를 빼고, 미나리는 다듬어 씻고, 마늘은 편으로 썰고,

❷ 냄비에 물 1컵, 된장 1, 맛술 3을 넣고 끓여 팔팔 끓으면 아귀를 넣고 마늘을 편으로 썰어 넣고 아귀가 80% 정도 익을 때까지 끓이다가,

❸ 콩나물을 넣고 뚜껑을 덮어 3분 정도 익히다가 콩나물 익는 냄새가 나면 뚜껑을 열고,

미나리는 숨이 살짝 죽을 정도로만 익히세요

❹ 미나리를 넣어 다시 뚜껑을 덮고 1분 정도 익혀, 그릇에 콩나물을 깔고 아귀를 소복이 담고 참기름 1을 두르고 미나리를 얹고 통깨 1을 솔솔 뿌리면 끝.

오징어 물회

요리 시간
30분

주재료(2인분)
오징어(몸통) 1마리분
굵은소금 약간
오이 1/3개
쌈채소(상추, 깻잎 등) 적당량
풋고추 1/2개
통깨 적당량

육수 재료
시판 냉면 육수 1봉(300g)
고춧가루 0.5
다진 마늘 0.5
식초 2
설탕 0.5
고추장 1

대체 식재료
오징어▶광어회, 우럭회, 도다리회

❶ 오징어는 몸통만 껍질을 벗기고 다듬어,

❷ 끓는 물에 굵은소금을 약간 넣고 데쳐서 찬물에 식혀 탱탱하게 준비하고,

육수에 양념을 풀 때 체를 이용하면 잘 풀려요

❸ 시판 냉면 육수 1봉을 시원하게 준비하여 고춧가루 0.5, 다진 마늘 0.5, 식초 2, 설탕 0.5, 고추장 1을 넣어 한데 섞고,

채소는 취향껏 준비하세요

❹ 오징어는 가늘게 채 썰고, 오이와 쌈채소는 채 썰어 그릇에 듬뿍 담고 오징어숙회를 얹고 육수를 부은 다음 풋고추를 어슷하게 썰어 넣고 통깨를 솔솔 뿌리면 끝.

오징어 탕수

오징어로 만든 일품 요리예요. 프루트 칵테일을 넣은 새콤달콤 소스와 오징어튀김의 궁합이 환상적이에요.

요리 시간
40분

주재료(2~3인분)
오징어 1마리
튀김기름 1컵
검은깨 약간

오징어 밑간 재료
소금·후춧가루 적당량씩
다진 마늘 0.3

튀김옷 재료
녹말가루 4
달걀흰자 1개분

탕수 소스 재료
프루트 칵테일 1컵
프루트 칵테일 통조림 국물 1/2컵
물 1/2컵
설탕 3
식초 4
레몬즙 1
소금 0.3

녹말물 재료
녹말가루 1
물 2

오징어는 튀길 때 기름이 쉽게 튀니 자르고 나서 최대한 물기를 제거하세요

❶ 오징어는 내장과 껍질을 제거하여 한입 크기로 손질해 키친타월로 물기를 제거하고 소금과 후춧가루 적당량, 다진 마늘 0.3을 넣어 조물조물 양념하고,

❷ 양념한 오징어에 녹말가루 4, 달걀흰자 1개를 넣고 고루 섞어 튀김옷을 입히고,

탕수육은 두 번 튀기는 것이 더 바삭하고 맛있어요

❸ 작고 오목한 튀김 팬에 튀김기름 1컵을 넣고 달구어 오징어를 하나씩 떼어서 넣고 색깔만 살짝 나게 튀겨 잠시 두었다가 한 번 더 튀겨 키친타월에 얹어 기름을 빼서 그릇에 담고,

간이 심심하면 소금으로 간을 하세요

❹ 프루트 칵테일 1컵, 통조림 국물 1/2컵, 물 1/2컵, 설탕 3, 식초 4, 레몬즙 1, 소금 0.3을 넣고 끓이다가 불을 줄이고 녹말가루 1, 물 2를 섞어 조금씩 넣어 농도를 맞추고 먹기 직전에 탕수에 곁들여 검은깨를 뿌리면 끝.

참치 다다키

그냥 먹어도 맛있는 참치를 굳이 익혀 먹나 했는데 맛도 좋고 모양도 예쁘네요. '다다키'는 생선이나 고기를 큰 덩어리로 잘라 꼬치에 꿰어 직화로 겉면만 그을려 익히고 속은 핏물이 보일 정도로 안 익은 듯 보이는 상태로 조리해 재빨리 찬물에 식혀 일정한 크기로 슬라이스한 것을 말해요.

요리 시간
30분

주재료(2~3인분)
참치 120g
양파(중간 것) 1/2개
샐러드 채소 적당량
홍고추·풋고추 적당량씩

소스 재료
식초 1
아가베시럽 1
간장 1
다진 마늘 0.3
발사믹 식초 1
레몬즙 1
고추냉이 0.3
올리브오일 1
참기름 0.5
소금·후춧가루 약간씩

대체 식재료
아가베시럽▶꿀, 물엿

속까지
너무 익지 않게
주의하세요

❶ 참치는 적당한 크기로 썰어 기름을 두르지 않은 팬에 네모진 면을 살짝 익혀 키친타월로 감싸 냉장고에 차게 두고,

❷ 양파는 채 썰어 찬물에 10분 정도 담가 매운맛을 없애고 키친타월이나 샐러드 스피너로 물기를 빼 주고,

발사믹
식초가 없다면
빼도 돼요

❸ 식초 1, 아가베시럽 1, 간장 1, 다진 마늘 0.3, 발사믹 식초 1, 레몬즙 1, 고추냉이 0.3, 올리브오일 1, 참기름 0.5, 소금과 후춧가루 약간씩을 한데 섞고,

❹ 그릇에 물기를 뺀 양파를 담고 참치를 일정한 간격으로 썰어 얹고 먹기 직전에 소스를 뿌려 베이비 채소나 홍고추, 풋고추로 장식하면 끝.

홍합 떡볶음

떡볶이보다 홍합을 더 많이 먹고 싶어서 홍합 떡볶이를 만들어 보았어요. 홍합의 진하고 깊은 맛이 우러나 떡볶이가 더욱 맛있어요. 손님이 오셔도 대접할 수 있을 만큼 푸짐한 한 그릇이에요.

요리 시간
20분

주재료(3~4인분)
홍합 40개
떡볶이 떡 300g
사각어묵 2장(150g)
양파 1/2개
피망·홍피망 1/4개씩
식용유 2

양념장 재료
고추장 2
고춧가루 2
다진 마늘 2
굴소스 1
맛술 2
설탕 0.5
잘게 썬 청양고추 1개분

양념 재료
청주 2
물 1컵
물엿 1
송송 썬 쪽파 1줌

떡이 딱딱하면 데쳐서 사용하세요

❶ 홍합은 수염을 떼어내고 찬물에 여러 번 헹궈 씻고, 떡볶이 떡은 씻고, 사각어묵은 먹기 좋게 썰고, 양파는 굵직하게 채 썰고, 피망과 홍피망은 먹기 좋게 썰고,

❷ 고추장 2, 고춧가루 2, 다진 마늘 2, 굴소스 1, 맛술 2, 설탕 0.5, 잘게 썬 청양고추 1개를 한데 섞고,

❸ 팬을 달구어 식용유 2를 두르고 홍합을 넣고 달달 볶아 홍합의 입이 벌어지면 청주 2를 넣어 비린 향을 날리고,

❹ 떡볶이 떡과 어묵, 양파, 피망을 넣고 볶다가 양념장과 물 1컵을 넣고 볶다가 떡에 양념이 잘 어우러지면 물엿 1, 쪽파 1줌을 넣고 버무리면 끝.

닭고기 카레조림

배고프다고 아우성인 아이들에게 먼저 닭고기 카레조림과 밥을 먹고 있으라고 하고 다른 반찬 만드는 사이 거의 다 먹었더라고요. 적당히 칼칼하면서도 개운해서 참 맛있는 닭 요리예요.

요리 시간
50분

주재료(3인분)
닭 1마리(800g)
양파(중간 것) 1/2개
감자(큰 것) 1개
당근(중간 것) 1/2개
올리브오일 2
다진 마늘 1
청양고추 1개
대파 1/4대
후춧가루 적당량

닭고기 데치는 물 재료
청주 3
생강즙 0.5

양념장 재료
카레가루 6
고추장 1
토마토케첩 1
간장 2
맛술 2
물엿 1
설탕 0.5
후춧가루 약간
물 2컵

대체 식재료
생강즙▶생강가루

모서리를 다듬어야 감자나 당근이 무르거나 부서지지 않아 깔끔해요

❶ 닭고기는 커다란 기름 덩어리를 제거하여 찬물에 헹구고, 냄비에 닭이 잠길 만큼의 넉넉한 물을 넣고 청주 3, 생강즙 0.5를 넣고 끓여 팔팔 끓으면 닭을 넣고 3~4분 정도 데쳐 물에 헹궈 물기를 빼고,

❷ 양파는 큼직하게 썰고, 감자는 밤톨만 하게 썰어 모서리를 다듬고, 당근은 감자보다 작게 썰어 모서리를 다듬고,

❸ 팬을 달구어 올리브오일 2를 살짝 두르고 다진 마늘 1을 넣고 마늘 향이 나도록 볶다가, 닭고기를 넣어 볶고 감자, 당근, 양파를 넣어 노릇하게 색이 나도록 볶다가,

❹ 카레가루, 고추장, 토마토케첩, 간장, 맛술, 물엿, 설탕, 후춧가루, 물 2컵을 섞고 닭에 넣어 주걱으로 저으며 중불로 끓여 청양고추와 대파를 송송 썰어 넣고 후춧가루를 뿌리면 끝.

콜라 찜닭

냉동실에 넣어둔 닭 한 마리를 손질하여 콜라만 하나 구입해서 뚝딱 만들었어요. 양념 재료가 매우 간단해서 놀라실 거예요. 콜라에서 단맛이 나니 설탕이나 물엿 등 달달한 종류의 양념은 전혀 넣지 않았어요.

요리 시간
50분

주재료(3~4인분)
닭 1마리(800g~1kg)
감자 1개
양파 1/2개
홍고추 1개

닭고기 밑간 재료
청주 2
소금·후춧가루 적당량씩

양념 국물 재료
콜라 2컵+1/2컵
간장 8
다진 마늘 1
생강즙 0.5
후춧가루 적당량

대체 식재료
홍고추▶청양고추, 마른 고추

닭고기 껍질은 일부 제거하세요

❶ 닭은 한 마리를 통째로 구입해 먹기 좋게 썰어 찬물에 서너 번 헹궈 물기를 쪽 빼서 청주 2, 소금과 후춧가루를 뿌려 10분 정도 두고,

찬물에 데치면 맛이 없어요

❷ 냄비에 물을 넣고 끓여 팔팔 끓으면 닭고기를 넣고 5분 정도 데쳐 체에 밭쳐 물기를 빼고,

❸ 감자, 양파는 큼직하게 썰고, 홍고추는 어슷하게 썰고,

뜨는 거품은 걷어내세요

❹ 냄비에 콜라 2컵+1/2컵, 간장 8, 다진 마늘 1, 생강즙 0.5, 홍고추를 넣고 끓여 팔팔 끓으면 닭고기와 감자, 양파를 넣고 국물이 반 이상 졸아들 때까지 20~30분 정도 조려 후춧가루를 취향껏 넣으면 끝.

닭 볶음탕

여러 닭 요리 중에 특히 환영받는 요리인 닭 볶음탕이에요.
보들보들 연한 닭고기 살도 맛있고 입맛에 맞는 채소를 골라 먹는 맛도 좋아요.

요리 시간
60분

주재료(4인분)
닭(중간 것) 1마리(800g)
감자(중간 것) 2개
미니 단호박 1/4통
당근 1/3개
양파(중간 것) 1/2개
대파 1대
홍고추 1개
깻잎 20장
멸치 다시마 육수 4컵
들깨가루 3

양념장 재료
고추장 3
고춧가루 2
간장 5
맛술 2
물엿 1
설탕 1
다진 마늘 1
생강즙 약간

대체 식재료
단호박▶감자

껍질을 좋아하지 않아서 껍질과 기름기를 떼어냈어요

❶ 닭은 먹기 좋은 크기로 토막 낸 것을 구입하여 찬물에 네댓 번 헹궈 물기를 빼서 팔팔 끓는 물에 넣어 2~3분 정도 데쳐 찬물에 헹궈 물기를 빼고,

❷ 고추장 3, 고춧가루 2, 간장 5, 맛술 2, 물엿 1, 설탕 1, 다진 마늘 1, 생강즙 약간을 한데 섞고,

❸ 감자, 미니 단호박, 당근, 양파는 큼직하게 썰고, 대파, 홍고추는 어슷하게 썰고, 깻잎도 씻어 2등분 하고,

채소를 처음부터 닭과 함께 넣으면 국물이 탁해져요

❹ 냄비에 멸치 다시마 육수를 붓고 데친 닭고기, 양념장을 넣고 센 불로 20분 정도 끓이다 채소를 넣고 20~30분 더 푹 끓여 홍고추, 깻잎, 대파, 들깨가루를 넣고 한소끔 더 끓이면 끝.

입안이 얼얼한 붉은색의 매운 닭 요리예요.
눈물 쏙 뺄 만큼 매운 닭고기 요리가 필요할 때 만들어 보세요.

매콤 닭볶음

요리 시간
40분

주재료(3~4인분)
닭봉·닭 날개 700g
식용유 약간
청양고추 1개
홍고추 1개

양념 재료
간장 4
고춧가루 3
물엿 2
설탕 0.5
참기름 1
양파즙 3
청주 1
다진 마늘 1
다진 파 2
다진 생강 약간
후춧가루 약간

닭고기 밑간 재료
청주 1
소금·후춧가루 약간씩

미리 만들어 냉장고에서 숙성시키면 더 맛있어요

닭고기가 잘 익지 않으니 뚜껑을 덮고 익히세요

❶ 간장 4, 고춧가루 3, 물엿 2, 설탕 0.5, 참기름 1, 양파즙 3, 청주 1, 다진 마늘 1, 다진 파 2, 다진 생강 약간, 후춧가루 약간을 한데 섞고,

❷ 닭봉과 닭 날개는 중간중간 칼집을 내서 찬물에 깨끗하게 여러 번 헹궈 씻고 청주 1, 소금과 후춧가루 약간씩에 10분 정도 재워 팬을 달구어 식용유를 약간 두르고 중간중간 뒤집어가며 익히다가,

❸ 닭고기가 노릇노릇하게 속까지 익으면 바닥에 눌어붙은 찌꺼기나 국물을 키친타월로 살짝 닦아낸 다음 양념장을 넣고 볶다가,

❹ 청양고추와 홍고추를 어슷하게 썰어 넣고 살짝 더 볶으면 끝.

파프리카 닭 가슴살 월남쌈

불을 쓰지 않고 쉽게 만들어 먹는 요리예요. 밖에서 사 먹으면 가격이 많이 비싼데, 집에서는 원하는 재료 몇 가지만으로 충분히 훌륭하게 만들 수 있어요. 담백하고 신선한 재료들로 맛있게, 건강하게 만들어 드세요.

요리 시간
15분

주재료(2~3인분)
빨간 파프리카 1/2개
노란 파프리카 1/2개
양파 1/4개
무순 1줌
닭 가슴살 통조림(작은 것) 1통
라이스페이퍼 20장

소스 재료
스위트 칠리소스 2
까나리액젓 0.5
레몬즙 1

대체 식재료
닭 가슴살▶새우살, 맛살

통조림 대신 닭 가슴살을 데쳐 소금, 후춧가루로 간을 해도 돼요

❶ 빨간 파프리카와 노란 파프리카, 양파는 채 썰고, 무순은 물에 살살 헹궈 물기를 빼고, 닭 가슴살도 준비하고,

❷ 라이스페이퍼를 따끈한 물에 담갔다가 바로 꺼내 도마 위에 얹고,

두 장으로 말면 더 단단하고 쫄깃하며 씹히는 식감도 좋아요

❸ 준비한 재료를 적당히 올려 돌돌 말고 라이스페이퍼를 한 장 더 깔아 두 번을 말고 반으로 어슷하게 썰어 그릇에 담고,

매콤하게 먹으려면 청양고추를 잘게 다져 넣으면 돼요

❹ 스위트 칠리소스 2, 까나리액젓 0.5, 레몬즙 1을 한데 섞어 월남쌈에 곁들이면 끝.

훈제오리 양념볶음

훈제오리는 늘 구워서 소스만 찍어 먹다가 매콤한 양념을 넣고 볶았어요. 주말에 밥반찬 삼아 만들어 먹었는데 식구들이 모두 맛있게 먹어 기분이 날아갈 듯했어요.

요리 시간
25분

주재료(3~4인분)
훈제오리 300g
팽이버섯 2봉
양파(중간 것) 1/2개
호박 1/3개
홍고추 1개
쪽파 3대
깻잎 20장
통깨 1

양념장 재료
고춧가루 3
고추장 1
간장 2
청주 3
설탕 1
다진 마늘 1
생강즙 약간
참기름 1

대체 식재료
훈제오리▶순대

훈제오리는 기름이 많아서 미리 따로 익혀요

❶ 훈제오리는 먹기 좋게 슬라이스로 잘라 팬을 달구어 굽고, 팬의 기름을 키친타월로 닦아내고,

❷ 팽이버섯은 밑동을 잘라 가닥가닥 떼어내고, 양파와 호박은 먹기 좋은 크기로 썰고, 홍고추는 어슷하게 썰고, 쪽파는 송송 썰고, 깻잎은 깨끗이 씻어 물기를 빼고,

고추장보다 고춧가루가 많이 들어가야 칼칼하고 깔끔해요

❸ 고춧가루 3, 고추장 1, 간장 2, 청주 3, 설탕 1, 다진 마늘 1, 생강즙 약간, 참기름 1을 한데 섞고,

들깨가루를 취향껏 넣어도 맛있어요

❹ 팬을 달구어 식용유를 약간 두르고 양파와 호박을 넣어 달달 볶다가 양념장, 훈제오리를 넣어 재빨리 볶고 팽이버섯, 홍고추, 쪽파, 깻잎을 넣고 볶다가 재료가 양념과 잘 어우러지면 통깨 1을 뿌리면 끝.

돼지고기 고추장 탕수육

탕수육 소스로는 굴소스와 간장으로 만드는 소스, 마늘 소스를 비롯하여 토마토케첩을 넣은 광동식도 있지만, 고추장 소스로 맛을 낼 생각은 해보지 않았어요. 잡지를 보다가 눈에 띄어 따라해 보았는데 매운 요리를 좋아하는 제 입맛에 잘 맞아요.

요리 시간
50분

주재료(4인분)
돼지고기 안심 500g
튀김기름 적당량
식용유 2
녹말가루 1, 물 2

돼지고기 양념 재료
소금 0.3
후춧가루 0.3
청주 1
다진 마늘 1
생강즙 0.3

튀김옷 재료
달걀 1개, 녹말가루 8

고추장 소스 재료
송송 썬 청양고추 2개분
고춧가루 1
고추장 2
설탕 6
식초 6
간장 1
소금 0.3
물 2/3컵

❶ 돼지고기는 먹기 좋게 손가락 마디 정도의 굵기로 썰어 소금 0.3, 후춧가루 0.3, 청주 1, 다진 마늘 1, 생강즙 0.3을 넣어 잠시 재우고,

❷ 달걀 1개, 녹말가루 8을 섞어 돼지고기에 튀김옷을 입혀,

❸ 튀김기름을 달구어 돼지고기를 넣고 한 번 튀겨 키친타월에 얹어 두었다가 수분이 촉촉하게 나오면 다시 한번 튀겨 기름을 빼고,

❹ 팬을 약하게 달구어 식용유를 두르고 청양고추, 고춧가루를 넣고 볶다 고추장을 넣고 설탕, 식초, 간장, 소금, 물을 넣어 끓이다 녹말가루와 물을 섞어 조금씩 넣고 돼지고기에 곁들이면 끝.

찹쌀 탕수육은 일반적인 탕수육보다 쫄깃한 식감이 남달라요. 한동안 이 탕수육 맛에 빠져 매일 만들어 먹었어요. 매번 만들던 걸쭉한 소스 대신 줄줄 흐르는 마늘 소스로 맛을 냈어요.

돼지고기 찹쌀 탕수육

요리 시간
40분

주재료(2~3인분)
돼지고기 안심 300g
녹말가루 3
튀김기름 적당량
식용유 1

돼지고기 밑간 재료
다진 마늘 0.5
청주 1
소금·후춧가루 적당량씩

튀김옷 재료
녹말가루 5, 찹쌀가루 5
물 1/2컵

마늘 소스 재료
다진 마늘 1
물 3
식초 1
꿀 3
간장 1
참치진국 1
고추기름 1

대체 식재료
참치진국▶간장

❶ 돼지고기는 넓적하게 편으로 썰어 볼에 넣고 다진 마늘 0.5, 청주 1, 소금과 후춧가루 적당량에 잠시 재워 녹말가루 3을 골고루 묻히고,

❷ 녹말가루 5, 찹쌀가루 5, 물 1/2컵을 섞어 튀김옷을 만들어 돼지고기에 입히고,

❸ 튀김기름을 달구어 돼지고기를 넣고 바삭하게 튀겨 기름을 쪽 빼고,

아이가
먹을 것이라면
고추기름의 양을
줄이세요

❹ 팬을 달구어 식용유 1을 두르고 다진 마늘 1을 넣고 타지 않게 마늘 향을 내어 볶다가 물 3, 식초 1, 꿀 3, 간장 1, 참치진국 1, 고추기름 1을 넣고 끓여서 돼지고기에 곁들이면 끝.

물만두 깐풍

물만두를 물에만 데쳐서 먹는 것이 아니라 튀겨서 깐풍 소스에 버무리면 근사한 요리가 돼요. 냉동실을 차지하고 있던 물만두가 특별해지는 시간입니다.

요리 시간
30분

주재료(2인분)
물만두 25~30개
튀김기름 적당량
식용유 약간

깐풍 소스 재료
다진 마늘 1
잘게 썬 홍피망 2
잘게 썬 피망 2
식초 1
설탕 1
맛술 1
간장 1
참치진국 1
물엿 1
후춧가루 적당량

대체 식재료
피망▶풋고추
참치진국 1▶굴소스 0.5

❶ 튀김기름을 달구어 물만두를 넣고 젓가락으로 잘 저어가며 노릇하게 튀기고,

한꺼번에 넣으면 붙어서 덩어리가 되니 하나씩 넣으세요

❷ 키친타월에 얹어 기름을 빼고,

❸ 팬을 약하게 달구어 식용유를 두르고 다진 마늘 1을 볶다가 마늘향이 나면 잘게 썬 홍피망 2, 잘게 썬 피망 2를 넣고 타지 않게 볶고 식초 1, 설탕 1, 맛술 1, 간장 1, 참치진국 1, 물엿 1을 넣고 끓이다가,

❹ 튀긴 만두를 넣고 소스를 고루 묻혀 후춧가루 적당량을 뿌리면 끝.

광동식 탕수육

광동 탕수육은 중국 청나라 때 탕수 갈비를 뜯어 먹는 것을 불편해하던 서양 사람들이 먹기 좋으라고 개발된 음식이라고 해요. 아이들이 좋아하는 토마토케첩을 넣고 탕수육을 만들었어요.

요리 시간
50분

주재료(3~4인분)
돼지고기 안심 500g
녹말가루 3
튀김기름 적당량

돼지고기 밑간 재료
소금 0.3
후춧가루 0.3
생강즙 0.3

튀김옷 재료
녹말가루 10
물 7
청주 3
달걀흰자 1개분

소스 재료
물 1컵
설탕 3, 식초 3
토마토케첩 3
참치진국 1
양파 1/4개
피망 1/3개

녹말물 재료
말가루 1
물 2

기름이 거의 없는 안심이나 등심을 사용하세요

❶ 돼지고기 안심은 손가락 마디만 한 크기로 결의 반대 방향으로 잘라 소금 0.3, 후춧가루 0.3, 생강즙 0.3을 넣고 살살 버무려 녹말가루 3을 묻히고,

❷ 녹말가루 10, 물 7, 청주 3, 달걀흰자 1개를 한데 섞어 튀김옷을 만들어 돼지고기에 입히고,

만져보아 뚝뚝 떨어지는 정도의 느낌이면 좋아요

기름에 넣을 때 손으로 하나씩 떼어 넣는 것이 편해요

❸ 튀김기름을 달구어 돼지고기를 넣어 색이 살짝 돌도록 한 번 튀기고 불을 조금 더 세게 하여 한 번 더 튀겨 키친타월에 얹어 기름을 빼서 그릇에 담고,

녹말물을 넣을 때 불이 세면 녹말물이 엉겨요

❹ 물, 설탕, 식초, 토마토케첩, 참치진국을 넣고 끓이다 양파, 피망을 큼직하게 썰어 넣고 끓이다 불을 줄이고 녹말가루와 물을 섞어 넣어가며 농도를 맞추어 튀긴 돼지고기에 곁들이면 끝.

김치 나베 돈가스

돈가스 전문점에서 종종 주문해 먹는 김치 나베 돈가스예요. '나베'는 냄비라는 일본어로 김치와 돈가스를 냄비에 넣고 보글보글 끓여서 먹는 찌개와도 같은 일본식 요리예요. 밥과 함께 먹으면 달리 반찬도 필요 없고 아주 맛있어요.

요리 시간
25분

주재료(1~2인분)
밥 1공기
돈가스 1조각
튀김기름 적당량
신 김치 2장
달걀 1개
송송 썬 쪽파 1줌

양념 재료
식용유 1
고춧가루 0.5
설탕 1
물 1컵
김치 국물 1/4컵
참치진국 2
후춧가루 약간

대체 식재료
참치진국▶간장

❶ 돈가스는 튀김기름에 노릇하게 튀기고,

❷ 신 김치는 송송 썰어 팬을 달구어 식용유 1을 두르고 볶다가 고춧가루 0.5, 설탕 1을 넣어 볶고 김치가 충분히 익으면 물 1컵과 김치 국물 1/4컵을 부어 바글바글 끓여 참치진국 2를 넣고,

❸ 돈가스는 먹기 좋은 크기로 자르고, 쪽파는 송송 썰고,

❹ 김치가 담긴 팬에 돈가스를 넣고 끓여, 바글바글 끓으면 가장자리에 달걀물을 둘러가며 넣고 후춧가루와 송송 썬 쪽파를 듬뿍 뿌리면 끝.

파인애플 소스 돈가스

요리 시간
25분

주재료(2~3인분)
시판 돈가스 2조각
튀김기름 적당량

소스 재료
파인애플(잘게 썬 것) 1컵
양파(중간 것) 1/2개
버터 1
파인애플 국물 8
토마토케첩 8
돈가스 소스 8
물 1/2컵
드라이 허브 0.3
후춧가루 적당량

❶ 파인애플과 양파는 잘게 썰고,

❷ 팬을 달구어 버터 1을 두르고 파인애플과 양파를 넣고 달달 볶다가,

드라이 허브는 오레가노, 파슬리가루, 바질가루 등을 넣어요

❸ 파인애플 국물 8, 토마토케첩 8, 돈가스 소스 8, 물 1/2컵을 넣고 끓이다가 드라이 허브 0.3, 후춧가루 적당량을 넣고 조려,

❹ 돈가스를 튀겨 그릇에 담고 먹기 직전에 파인애플 소스를 끼얹으면 끝.

볶음밥이나 샐러드를 곁들이면 좋아요

우리집 요리 Q&A

시래기 삶는 법

시래기는 통풍이 잘되는 자연 그늘에서 말린 것을 상품으로 쳐요. 햇볕에 무청을 말리면 빨리 건조되지만 엽록소가 잘 파괴되기 때문에 그늘에서 말려야 해요. 그늘에서 건조시키면 엽록소가 많이 남아 초록색이 짙어요. 시래기를 구입할 때는 가격보다는 산지를 살피는 것이 현명한데요. 중국산의 경우 우리나라에 압축 상태로 수입되는 경우가 많다고 하네요. 시래기가 구겨진 상태라면 다시 한번 산지를 확인하세요. 그런데 이해하기 어려운 것이 중국에서 수입한 시래기라도 우리나라에서 삶으면 국내산으로 판매되기도 한다네요.

맛있는 시래기 삶기

❶ 시래기 150g 정도를 넉넉한 그릇에 물을 넣고 중간에 물을 몇 번 갈아가며 10시간 이상 불리고,

❷ 시래기를 담가둔 마지막 물 그대로 냄비에 넣고,

압력솥에 삶으면 빨리 삶을 수 있고 시래기 맛도 부드러워요

❸ 센 불에서 삶다가 끓으면 중간 불로 줄여 뚜껑을 덮고 2시간 정도 푹 무르도록 삶고,

❹ 삶는 중간중간 위아래의 위치를 바꿔가며 삶고 그대로 두어 3~4시간 정도 식히고,

삶은 물에서 건져 찬물에 담가 식히면 시래기가 질겨져요

❺ 시래기의 물기를 짜서 줄기 부분의 껍질을 벗겨내고,

❻ 손질한 시래기는 먹기 적당한 길이로 썰어,

❼ 한 번 먹을 만큼씩 비닐팩에 담아 바로 먹을 것은 냉장실에, 두고 먹을 것은 냉동실에 보관하면 끝.

PART 7

밥보다 맛있는 간식

밥보다 간식을 더 좋아하는 분들을 위한, 눈이 먼저 즐거워지는 간식 시간입니다.
국민 간식 떡볶이부터 전문점 못지않게 맛있는 샌드위치,
비오는 날에 기름 냄새 폴폴 풍기며 먹는 부침개, 배달 음식의 대명사인 치킨과 피자,
함께 곁들이면 더욱 빛이 나는 음료와 디저트도 준비했어요.

떡국떡 기름 떡볶이

명절 보내고 나면 남아도는 떡국떡을 처리하기가 쉽지 않은데요.
매콤하게 기름 떡볶이를 만들어 간식으로 맛보면 좋아요.

요리 시간
20분

주재료(1~2인분)
떡국떡 2줌(200g)
식용유 3

양념 재료
설탕 0.5
고춧가루 1
다진 마늘 0.5
간장 2
참기름 1

❶ 떡국떡은 말랑말랑하면 그대로 조리하고 딱딱하면 끓는 물에 소금을 약간 넣고 말랑하게 데치고,

❷ 데친 떡국떡은 체에 밭쳐 물기를 빼고,

❸ 설탕 0.5, 고춧가루 1, 다진 마늘 0.5, 간장 2, 참기름 1을 한데 섞고 떡국떡을 넣고 조물조물 무쳐,

중간 불 이하로 팬을 달구어야 타지 않아요

❹ 팬을 달구어 식용유 3을 두르고 앞뒤로 노릇노릇하게 튀기듯 볶으면 끝.

간장 떡볶이

맵지 않은 간장 떡볶이를 만들었어요.
떡과 어묵만 넣은 간단한 떡볶이에요.

요리 시간
25분

주재료(2인분)
떡볶이 떡 2줌(200g)
어묵 1줌(100g)
양파 1/4개
대파 1/5대
물 1컵+1/2컵

양념 재료
간장 2
굴소스 1
다진 마늘 0.5
설탕 1
물엿 0.5
참기름 0.5
통깨 0.5
후춧가루 적당량

대체 식재료
떡볶이 떡▶오색 떡볶이, 모양 떡볶이, 치즈 떡볶이

❶ 떡볶이 떡을 말랑말랑하게 준비하고, 어묵은 먹기 좋은 크기로 썰고, 양파는 채 썰고, 대파는 어슷하게 썰고,

❷ 냄비에 물 1컵+1/2컵과 떡볶이 떡을 넣고 떡이 부드러워지도록 삶다가,

❸ 어묵과 양파, 간장 2, 굴소스 1, 다진 마늘 0.5, 설탕 1을 넣고 양념이 재료에 스며들도록 바글바글 끓이다가,

❹ 국물이 자작해지면 대파를 넣고 물엿 0.5, 참기름 0.5, 통깨 0.5, 후춧가루 적당량을 넣어 버무리면 끝.

깐풍 가래떡

요리 시간
30분

주재료(2인분)
가래떡(20cm 길이) 3줄(300g)
식용유 적당량

소스 재료
다진 풋고추 1
다진 홍고추 1
다진 마늘 1
다진 파 3
설탕 1
식초 2
간장 2
굴소스 1
청주 2
물엿 2
후춧가루 적당량
참기름 0.3
통깨 0.5

대체 식재료
다진 풋고추, 다진 홍고추
▶다진 피망
굴소스▶간장

떡이 딱딱하면 말랑하게 데치세요

❶ 가래떡은 동그란 모양을 살려 한입 크기로 먹기 좋게 자르고,

이렇게 구워 조청만 찍어 먹어도 맛있어요

❷ 팬을 달구어 식용유를 넉넉히 두르고 가래떡을 넣어 굴려가면서 노릇하게 구워 접시에 옮겨 담고,

❸ 팬에 다진 풋고추 1, 다진 홍고추 1, 다진 마늘 1, 다진 파 3을 넣어 달달 볶다가 설탕 1, 식초 2, 간장 2, 굴소스 1, 청주 2, 물엿 2를 넣어 바글바글 끓여 식초의 신맛이 날아가면,

❹ 가래떡을 넣어 소스와 고루 버무려 후춧가루 적당량, 참기름 0.3, 통깨 0.5를 뿌려 버무리면 끝.

돈가스 떡볶이

떡볶이 돈가스 드셔보셨어요? 작업실 근처의 분식집에서 파는 떡볶이 돈가스가 있는데요. 그 맛이 정말 특별하더라고요. 매일 분식집에 발도장을 찍을 수 없으니 집에서 만들어 먹어요.

요리 시간
30분

주재료(2~3인분)
시판 돈가스
(손바닥만한 것) 2조각
튀김기름 적당량
떡볶이 떡 2줌(150g)
어묵 2줌(100g)
양배추 2장(80g)
대파 1/3대
물 2컵
참기름 0.3
통깨 0.3

고추장 소스 재료
고춧가루 1
다진 마늘 1
설탕 1
고추장 2
굴소스 1
간장 0.5
맛술 2
물엿 1

떡볶이에 넣기
직전에 자르면
더 맛있어요

❶ 시판 돈가스는 앞뒤로 바삭하게 튀겨 기름을 빼서 먹기 좋은 크기로 자르고,

모양
떡볶이를
넣었어요

❷ 떡볶이 떡을 준비하고, 어묵과 양배추, 대파는 먹기 좋게 썰고,

❸ 고춧가루 1, 다진 마늘 1, 설탕 1, 고추장 2, 굴소스 1, 간장 0.5, 맛술 2, 물엿 1을 한데 섞고,

❹ 팬을 달구어 식용유를 두르고 떡볶이 떡, 어묵, 양배추를 1분 정도 볶다가 물 2컵을 넣고 센 불에 끓이다 양념장을 넣고 끓이고 돈가스, 대파를 넣어 끓인 후 참기름을 뿌려 그릇에 담고 통깨를 뿌리면 끝.

단호박죽

단호박은 쪄 먹기도 하고 튀기거나 수프를 끓이거나 죽을 쑤어 먹지요.
죽은 늙은 호박으로 쑨 것보다 단호박으로 쑨 것이 훨씬 맛있어요.
황금빛깔 꿀맛을 맛보세요.

요리 시간
30분

주재료(2인분)
단호박 1통(500g)
물 2컵
소금 0.5
꿀 2

찹쌀물 재료
찹쌀가루 3
물 6

대체 식재료
꿀▶아가베시럽, 물엿

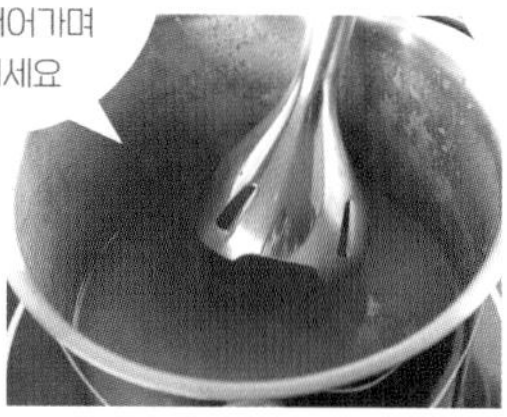

바닥에 눌어붙지 않도록 주걱으로 계속 저어가며 끓이세요

시판 찹쌀가루를 넣었어요

❶ 단호박은 반으로 잘라 전자레인지나 찜통에 찌고,

❷ 단호박의 껍질은 벗기고 노란 속살만 믹서에 넣어 물 2컵을 부어 곱게 갈아 냄비에 넣고 중간 불로 뭉근하게 끓이다가,

❸ 찹쌀가루 3에 물 6을 넣고 잘 섞어 찹쌀물을 만들어 단호박죽에 조금씩 넣어가며 한소끔 더 끓여,

❹ 소금 0.5로 간을 하고 꿀 2를 넣어 섞으면 끝.

소금 간을 한 후 단맛 재료를 넣어야 맛이 살아요

단호박 피자

요리 시간
40분

주재료(3인분)
단호박 1/2통
토르티야(6인치) 3장
피자치즈 2컵
꿀 적당량

단호박 토핑 재료
견과류
(해바라기씨, 호박씨 등) 2
설탕 1
마요네즈 1
시나몬 파우더 0.3

❶ 단호박은 세로로 잘라 모양을 살려 6~9조각으로 얇게 썰어 기름을 두르지 않은 팬에 앞뒤로 노릇하게 굽고, 나머지는 적당한 크기로 썰어 찜기에 쪄서 뜨거울 때 껍질째 으깨고,

❷ 으깬 단호박에 견과류 2, 설탕 1, 마요네즈 1, 시나몬 파우더 0.3을 넣고 고루 섞어 토핑을 만들고,

❸ 토르티야는 기름을 두르지 않은 팬에 부풀어 오를 때까지 살짝 굽고,

❹ 토르티야에 단호박 토핑, 피자치즈, 모양을 살려 썬 단호박 순으로 얹고 피자치즈를 적당히 뿌려 170℃로 예열한 오븐에서 10~15분 정도 구워 꿀을 뿌리면 끝.

양배추 채소 피자

요리 시간
20분

주재료(1~2인분)
양배추 4장
양송이버섯 1개
양파 1/8개
식용유 1
피자치즈 2/3컵

양념 재료
소금·후춧가루 적당량씩
드라이 바질 적당량

대체 식재료
양배추▶아스파라거스, 브로콜리

❶ 양배추는 적당한 크기로 썰고, 양송이버섯은 슬라이스하고, 양파도 깍둑썰기 하고,

프라이팬은
작은 것을
사용하세요

❷ 팬을 달구어 식용유 1을 두르고 양배추와 양송이버섯, 양파를 고루 펴서 깔고,

❸ 피자치즈를 고루 올리고 소금, 후춧가루, 드라이 바질 적당량을 골고루 뿌리고,

❹ 팬의 뚜껑을 덮고 은근한 불에 바닥이 타지 않고 치즈가 다 녹아내릴 때까지 익히면 끝.

눈으로 보아
위쪽 치즈가 모두 녹고
바닥은 적당히 노릇하게
구워지면 완성이에요

연근튀김

아이들에게 연근을 먹이려고 이렇게 저렇게 음식을 만들어도 겨우 한두 개 먹을까 말까 해요. 그런데 연근튀김은 정말 잘 먹어요. 몇 가지 팁만 익히면 아이들이 맛있어서 깜짝 놀라는 연근튀김을 만들 수 있어요.

요리 시간
30분

주재료(2~3인분)
연근 1개
튀김기름 1컵

연근 담금물 재료
물 5컵
굵은소금 0.5

❶ 연근은 껍질을 벗기고 칼이나 슬라이서로 얇게 썰고,

❷ 연근을 찬물에 두어 번 헹궈 물 5컵에 굵은소금 0.5를 녹인 물에 5분 정도 담갔다가,

❸ 연근을 건져 키친타월에 올려 물기를 톡톡 빼고,

❹ 작은 튀김 팬에 튀김기름 1컵을 넣고 달구어 연근을 한 줌씩 넣고 중간 중간 젓가락으로 저어가며 튀겨 연한 갈색이 나면 건져 키친타월에 얹어 기름을 빼면 끝.

오이 카나페

한 레스토랑에서 맛보고 따라 만들었는데 오이를 먹지 않던 아이들이 매일 만들어 달라고 조르네요. 간단한 재료로 횡재한 맛을 내는 카나페를 만들어 보세요.

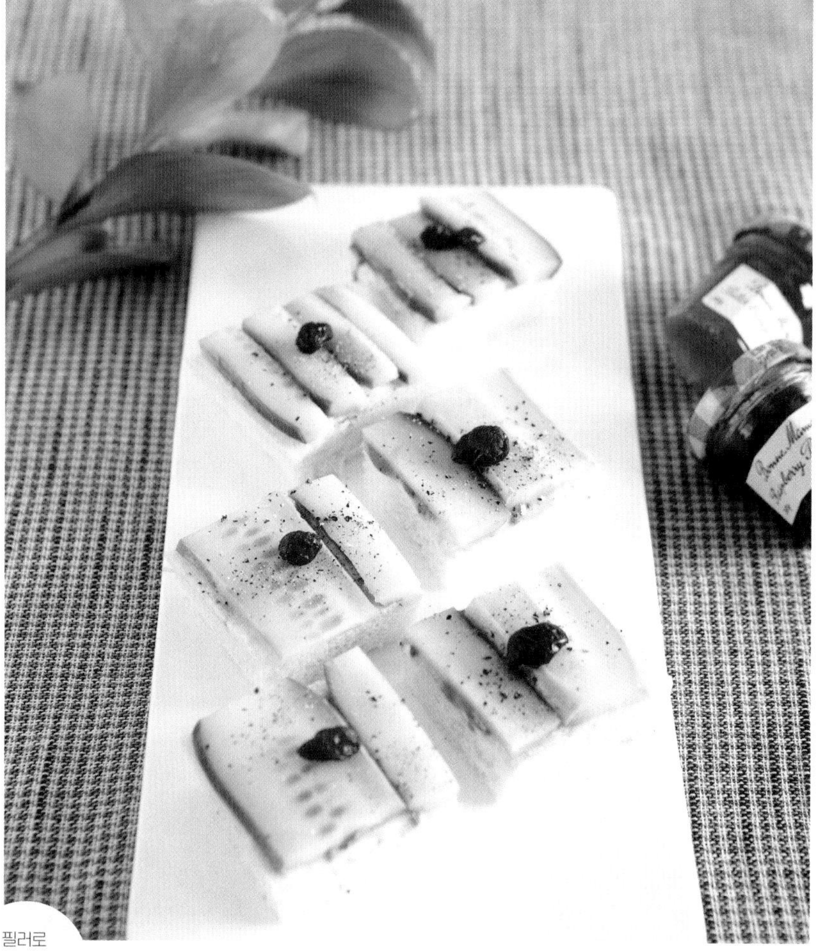

요리 시간
10분

재료(2~3인분)
오이 1개
식빵 3장
크림치즈 3
딸기잼 1.5
소금 적당량
통후추 적당량
마른 크랜베리 12개

대체 식재료
딸기잼▶사과잼, 포도잼
마른 크랜베리
▶건포도, 방울토마토

필러로 얄팍하게 썰어도 돼요

❶ 오이는 반을 잘라 얄팍하고 길쭉하게 썰고, 식빵은 굽지 말고 준비하고,

❷ 식빵에 크림치즈를 고루 펴 바르고,

크림치즈는 말랑말랑하게 미리 실온에 꺼내 두세요

❸ 크림치즈를 바른 식빵 위에 딸기잼을 바르고,

이렇게 해야 식빵에 수분이 흡수되지 않아 맛있게 먹을 수 있어요

❹ 먹기 직전에 오이를 얹어 소금을 약간 뿌리고 통후추를 갈아 뿌리고 먹기 좋게 잘라, 마른 크랜베리를 얹으면 끝.

감자채 맛살 부침개

얼마 전에 애호박을 채 썰어서 부침개를 부쳐 먹었는데 맛있어서 오늘은 냉장고에 남아도는 재료와 감자를 넣어 감자채 부침개를 만들었어요. 감자는 애호박보다는 수분이 적으니 두유를 넣으세요.

요리 시간
30분

주재료(2인분)
감자(중간 것) 1개
맛살 1줄
풋고추 1개
밀가루 3
두유 2
식용유 적당량

감자 밑간 재료
소금 0.3
후춧가루 적당량

대체 식재료
풋고추▶청양고추
밀가루▶부침가루
두유▶우유

❶ 감자는 가능한 한 가늘게 채 썰고, 맛살과 풋고추는 잘게 썰고,

❷ 채 썬 감자는 소금 0.3, 후춧가루 적당량을 뿌려 살짝 절여 맛살과 풋고추를 넣고,

부침가루는 간이 되어 있으니 간을 조절하세요

❸ 밀가루 3, 두유 2를 넣고 재료와 섞어,

너무 두껍게 부치지 마세요

❹ 팬을 달구어 식용유를 넉넉히 두르고 한 숟가락씩 떠 넣어 얇게 펼쳐 모양을 잡아가며 앞뒤로 노릇노릇하게 부치면 끝.

떠먹는 감자 베이컨 피자

미용실에서 머리를 하다가 잡지에서 떠먹는 감자 베이컨 피자를 보자마자 메모를 해두었어요. '도우 없이 숟가락으로 떠먹으면 되는 피자겠구나' 싶어서 제 나름대로 상상하면서 만든 피자예요.

요리 시간
30분

주재료(2인분)
감자(삶은 것) 2개
베이컨 3장
블랙 올리브 5개
피자치즈 2컵
파슬리가루 적당량

피자 소스 재료
토마토케첩 2
카레가루 0.5

대체 식재료
토마토케첩▶토마토소스

감자는 끓는 소금물에 데쳐도 좋아요

❶ 삶은 감자는 반달 모양으로 썰어 오븐 용기에 펼쳐 담고,

❷ 토마토케첩 2, 카레가루 0.5를 섞어 피자 소스를 만들고,

❸ 베이컨은 팬에 살짝 구워 반으로 자르고,

❹ 감자 위에 피자 소스를 고루 바르고 피자치즈를 듬뿍 올린 다음 베이컨을 반으로 접어 얹고 블랙 올리브도 썰어 올리고 200℃로 예열한 오븐에서 15분 정도 구워 파슬리가루를 뿌리면 끝.

알감자 허브구이

요리 시간
30분

주재료(2~3인분)
알감자 13개(500g)
작은 새송이버섯 10개

감자 삶는 물 재료
물 3컵
설탕 3
굵은소금 0.5

허브 양념 재료
파르메산 치즈가루 2
올리브오일 3
드라이 허브(로즈메리나 파슬리 가루) 0.3
소금·후춧가루 적당량씩

대체 식재료
새송이버섯▶양송이버섯

❶ 알감자는 반으로 자르고 물에 씻어 녹말기를 없애고,

큰 것은 4등분 하세요

설탕과 소금을 넣은 물에 삶으면 간이 배어 맛있어요

❷ 물 3컵에 설탕 3, 굵은소금 0.5를 넣고 팔팔 끓여 알감자를 넣고 익을 때까지 삶아,

❸ 알감자는 체에 밭쳐 물기를 빼서 작은 새송이버섯과 함께 볼에 담고 파르메산 치즈가루 2, 올리브오일 3, 드라이 허브 0.3, 소금과 후춧가루 적당량씩을 넣고 살살 섞어,

오븐이 없다면 에어프라이어를 활용하세요

❹ 종이포일이나 쿠킹포일을 깐 오븐팬에 얹어 210℃의 오븐에서 10~15분 정도 구우면 끝.

치즈 감자

밖에서 파는 간식을 집에서 만들고 싶을 때 치즈 감자를 만들어요. 오늘은 오븐 없이 프라이팬으로 구웠어요. 치즈와 베이컨을 넣어 맛있게 만드세요.

요리 시간
30분

주재료(2인분)
감자(중간 것) 3개
베이컨 2장
체다 슬라이스 치즈 2장

감자 삶는 물 재료
물 2컵
굵은소금 0.3

양념 재료
버터 1
파르메산 치즈가루 1
후춧가루·파슬리가루 적당량씩

가늘게 썰면 조리하면서 모양이 물러지거나 흐트러지기 쉬워요

❶ 감자는 껍질을 벗겨 깨끗하게 헹궈 손가락 마디만한 굵직한 크기로 도톰하게 썰고,

데친 감자는 물에 씻지 말고 자연스레 식히세요

❷ 냄비에 물 2컵을 넣고 끓이다가 굵은소금 0.3을 넣어 팔팔 끓으면 감자를 넣고 감자가 반 정도 익을 때까지 데쳐 체에 밭쳐 식히고,

❸ 팬을 달구어 베이컨을 달달 볶아 기름을 쏙 빼고,

❹ 팬에 버터를 두르고 감자를 구워 파르메산 치즈가루, 후춧가루와 파슬리가루를 넣어 버무리고 베이컨은 반만 넣고 섞어 그릇에 담고 체다 슬라이스 치즈와 베이컨을 올려 전자레인지에 1분 정도 데우면 끝.

감자 새우 수프

새우머리와 껍질로 후딱 만든
육수로 끓인 간단한 수프예요.
씹히는 새우살과 진한 치즈
맛이 인상적이에요.

요리 시간
30분

재료(3~4인분)
감자 3개(250g)
양파 1개
버터 1
우유 2컵
새우(큰 것) 6마리
물 2컵
새우 껍질 육수 1컵
파르메산 치즈가루 2
체다 슬라이스 치즈 1장
소금·후춧가루 적당량씩
파슬리가루 취향껏

대체 식재료
새우(큰 것) 6마리
▶새우(중하) 15~20마리

❶ 감자는 듬성듬성 썰고, 양파도 감자 크기로 듬성듬성 썰고,

곱게 갈아도 되고 건더기가 씹히도록 갈아도 돼요

❷ 팬에 버터 1을 두르고 감자와 양파를 넣고 감자가 투명해질 때까지 달달 볶아 살짝 식혀 믹서에 우유 2컵을 함께 넣어 갈고,

❸ 새우는 손질해 머리와 껍질을 냄비에 넣고 물 2컵을 넣고 팔팔 끓여 육수를 만들고, 새우살은 등 쪽의 내장을 다듬어서 먹기 좋게 썰고,

흰 후춧가루나 통후추를 뿌리면 좋아요

❹ 냄비에 새우 육수 1컵, 간 감자와 양파를 넣고 끓으면 새우살을 넣어 익을 때까지 끓여 파르메산 치즈가루 2를 넣어 섞고 체다 슬라이스 치즈 1장을 넣고 소금, 후춧가루로 간하여 파슬리가루를 뿌리면 끝.

브로콜리 수프

요리 시간
30분

재료(3인분)
브로콜리(작은 것) 1송이(100g)
굵은소금 0.5
버터 1
감자(중간 것) 1개(120g)
양파 1/4개
우유 2컵
파르메산 치즈가루 3
소금·후춧가루 적당량씩
체다 슬라이스 치즈 1장

❶ 브로콜리는 먹기 좋게 가닥가닥 손질하여 끓는 물에 굵은소금을 0.5 정도 넣어 살짝 데치고, 감자와 양파는 채 썰고,

❷ 팬을 약하게 달구어 버터 1을 두르고 감자와 양파를 넣고 익을 때까지 약한 불에 달달 볶다가,

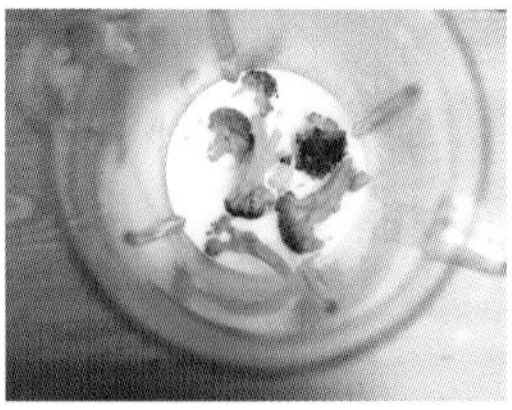

❸ 브로콜리를 넣어 살짝 볶아 믹서에 우유 1컵을 함께 넣고 갈아 냄비에 옮겨 담고 우유 1컵을 믹서에 넣어 남은 재료를 씻어 냄비에 붓고,

브로콜리 수프는 치즈 맛이 진해야 맛있어요

❹ 바닥에 눌어붙지 않게 저어가며 끓여 파르메산 치즈가루 3을 넣고 소금, 후춧가루로 간을 한 다음 체다 슬라이스 치즈 1장을 찢어 넣으면 끝.

고구마 꿀 빠스

고구마는 해 먹을 것 많은 요긴한 간식이에요. 손에 묻지 않는 고구마 빠스도 중독성이 강해요. 기름칠을 한 큰 접시나 쟁반을 이용하면 겉이 바삭하고 설탕 결정체가 씹히는 빠스를 맛볼 수 있어요.

요리 시간
30분

주재료(2~3인분)
고구마(중간 것) 2개(300g)
튀김기름 1컵

시럽 재료
꿀 2
설탕 2
식용유 2
소금 0.3

❶ 고구마는 먹기 좋은 크기로 지그재그 모양을 내어 잘라 찬물에 두어 번 헹궈 키친타월로 물기를 톡톡 닦아내고,

❷ 튀김팬에 튀김기름을 넣고 달구어 고구마를 중간 불로 노릇하게 튀겨 기름을 빼고, 큰 접시나 쟁반에 기름칠을 하고,

❸ 팬에 꿀 2, 설탕 2, 식용유 2, 소금 0.3을 넣고 중약불로 젓지 말고 갈색이 돌도록 시럽을 끓이다가,

❹ 설탕과 소금이 다 녹으면 튀긴 고구마를 넣어 시럽이 고루 묻도록 뒤적이고 잘 버무려지면 아주 약한 불로 줄여 고구마를 젓가락으로 하나씩 집어 기름칠을 한 접시나 쟁반에 얹어 식히면 끝.

통고구마 치즈구이

고구마를 구워 한가운데에 칼집을 깊이 넣어 치즈 소스를 채워 다시 구우면 고구마를 조금 더 특별하게 맛볼 수 있어요. 차를 마실 때 간식으로 내거나 손님상의 애피타이저나 사이드 요리로 내면 좋아요.

요리 시간
50분

주재료(5개 분량)
고구마(중간 것) 5개
피자치즈 1컵
아가베시럽 취향껏
파슬리가루 적당량

치즈 소스 재료
버터 1
크림치즈 4
체다 슬라이스 치즈 2장
아가베시럽 1
소금 약간

대체 식재료
아가베시럽▶꿀

오븐팬에 따끈한 물을 넣어 구우면 고구마가 촉촉해요

❶ 고구마는 껍질째 물에 씻어 오븐팬에 얹고 따끈한 물을 1컵 정도 부어 220℃의 오븐에서 30~40분 정도 굽고,

❷ 고구마의 가운데에 칼집을 깊이 넣고, 버터 1, 크림치즈 4, 체다 슬라이스 치즈 2장, 아가베시럽 1, 소금 약간을 넣고 전자레인지에 1분 정도 데워 고루 섞어 치즈 소스를 만들어 고구마에 채우고,

❸ 피자치즈를 소복하게 올리고 아가베시럽을 지그재그로 취향껏 뿌리고 파슬리가루를 솔솔 뿌린 다음 180℃로 예열한 오븐에서 7~10분 정도 구우면 끝.

옥수수 빠스

요리 시간
30분

주재료(4인분)
옥수수 통조림 1통(340g)
찹쌀가루 4
달걀 1개
땅콩(부순 것) 3
소금 약간
튀김기름 2컵
검은깨 약간

시럽 재료
물 2
물엿 2
설탕 1

대체 식재료
찹쌀가루▶밀가루

한 번만
튀겨도 돼요

❶ 옥수수는 통조림으로 준비하여 물기를 쪽 빼서 찹쌀가루 4, 달걀 1개, 땅콩 부순 것 3, 소금 약간을 한데 넣어 섞고,

❷ 작은 튀김팬에 튀김기름 2컵을 넣고 달구어 숟가락 2개를 이용하여 반죽을 한 숟가락씩 떠 넣고 노릇하게 튀겨 키친타월에 잠시 얹었다가 한 번 더 튀겨 키친타월에 얹어 기름을 빼고,

❸ 팬에 물 2, 물엿 2, 설탕 1을 젓지 말고 바글바글 끓이다가,

❹ 설탕이 완전히 녹으면 튀긴 옥수수를 넣고 시럽을 묻혀 그릇에 담고 검은깨를 뿌리면 끝.

애호박채전

애호박전은 보통 동그란 모양을 살려 소금에 살짝 절였다가 밀가루옷과 달걀물에 담가 부치는데 더 간단하면서 맛도 좋은 애호박채전을 만들어 봤어요. 채 썰기에 자신 있는 분들은 만들어 보세요.

요리 시간
30분

재료(2인분)
애호박 1/2개
홍고추 1/2개
소금 0.3
밀가루 4
식용유 적당량

호박에 간을 해서 부침가루를 넣으면 짤 수 있어요

싱거우면 양념간장이나 초간장에 찍어 드세요

❶ 애호박은 가늘게 채 썰고, 홍고추는 씨를 발라내어 잘게 다지고,

❷ 볼에 애호박을 담고 소금 0.3을 뿌려 10분 정도 절여,

❸ 애호박에 밀가루 4를 넣어 고루 섞고,

❹ 팬을 달구어 식용유를 넉넉히 두르고 반죽을 한 숟가락씩 떠 넣어 둥글넓적하게 부쳐 홍고추로 장식하여 앞뒤로 노릇하게 부치면 끝.

팽이버섯전

팽이버섯을 사면 마땅하게 해 먹을 요리가 없어서 된장찌개에 넣어 먹곤 했는데요. 전을 부치거나 무쳐 먹어도 맛있어요. 예전에 이웃집 언니가 팽이버섯전을 부쳐 먹길래 종종 집에서 해 먹는데요, 팽이버섯을 많이 먹을 수 있는 부침개에요.

요리 시간
25분

주재료(2~3인분)
팽이버섯 2봉(200g)
부침가루 적당량
달걀(큰 것) 2개
소금 적당량
식용유 적당량
다진 홍고추 적당량

초간장 재료
간장 1
식초 0.5
물 0.5
설탕 0.3
잘게 썬 양파 1
송송 썬 청양고추 1/2개분

대체 식재료
부침가루▶밀가루
홍고추▶홍피망, 빨간 파프리카

버섯을 물에 씻고 싶다면 키친타월로 물기를 말끔히 제거하세요

부침가루는 한두 숟가락 정도 손으로 흩뿌리면 돼요

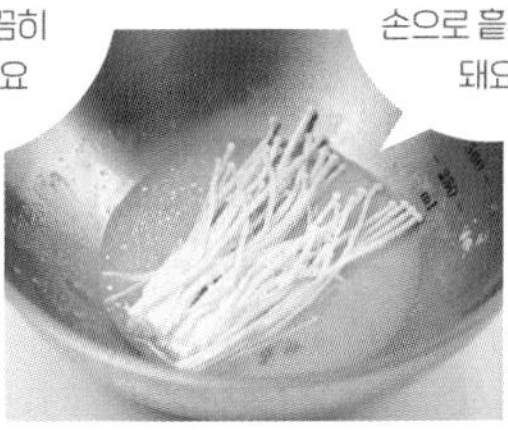

❶ 팽이버섯은 밑동을 잘라 물에 헹구지 말고 가닥가닥 떼어내어 도마에 펼쳐 아주 약간의 소금을 솔솔 뿌리고,

❷ 팽이버섯의 위쪽에 부침가루를 고루 뿌리고, 볼에 달걀을 깨어 넣고 소금을 약간 넣고 풀고,

❸ 팬을 중간 불로 달구어 식용유를 두르고 손으로 팽이버섯 약간씩을 달걀물에 고루 묻혀 팬에 넣어 큼직하게 펼치고,

❹ 다진 홍고추를 얹고 밑면이 노릇하게 익으면 뒤집어 부쳐 간장 1, 식초 0.5, 물 0.5, 설탕 0.3에 잘게 썬 양파 1과 송송 썬 청양고추 1/2개분을 넣어 섞은 초간장을 곁들이면 끝.

애느타리 버섯 핫 샌드위치

어른들을 위한 맛있고 건강한 샌드위치예요.
씹히는 식감이 좋은 달달한 버섯볶음을 넣어 따끈하고 맛있어요.

요리 시간
30분

주재료(2인분)
애느타리버섯 1팩(150g)
양파(작은 것) 1개
식용유 1
식빵 4장
마요네즈 적당량
체다 슬라이스 치즈 4장

버섯볶음 양념 재료
다진 마늘 0.3
발사믹 식초 2
설탕 0.5
소금 0.3
후춧가루 적당량

발사믹 식초를 넣으면 새콤달콤한 맛이 나요

❶ 애느타리버섯은 밑동을 잘라내어 가닥가닥 뜯고, 양파는 채 썰고,

❷ 팬을 달구어 식용유 1을 두르고 양파를 넣어 볶다가 애느타리버섯을 넣어 볶고 다진 마늘 0.3을 넣고 볶다가 발사믹 식초 2, 설탕 0.5, 소금 0.3, 후춧가루 적당량을 넣어 간이 맞도록 물기 없이 볶고,

❸ 식빵 한 장에는 마요네즈를 적당히 펴 바르고 체다 슬라이스 치즈를 얹고 다른 한 장에 버섯볶음을 가운데에 얹고 식빵을 포개어,

❹ 와플팬에 넣고 구워 살짝 식으면 먹기 좋게 자르면 끝.

와플팬이 없다면 프라이팬에 앞뒤로 구워 따뜻할 때 드세요

시금치 맛살 부침개

시금치로 부침개를 부치니 색도 곱고 맛도 정말 좋네요.
시금치를 많이 넣었지만 시금치 맛보다 부침개 맛이 강해서
심심한 느낌을 없애려고 게맛살을 넣었어요.

요리 시간
30분

주재료(2인분)
시금치 4줌(200g)
굵은소금 0.5
맛살 2줄(60g)
양파 1/4개(50g)

반죽 재료
부침가루 5
다진 마늘 0.5
달걀 1개
간장 0.5
물 4

❶ 시금치는 다듬어 끓는 물에 굵은소금 0.5를 넣고 줄기 쪽부터 넣어 10초 정도 데쳐 건져 찬물에 두어 번 헹궈 물기를 꼭 짜고,

❷ 맛살과 양파 그리고 데친 시금치는 잘게 썰고,

❸ 부침가루 5, 다진 마늘 0.5, 달걀 1개, 간장 0.5, 물 4를 한데 섞고,

간장을 넣었기 때문에 따로 초간장을 준비하지 않아도 돼요

❹ 반죽에 시금치, 맛살, 양파를 넣고 섞어 팬을 달구어 식용유를 넉넉히 두르고 반죽을 떠 넣어 동글 넓적하게 부치면 끝.

채소튀김

어려서부터 유난히 좋아했던 채소튀김이에요. 그냥은 잘 먹지 않는 채소도 튀김으로 만들면 참 맛이 좋더라고요. 채소튀김은 집에서 맘 잡고 만들면 적은 양의 채소로도 넉넉하게 만들 수 있어요.

요리 시간
40분

주재료(4인분)
고구마 3줌(150g)
양파(중간 것) 1/2개(100g)
당근 1/4개(50g)
깻잎 20장
튀김기름 2컵

양념 재료
소금 0.3
녹말가루 3

튀김옷 재료
부침가루 1컵
얼음물 3/4컵

대체 식재료
소금▶카레가루
부침가루▶튀김가루

❶ 고구마, 양파, 당근, 깻잎은 채 썰고,

채소에 간을 해야 단맛이 확 살아요

❷ 볼에 채 썬 채소를 담고 소금 0.3, 녹말가루 3을 넣어 골고루 가루 옷을 입혀주고,

부침가루로도 튀김을 만들 수 있어요

❸ 볼에 부침가루 1컵, 얼음물 3/4컵을 넣고 거품기로 대충 풀어 채소를 넣어 반죽하고,

초간장을 곁들이세요

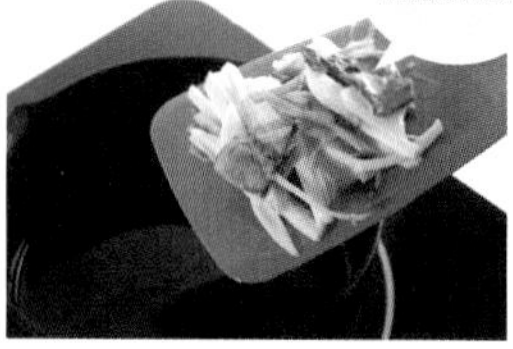

❹ 작은 튀김팬에 튀김기름 2컵을 넣고 달구어 넓적한 뒤집개에 채소튀김 반죽을 고루 펼쳐 올리고 젓가락으로 튀김팬에 밀어 넣어 노릇하게 튀겨 키친타월에 얹어 기름을 빼서 식히면 끝.

깻잎전

정말 쉬운 깻잎전으로 간식거리 고민을 해결하세요. 깻잎과 부침가루만 있으면 되는 초간단 레시피예요. 매콤하게 먹으려고 청양고추를 넣었는데 없으면 넣지 않아도 돼요.

요리 시간
25분

주재료(2인분)
깻잎 12장
청양고추 2개
식용유 적당량

반죽 재료
부침가루 7
찬물 1/2컵

초간장 재료
간장 1
식초 0.5
물엿 0.5

❶ 깻잎은 씻어 물기를 빼서 듬성듬성 썰고, 청양고추는 송송 썰고,

❷ 볼에 부침가루 7, 찬물 1/2컵을 넣어 거품기로 재빨리 저어 멍울 없이 풀고,

❸ 반죽에 깻잎과 청양고추를 넣어 가볍게 섞고,

❹ 팬을 달구어 식용유를 넉넉히 두르고 반죽을 한 숟가락씩 떠 넣어 앞뒤로 노릇하게 부치고 간장 1, 식초 0.5, 물엿 0.5를 섞어 곁들이면 끝.

훈제연어 브루스케타

늘 먹던 마늘빵 대신 훈제연어와 방울토마토를 올린 브루스케타를 만들었어요. 브루스케타는 식전에나 간식으로 먹기 좋고 와인 안주로도 훌륭해요.

요리 시간
25분

주재료(2~3인분)
바게트 6조각
훈제연어 1덩이(150g)
방울토마토 7개
다진 양파 2

양념 재료
올리브오일 3
설탕 0.5
식초 0.5
다진 마늘 0.3
소금 약간
파슬리가루 약간
후춧가루 약간

❶ 훈제연어는 먹기 좋게 주사위 모양으로 깍둑썰기 하고,

❷ 방울토마토는 4등분하여 다진 양파 2, 올리브오일 3, 설탕 0.5, 식초 0.5, 다진 마늘 0.3, 소금 약간, 파슬리가루 약간, 후춧가루 약간과 섞고,

❸ 바게트는 먹기 좋은 두께로 썰어 토스터나 기름을 두르지 않은 팬에 노릇하게 구워,

❹ 훈제연어와 방울토마토 양념을 빵에 적당히 얹으면 끝.

매운 어묵꼬치

우리집 식구들은 떡볶이를 해도 어묵만 골라 먹는데 이렇게 꼬치로 요리해 주니 좋아하네요. 매운 어묵꼬치를 푸짐하게 끓여서 온 가족이 둘러앉아 어묵 파티를 해보세요.

요리 시간
30분

주재료(4인분)
어묵 8꼬치
멸치 다시마 육수 2컵
송송 썬 쪽파 1줌
통깨 적당량

양념장 재료
고춧가루 1
고추장 2
다진 마늘 1
맛술 2
물엿 1
참치진국 2
후춧가루 적당량

대체 식재료
참치진국▶간장

❶ 어묵은 8개의 꼬치를 만들 정도의 양으로 준비하여 끓는 물에 데쳐 기름기를 제거하고 데친 체에 밭쳐서 물기를 빼서 꼬치에 꿰고,

❷ 고춧가루 1, 고추장 2, 다진 마늘 1, 맛술 2, 물엿 1, 참치진국 2, 후춧가루 적당량을 한데 섞고,

❸ 냄비에 멸치 다시마 육수 2컵을 넣고 양념장을 넣고 끓여 바글바글 끓으면, 어묵 꼬치를 넣어 위치를 바꾸고 국물을 끼얹어 가며 끓여,

❹ 국물이 적당히 졸아들고 어묵에 양념이 배면 송송 썬 쪽파와 통깨를 넣으면 끝.

마른 오징어 허브튀김

식재료를 알뜰하게 먹어도 어정쩡하게 남는 재료는 생기기 마련이에요. 냉장고를 정리하다가 마른오징어를 발견했는데 그냥 구워 먹기는 힘들 것 같아 허브를 넣고 고소하게 튀겼어요.

요리 시간
40분

주재료(4인분)
마른오징어(큰 것) 1마리
설탕 적당량

오징어 양념 재료
소금·후춧가루 적당량씩
녹말가루 적당량

튀김옷 재료
튀김가루 1컵
녹말가루 2
파르메산 치즈가루 2
파슬리가루 1
드라이 허브 0.5
다진 마른 고추 0.3
얼음물 1컵

❶ 마른오징어는 먹기 좋은 크기로 잘라 물에 한 번 헹구고, 미지근한 물에 설탕을 적당량 녹여 오징어를 담가 불렸다가 물기를 빼고,

❷ 마른오징어에 소금과 후춧가루를 적당량 솔솔 뿌려 양념을 하고,

❸ 튀김가루 1컵, 녹말가루 2, 파르메산 치즈가루 2, 파슬리가루 1, 드라이 허브 0.5, 다진 마른 고추 0.3을 한데 섞은 다음 얼음물 1컵을 넣고 섞어 튀김옷을 만들고,

❹ 마른오징어에 녹말가루를 적당량 입히고 튀김옷을 입힌 다음 튀김기름에 튀겨 키친타월에 얹어 잠시 두었다가 다시 한번 튀겨 키친타월에 기름을 빼면 끝.

마요네즈 소스 오징어 튀김

요리 시간
40분

주재료(2~3인분)
오징어 1마리
소금·후춧가루 적당량씩
튀김기름 1컵
견과류(땅콩이나 캐슈너트 등) 10개

오징어튀김 재료
녹말가루 2~3

마요네즈 소스 재료
마요네즈 3
꿀 1
설탕 0.5
레몬즙 1.5
소금 0.3

❶ 오징어는 내장을 제거하고 껍질을 벗겨낸 다음 한입 크기로 먹기 좋게 썰어 키친타월로 물기를 제거하고,

❷ 오징어에 소금, 후춧가루를 적당량씩 뿌려 밑간하고,

❸ 녹말가루를 넣고 3~4분 두었다가 오징어에서 수분이 나와 촉촉해지면 달군 튀김기름에 오징어를 하나씩 넣어 튀겨 키친타월에 얹어두었다가 수분이 생기면 다시 튀겨 키친타월에 얹어 기름을 빼고,

❹ 마요네즈 3, 꿀 1, 설탕 0.5, 레몬즙 1.5, 소금 0.3을 고루 섞고, 견과류는 굵직하게 썰고, 그릇에 오징어를 담고 먹기 직전에 마요네즈 소스를 뿌리고 견과류를 얹으면 끝.

오징어구이는 야밤에 간식으로 종종 먹어요. 어른들도 좋아하지만 아이들도 잘 먹는 오징어 버터구이예요.

오징어 버터구이

요리 시간
20분

재료(2~3인분)
반건조 오징어 2마리
버터 1
소금 약간
설탕 1

❶ 오징어는 먹기 좋은 길이로 썰고,

덜 말린 오징어, 반건조 오징어, 생물 오징어 등을 사용하세요

❷ 중간 불 이하로 팬을 달구어 버터 1을 타지 않게 스르르 녹여,

❸ 오징어를 넣고 달달 볶아 반 이상 익으면 소금 약간, 설탕 1을 고루 뿌리고, 오징어에 간이 들면서 겉면이 코팅되도록 젓가락으로 휘저어 가면서 볶으면 끝.

마늘 소스 치킨

아이들이 해달라고 졸라서 자주 만드는 치킨이에요. 늘 냉동실에 넉넉히 넣어 두는 닭 가슴살과 마늘, 몇 가지 양념만 있으면 돼요.

요리 시간
40분

주재료(3~4인분)
닭 가슴살 3조각

닭고기 밑간 재료
다진 마늘 0.5
청주 1
카레가루 1
소금 약간
후춧가루 0.3

튀김옷 재료
녹말가루 5
달걀흰자 1개분

마늘 소스 재료
식용유 1
다진 마늘 1
물 3, 꿀 3
간장 1
고추기름 1

대체 식재료
꿀▶아가베시럽
간장▶참치진국, 굴소스

❶ 닭 가슴살은 약간 큼직하게 잘라 다진 마늘 0.5, 청주 1, 카레가루 1, 소금 약간, 후춧가루 0.3에 밑간을 하고,

❷ 밑간한 닭에 녹말가루 5, 달걀흰자 1개분을 넣어 고루 섞어 튀김옷을 입혀,

❸ 달군 튀김기름에 닭을 손이나 젓가락으로 하나씩 떼어 넣고 살짝 튀겨 키친타월에 잠시 얹어 두었다가 튀김에서 수분이 촉촉이 나오면 한 번 더 튀겨 키친타월에 기름을 빼서 그릇에 담고,

❹ 팬을 달구어 식용유 1을 두르고 다진 마늘 1을 타지 않게 볶다가 물 3, 꿀 3, 간장 1, 고추기름 1을 넣고 바글바글 끓여 튀긴 닭에 끼얹으면 끝.

새벽에 만들어 두었다가 아침에 일어나 전자레인지에 30초 정도 돌려서 아침상에 올렸더니 아이들이 맛있게 뜯어 먹고 학교에 갔어요. 닭 날개의 담백한 맛은 살리고 매콤한 양념 대신 아이들을 위해 담백하게 양념한 닭 요리예요.

닭 날개 구이

요리 시간
50분

주재료(2인분)
닭 날개 350g(13개)

양념 재료
다진 마늘 1
간장 1
꿀 1
올리브오일 1
청주 1
생강즙 0.3
소금 0.3
후춧가루 적당량
파르메산 치즈가루 1

파르메산 치즈가루가 없으면 생략해도 돼요

양념이 고루 배어야 맛있어요

❶ 닭 날개는 씻어서 물기를 톡톡 빼고 양념이 잘 배도록 군데군데 칼집을 내주고,

❷ 다진 마늘 1, 간장 1, 꿀 1, 올리브오일 1, 청주 1, 생강즙 0.3, 소금 0.3, 후춧가루 적당량, 파르메산 치즈가루 1을 넣어 섞고,

❸ 닭에 양념 재료를 넣고 조물조물 양념하여 1시간 정도 재우고,

❹ 오븐팬에 쿠킹포일을 깔고 석쇠를 얹고 닭 날개를 간격을 두어 가지런히 올리고 220℃로 예열한 오븐에서 20분 정도 구운 다음 뒤집어 10~15분 정도 더 구우면 끝.

오븐이 없다면 에어프라이어를 활용하세요

중간에 한 번 정도 뒤집어 주면 색깔이 곱고 먹음직스러워요

순대볶음

매콤달콤한 고추장 소스에 볶은 순대볶음이 가끔 생각날 때가 있어요. 고등학교 때는 신림동 순대타운에 가서 친구들과 순대를 판째로 붙잡고 먹기도 했는데…. 뒤돌아서면 생각나는 맛의 가정식 순대볶음이라도 만들어 먹어야겠어요.

요리 시간
30분

주재료(2인분)
순대 500g
양파(작은 것) 1/2개
양배추 2줌
깻잎 12장
어슷하게 썬 대파 1줌
식용유 1

양념 재료
식용유 1
참기름 1
통깨 0.5

양념장 재료
다진 마늘 1
다진 파 2
고춧가루 3
고추장 2
설탕 1
간장 1
굴소스 1
청주 2
맛술 2
생강즙 약간
물 1/2컵

❶ 순대는 따끈하게 데워 한입 크기로 썰고,

순대볶음은 차진 찹쌀순대를 사용하세요

❷ 다진 마늘 1, 다진 파 2, 고춧가루 3, 고추장 2, 설탕 1, 간장 1, 굴소스 1, 청주 2, 맛술 2, 생강즙 약간, 물 1/2컵을 한데 섞고,

❸ 양파, 양배추, 깻잎은 먹기 좋게 썰고, 어슷하게 썬 대파도 준비하고,

통깨 대신 들깨가루 2를 넣어도 맛있어요

❹ 팬을 달구어 식용유를 두르고 양파, 양배추를 넣고 재빨리 볶다가 양념장을 넣어 채소와 잘 섞이도록 끓이듯 볶고 순대를 넣어 볶다가 깻잎, 대파를 넣어 재빨리 섞고 참기름, 통깨를 넣으면 끝.

만두 파채무침

요리 시간
25분

주재료(2~3인분)
대파 2대
냉동 만두 15개
식용유 4

양념장 재료
고춧가루 0.5
다진 마늘 1
스위트 칠리소스 4
고추장 2
식초 2
물엿 2
맛술 2
참기름 1
통깨 1

❶ 대파는 칼이나 파 전용 채칼로 채 썰어 찬물에 한두 번 헹구어 찬물에 10분 정도 담가 아린 맛을 빼고,

단맛은 물엿으로 조절하세요

❷ 고춧가루 0.5, 다진 마늘 1, 스위트 칠리소스 4, 고추장 2, 식초 2, 물엿 2, 맛술 2, 참기름 1, 통깨 1을 한데 섞고,

❸ 팬에 식용유를 두르고 냉동 만두를 넣어 앞뒤로 노릇노릇하게 구워 접시에 담고,

파채의 물기는 먹기 직전에 빼세요

❹ 파채의 물기를 쪽 빼서 양념장에 조물조물 무쳐 군만두에 곁들이면 끝.

나초 오믈렛

한 심야방송에 소개되어 화제가 된 야식인데요.
맛이 궁금하던 차에 마침 재료가 있어서 만들었어요. 나초를 넣어
더욱 맛있는 오믈렛이지만 나초가 없다면 빼도 괜찮아요.

요리 시간
30분

주재료(2~3인분)
감자 1개
양파 1/4개
당근 약간
식용유 적당량
달걀 3개
피자치즈 1줌
체다 슬라이스 치즈 1장
나초칩 5조각

양념 재료
소금·후춧가루 적당량씩
토마토케첩 2
핫소스 1

❶ 감자, 양파, 당근은 너무 두껍지 않게 채 썰고,

청양고추를 넣으면 좋아요

❷ 팬을 충분히 달구어 식용유를 넉넉히 두르고 감자, 양파, 당근을 넣고 달달 볶아서 감자가 70% 정도 익으면 중간 불 이하로 불을 줄여 채소를 팬에 넓게 펼치고,

핫소스는 생략해도 돼요

❸ 달걀을 깨어 넣고 채소에 스며들도록 달걀노른자를 풀고 소금, 후춧가루를 솔솔 뿌려 간을 한 다음 토마토케첩 2, 핫소스 1을 지그재그로 뿌리고 피자치즈 1줌과 체다 슬라이스 치즈 1장을 찢어 얹고,

❹ 뚜껑을 덮고 약한 불에서 치즈가 녹을 때까지 구워 손으로 나초칩을 잘게 부수어 뿌리면 끝.

길거리표 핫 샌드위치

특별한 재료가 없어도 참 맛있는 길거리표 샌드위치예요.
샌드위치에 들어간 재료라야 채소를 잔뜩 넣어 두툼하게 부친
달걀지단뿐이지만 오랜만에 먹어서 그런지 아주 맛있었어요.

요리 시간
20분

주재료(2인분)
식빵 4장
설탕 적당량
토마토케첩 적당량
식용유 약간

달걀지단 재료
양파(작은 것) 1/2개
당근 1/5개
대파 1대
달걀 3개
소금 0.3
후춧가루 적당량

위에 뜬 거품을 걷어내세요

❶ 양파, 당근은 가늘게 채 썰고, 대파는 송송 썰어 볼에 담고 달걀 3개를 깨어 넣은 다음 소금 0.3, 후춧가루 적당량을 넣어 고루 섞고,

❷ 식빵 한 장에 설탕을 고루 뿌리고, 다른 한 장에는 토마토케첩을 고루 펴 바르고,

식빵 크기로 모양을 잡아 부치세요

❸ 팬을 달구어 식용유를 약간 두르고 달걀지단을 부치고,

와플기가 없다면 프라이팬에 앞뒤로 노릇하게 구우세요

❹ 설탕을 뿌린 식빵에 달걀지단을 얹고 토마토케첩을 바른 후 식빵을 덮어 와플기에 얹어 그릴 자국을 내어 굽고 살짝 식혀 4등분하면 끝.

달걀 샐러드 샌드위치

요리 시간
30분

주재료(1~2인분)
달걀 3개
체다 슬라이스 치즈 1장
식빵 2장

양념 재료
마요네즈 3
머스터드 0.5
다진 오이피클 1
소금·후춧가루 적당량씩

❶ 달걀은 완숙으로 삶아 찬물에 담가 식혀 껍데기를 까고,

❷ 삶은 달걀은 굵직하게 썰고, 체다 슬라이스 치즈는 손으로 적당히 찢고, 마요네즈 3, 머스터드 0.5, 다진 오이피클 1, 소금과 후춧가루를 적당량씩 넣어 버무리고,

❸ 식빵 한 장에 달걀 샐러드를 얹어 다른 식빵 한 장을 덮으면 끝.

연유 토스트

집에서 연유를 만들었어요. 그래서 며칠은 연유로 만들 수 있는 요리를 궁리했어요. 연유 토스트는 우유의 맛이 진하게 나고 달달하여 아침에 브런치처럼 만들면 좋아요.

요리 시간
20분

재료(2인분)
달걀 2개
연유 4
우유 4
소금 약간
식빵 3장
식용유 적당량
시나몬 파우더 취향껏

대체 식재료
식용유▶버터

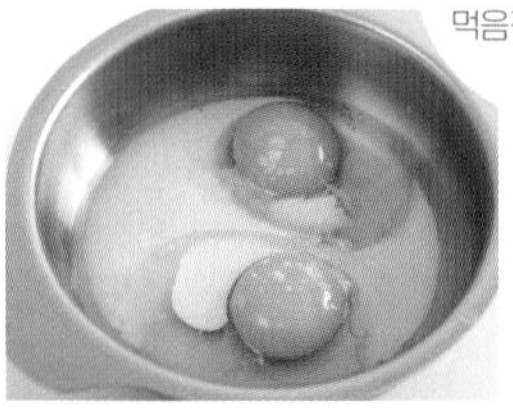

❶ 볼에 달걀 2개, 연유 4, 우유 4, 소금 약간을 넣고 젓가락으로 고루 풀고,

꼭 우유를 넣어야 토스트가 촉촉하고 맛있어요

토스트는 삼각형으로 썰어야 먹음직스러워요

❷ 식빵은 삼각형 모양으로 썰고,

❸ 연유 달걀물에 식빵을 넣어 앞뒤로 적시고,

커피나 우유와 함께 맛보면 좋아요

❹ 팬을 달구어 식용유를 두르고 식빵을 얹어 앞뒤로 노릇하게 구워 시나몬 파우더를 취향껏 뿌리면 끝.

치아바타 샌드위치

치아바타, 포카치아 같은 담백한 빵을 좋아해요. 자주 찾던 샌드위치집에서 단골 메뉴로 먹던 샌드위치를 비슷하게 만들었어요.

요리 시간
15분

주재료(2인분)
치아바타 2개
로메인 레터스 8장
토마토(큰 것) 1개
슬라이스 햄 4장
크래미 맛살 4줄
체다 슬라이스 치즈 4장

소스 재료
크림치즈 2
마요네즈 2
꿀 3
씨겨자 2

대체 식재료
치아바타▶파니니
로메인 레터스
▶양상추, 치커리

❶ 크림치즈 2, 마요네즈 2, 꿀 3, 씨겨자 2를 한데 섞고,

크림치즈는 플레인이나 마늘 크림치즈를 사용하세요

❷ 로메인 레터스는 씻어 물기를 빼고, 토마토는 슬라이스하고,

❸ 치아바타를 반으로 잘라 한 면을 팬이나 오븐에 살짝 굽고, 슬라이스 햄 2장을 살짝 겹치고 그 위에 체다 슬라이스 치즈와 크래미 맛살을 김밥 말듯 돌돌 말아 올리고,

랩이나 쿠킹포일로 감싸서 자르면 잘 썰려요

❹ 다른 한 면에는 소스를 골고루 펴 바르고 로메인 레터스를 얹고 토마토, 크래미 맛살과 체다 슬라이스 치즈를 감싼 햄을 얹어 빵을 포개어 먹기 좋게 반으로 자르면 끝.

크루아상 베이컨 샌드위치&
크루아상 맛살 샌드위치

샌드위치는 매번 식빵으로 만들곤 했는데 요즘에는 치아바타나 잉글리시 머핀 등 다양한 빵으로 만들어요. 크루아상은 터키의 국기에 있는 초승달을 닮은 빵인데요. 갓 구운 크루아상은 그냥 먹어도 맛있지만 샌드위치를 만들면 촉촉한 빵 맛이 샌드위치 맛의 품격을 높여요. 베이컨과 맛살로 2가지 스타일의 특별한 크루아상 샌드위치를 만들었어요.

요리 시간
40분

크루아상 베이컨 샌드위치
주재료(4인분)
양파 1/4개
베이컨 4장
미니 크루아상 4개
상추 적당량
체다 슬라이스 치즈 2장

스프레드 재료
마요네즈 2
레몬즙 1
설탕 0.5
파슬리가루 0.3

크루아상 맛살 샌드위치
주재료(4인분)
미니 크루아상 4개
상추 적당량
체다 슬라이스 치즈 2장

스프레드 재료
마요네즈 2
레몬즙 1
설탕 0.5
파슬리가루 0.3

맛살 샐러드 재료
크래미 맛살(작은 것) 6줄
다진 양파 2
다진 오이피클 1
마요네즈 3
머스터드 0.5
후춧가루 약간

대체 식재료
베이컨▶슬라이스 햄
상추▶양상추, 치커리

❶ 마요네즈 2, 레몬즙 1, 설탕 0.5, 파슬리가루 0.3을 한데 섞어 샌드위치 스프레드를 만들고,

❷ 양파 1/4개는 채 썰어 찬물에 담갔다가 건져 두고, 베이컨 4장은 프라이팬에 굽고,

레몬즙을 넣으면
상큼한 맛이 빵 속에
스며들어 촉촉하고
맛있어요

❸ 크루아상을 반으로 잘라 빵 한쪽에 스프레드를 펴 바르고, 상추와 체다 슬라이스 치즈, 베이컨, 양파를 끼워 넣으면 끝.

❶ 마요네즈 2, 레몬즙 1, 설탕 0.5, 파슬리가루 0.3을 한데 섞어 샌드위치 스프레드를 만들고,

양파, 오이피클,
머스터드를 넣어야
개운한 맛이 나요

❷ 크래미 맛살 6줄은 다져서 볼에 넣고 다진 양파 2, 다진 오이피클 1, 마요네즈 3, 머스터드 0.5, 후춧가루 약간을 넣어 고루 섞고,

❸ 크루아상을 반으로 잘라 빵 한쪽에 스프레드를 펴 바르고, 상추, 체다 슬라이스 치즈, 맛살 샐러드를 듬뿍 넣으면 끝.

포카치아 달걀 치즈 샌드위치

요리 시간
25분

주재료(1인분)
포카치아 1개
식용유 적당량
체다 슬라이스 치즈 1장
로메인 레터스 5장

달걀부침 재료
달걀 2개
베이컨 2장
체다 슬라이스 치즈 1장
소금·후춧가루 적당량씩

스프레드 재료
마요네즈 1
허니 머스터드 1
크림치즈 1

대체 식재료
포카치아▶치아바타, 식빵, 핫도그빵
로메인 레터스▶양상추

베이컨은 없으면 생략해도 돼요

❶ 볼에 달걀을 깨어 넣고 베이컨은 잘게 썰어 넣고 체다 슬라이스 치즈는 적당히 찢어 넣고 소금, 후춧가루로 간을 하여 골고루 섞고,

❷ 포카치아는 반으로 잘라 기름을 두르지 않은 팬에 앞뒤로 따끈하게 구워 한쪽에 두고,

❸ 팬을 달구어 식용유를 약간 두르고 달걀물을 부어 빵 모양으로 도톰하게 부치고,

❹ 포카치아 한쪽에 마요네즈 1, 허니 머스터드 1을 바르고 다른 쪽에는 크림치즈를 바르고 로메인 레터스를 두세 장 얹고 체다 슬라이스 치즈를 넣고 달걀부침을 올리고 빵을 포개면 끝.

단호박찜 케이크

단호박으로 반찬이 아닌 간식을 만들어 주려고 고민하다가 찜 케이크를 만들게 됐어요. 빵과 떡의 중간 즈음의 맛이라 부담 없이 먹을 수 있어요.

요리 시간
40분

재료(작은 컵 9개 분량)
단호박(찐 것) 120g
달걀 1개
설탕 60g
소금 1/2작은술
카놀라유 1큰술
플레인 요구르트 1통(90g)
박력분 1컵(110g)
베이킹파우더 1작은술

대체 식재료
카놀라유▶포도씨오일, 식용유

❶ 볼에 달걀 1개, 설탕 60g, 소금 1/2작은술을 넣어 거품기로 저어 설탕이 어느 정도 녹으면 카놀라유 1큰술을 넣고 골고루 섞고,

❷ 플레인 요구르트 1통을 넣어 고루 섞고 박력분 1컵과 베이킹파우더 1작은술을 체에 쳐 넣어 날가루가 보이지 않도록 주걱으로 재빨리 섞고,

단호박이 무르지 않도록 재빨리 섞으세요

❸ 찐 단호박을 깍둑썰기하여 3분의 2만 반죽에 넣어 재빨리 섞고 종이컵이나 머핀 컵에 3분의 2 정도만 채우고 나머지 단호박으로 장식하고,

젓가락으로 찔러 보아 묻어나오는 것이 없으면 돼요

❹ 김이 오른 찜통에 넣어 뚜껑을 덮고 4~5분 정도 찌면 끝.

멸치 과자

수년 전 지인이 대형마트에서 샀다며 나눠준 멸치과자 맛에 반해서 비슷하게 만들었어요. 깨가 많이 뿌려져 있던 멸치과자였는데 정확한 맛은 기억나지 않아 제 스타일로 만들어 보았어요.

요리 시간
20분

주재료(3~4인분)
잔멸치 1컵

시럽 재료
식용유 1
설탕 0.5
물엿 1
생강즙 0.3
통깨 1

대체 식재료
생강즙▶향신즙

❶ 멸치는 머리까지 다 먹을 수 있도록 잔멸치로 준비하여 기름을 두르지 않은 팬에서 중간 불로 타지 않게 바삭하게 볶아 체에 담아 잔부스러기를 털어내고,

❷ 팬에 식용유 1, 설탕 0.5를 넣어 약한 불로 설탕을 녹이고 이어서 물엿 1, 생강즙 0.3, 통깨 1을 넣고 고루 섞고,

❸ 이어서 멸치를 넣고 재빨리 섞어,

❹ 넓찍한 그릇이나 도마에 기름칠을 하여 최대한 넓게 펼쳐 식히면 끝.

레몬 생강 에이드

요리 시간
30분

주재료(약 20잔)
레몬 생강청 1/2컵
탄산수 1컵
얼음 8~10개

레몬 생강청 재료
생강(껍질 벗긴 것) 100g
레몬 5개
굵은소금 약간
아가베시럽 500㎖

대체 식재료
아가베시럽▶꿀, 설탕
탄산수▶사이다

❶ 생강은 껍질을 깨끗이 벗겨 믹서에 곱게 갈고,

이렇게 해야 진한 맛이 나요

❷ 레몬은 굵은소금으로 문질러 씻어 껍질과 속의 흰 부분을 벗겨내어 과육만 잘게 썰고,

껍질을 잘 닦지 않으면 과육에서 쓴 맛이 날 수 있어요

향이 강한 꿀보다 깔끔한 단맛이 나는 아가베시럽을 넣었어요

❸ 볼에 생강과 레몬 과육을 넣고 아가베시럽을 넣고 섞어 레몬 생강청을 만들어 밀폐 용기에 담아 실온에서 24시간 두었다가 냉장실에 3일 정도 넣어 두고,

❹ 컵에 레몬 생강청 1/2컵을 담고 탄산수 1컵을 부은 다음 얼음을 넣으면 끝.

맛을 보아 탄산수와 시원한 물, 얼음으로 맛을 조절하고 사이다를 넣을 경우 단맛이 강하니 생강청의 양을 조절하세요

오레오 빙수

카페에 갔더니 재미있는 빙수를 팔더라고요. 시판 쿠키를 빙수에 넣으면 맛있을 것 같아 만들어 봤는데 역시 예상대로 맛이 좋아요.

요리 시간
5분(우유 얼리는 시간 제외)

재료(1인분)
우유 1팩(200㎖)
오레오 쿠키 4개
연유 2

❶ 우유는 미리 냉동실에 넣어 5시간 정도 꽝꽝 얼리고,

5시간 이상 얼렸으면 10분 전에 미리 꺼내두세요

❷ 우유팩을 뜯어 팩째 숟가락이나 포크로 우유 얼음을 잘게 부수고,

❸ 쿠키 1개는 장식용으로 남겨 두고 3개는 비닐백에 담아 대충 자르고,

쿠키가 달달하니 연유는 조금만 넣으세요

❹ 빙수 컵에 우유 얼음을 담고 연유 2를 넣고 오레오 쿠키 부순 것을 올리고 쿠키로 장식하면 끝.

자몽티

자몽티는 생각보다 아주 매력적인 차예요. 동네에 자몽티를 아주 맛있게 하는 곳이 있어 그 맛에 반해 만들어 봤어요. 따끈하게 혹은 시원하게 자몽티를 드셔 보세요.

요리 시간
30분

재료(12인분)
자몽(과육만) 3개분(750g)
굵은소금 약간
설탕 750g

대체 식재료
설탕▶아가베시럽

❶ 자몽은 굵은소금이나 과일 전용 세제 등으로 껍질을 깨끗하게 닦아 물에 여러 번 헹구고,

❷ 오렌지 까듯 껍질을 까서 과육만 발라내고,

황설탕을 넣으면 색이 예쁘지 않아요

❸ 볼에 자몽 과육을 담고 숟가락으로 몇 개만 으깨어 설탕 750g을 넣고 잘 섞어,

실온에서 숙성시켜야 맛이 좋아요

❹ 보관용기에 담아 실온에서 3일 정도 두었다가 냉장실에서 보관하면 끝.

INDEX

가나다순

요리 시간순

✖ ~20분

행복한 우리 가족 밥상 레시피 330

문성실의
우리집 요리 백과

개정 1쇄 | 2020년 8월 20일
개정 2쇄 | 2020년 12월 22일

글과 요리 | 문성실

발행인 | 유철상
기획 · 책임편집 | 조경자
편집 | 정예슬, 박다정, 정유진
본문 디자인 | 조연경, 유혜영, 주인지, 최윤정
마케팅 | 조종삼, 윤소담

펴낸 곳 | 상상출판
주소 | 서울특별시 동대문구 왕산로28길 39, 1층(용두동, 상상출판 빌딩)
구입 · 내용 문의 | **전화** 02-963-9891 **팩스** 02-963-9892
이메일 sangsang9892@gmail.com
등록 | 2009년 9월 22일(제305-2010-02호)
찍은 곳 | 다라니
종이 | ㈜월드페이퍼

※ 가격은 뒤표지에 있습니다.

ISBN 979-11-90938-38-9 (13590)

※ 이 도서의 국립중앙도서관 출판예정도서목록(CIP)은 서지정보유통지원시스템 홈페이지(http://seoji.nl.go.kr)와
국가자료종합목록 구축시스템(http://kolis-net.nl.go.kr)에서 이용하실 수 있습니다. (CIP제어번호 : CIP2020031912)
※ 이 책은 〈문성실의 요즘 요리〉의 개정판입니다.

www.esangsang.co.kr